SOLOS E CAMINHOS TÂNTRICOS

Outros livros de Venerável Geshe Kelsang Gyatso Rinpoche

Contemplações Significativas
Clara-Luz de Êxtase
Compaixão Universal
Caminho Alegre da Boa Fortuna
O Voto Bodhisattva
Joia-Coração
Grande Tesouro de Mérito
Introdução ao Budismo
Oceano de Néctar
Essência do Vajrayana
Viver Significativamente, Morrer com Alegria
Oito Passos para a Felicidade
Transforme sua Vida
Novo Manual de Meditação
Como Solucionar Nossos Problemas Humanos
Mahamudra-Tantra
Budismo Moderno
Novo Coração de Sabedoria
Novo Guia à Terra Dakini
Como Entender a Mente
As Instruções Orais do Mahamudra

Este livro é publicado sob os auspícios do
Projeto Internacional de Templos da NTK-UBKI,
e o lucro recebido com a sua venda está direcionado para benefício público através desse fundo.
[Reg. Charity number 1015054 (England)]
Para mais informações:
www.tharpa.com/benefit-all-world-peace

VENERÁVEL GESHE
KELSANG GYATSO RINPOCHE

Solos e Caminhos Tântricos

COMO INGRESSAR, PROGREDIR
E CONCLUIR O CAMINHO VAJRAYANA

Tharpa Brasil

São Paulo, 2016

© Venerável Geshe Kelsang Gyatso Rinpoche e Nova Tradição Kadampa

Primeira edição em língua inglesa em 1994.

Primeira edição em língua portuguesa em 2016.

Título original:
Tantric Grounds and Paths: How to Enter, Progress On, and Complete the Vajrayana Path

Tradução do original autorizada pelo autor.

Tradução, Revisão e Diagramação   Tharpa Brasil

Dados Internacionais de Catalogação na Publicação (CIP)

```
Kelsang, Gyatso (Geshe), 1932-
   Solos e Caminhos Tântricos / Geshe Kelsang Gyatso;
tradução Tharpa Brasil - 1. ed. - São Paulo: Tharpa Brasil,
2016.
   352p. : 14 x 21 cm

   Título original em inglês: Tantric grounds and paths

   ISBN 978-85-8487-036-3

   1. Budismo 2. Carma 3. Meditação I. Título.

   05-9278                                    CDD-294.3
```

Índices para catálogo sistemático:
1. Budismo: Religião 294.3

2016

Todos os direitos desta edição reservados à
EDITORA THARPA BRASIL
Rua Artur de Azevedo 1360, Pinheiros
05404-003 - São Paulo, SP
Fone: 11 3476-2328
www.tharpa.com.br

Sumário

Ilustrações vii
Nota do Tradutor ix
Agradecimentos xi

Introdução 1
Os Tantras Inferiores 25
Tantra Ioga Supremo 53
O Estágio de Geração 83
Corpo-Isolado 115
Fala-Isolada e Mente-Isolada 157
Corpo-Ilusório, Clara-Luz e União 189
Os Resultados Finais 211

Apêndice I – O Sentido Condensado do Texto 225
Apêndice II – As Práticas Preliminares 241
    Prece Libertadora 243
    Manual para a Prática Diária dos Votos Bodhisattva
     e Tântricos 245
    Grande Libertação da Mãe 259
    Grande Libertaçao do Pai 269
    Uma Explicação da Prática 279

Glossário 287
Bibliografia 305
Programas de Estudo do Budismo Kadampa 311

Escritórios da Editora Tharpa no Mundo 317
Índice Remissivo. 319

Ilustrações

As ilustrações retratam os Gurus da Linhagem Mahamudra

Vajradhara xii
Manjushri 8
Je Tsongkhapa 16
Togden Jampel Gyatso 26
Baso Chokyi Gyaltsen 34
Drubchen Dharmavajra 42
Gyalwa Ensapa 50
Khedrub Sangye Yeshe 60
Panchen Losang Chokyi Gyaltsen 66
Drubchen Gendun Gyaltsen 74
Drungpa Tsondru Gyaltsen 84
Konchog Gyaltsen 90
Panchen Losang Yeshe 98
Losang Trinlay 106
Drubwang Losang Namgyal 114
Kachen Yeshe Gyaltsen 124
Phurchog Ngawang Jampa 132
Panchen Palden Yeshe 142
Khedrub Ngawang Dorje 150
Ngulchu Dharmabhadra 158
Yangchen Drubpay Dorje 166
Khedrub Tenzin Tsondru 174
Je Phabongkhapa Trinlay Gyatso 186
Vajradhara Trijang Rinpoche 198

Dorjechang Kelsang Gyatso Rinpoche 212
(*incluído a pedido de seus discípulos devotados*)

Manual para a Prática Diária dos Votos Bodhisattva e Tântricos
Objetos de compromisso tântricos 254

Nota do Tradutor

As palavras de origem sânscrita e tibetana, como *Bodhichitta, Bodhisattva, Dharma, Geshe, Sangha* etc., foram grafadas como aparecem na edição original deste livro, em língua inglesa, em respeito ao trabalho de transliteração previamente realizado e por evocarem a pureza das línguas originais das quais procedem.

Em alguns casos, contudo, optou-se por aportuguesar as palavras já assimiladas à língua portuguesa (Buda, Budeidade, Budismo, carma) em vez de escrevê-las de acordo com a sua transliteração (*Buddha, karma*).

As palavras estrangeiras foram grafadas em itálico somente na primeira vez que aparecem no texto.

O termo "iniciação" é a tradução do vocábulo inglês "empowerment". *Iniciação, empoderamento de bênçãos* e *transmissão de bênçãos* são sinônimos. Para mais informações, consultar o Glossário do livro *As Instruções Orais do Mahamudra*.

A expressão "mente própria" é sinônimo de "mente muito sutil" e "mente residente-contínua".

As palavras ou frases entre colchetes "[ ]" foram inseridas para auxiliar a melhor compreensão do texto em português.

Agradecimentos

Devido ao grande interesse pela prática do Tantra budista, faz-se necessário um guia amplo e abrangente escrito por um mestre tântrico qualificado. Isto pode ser encontrado neste livro, *Solos e Caminhos Tântricos*, do Venerável Geshe Kelsang Gyatso Rinpoche, que preparou este manual definitivo para uma prática tântrica pura.

Solos e Caminhos Tântricos explica a relação entre o Sutra e o Tantra e a necessidade de fundamentar a prática de Tantra a partir da prática de Sutra. Assim, este livro oferece um guia amplo e autorizado às quatro classes de Tantra, em geral, e ao estágio de geração e estágio de conclusão do Tantra Ioga Supremo, em particular.

O autor descreve diretamente, a partir de sua própria experiência, todas as etapas do caminho à iluminação. Nunca antes, na história da literatura budista, foi publicado um guia tão claro, profundo e amplo. Do fundo do nosso coração, agradecemos ao Venerável Geshe Kelsang Gyatso Rinpoche por sua inconcebível bondade em escrever este livro.

Agradecemos também a todos os dedicados estudantes seniores de Dharma que auxiliaram o autor com a revisão e estabelecimento do texto em inglês, e que prepararam o manuscrito final para publicação.

Roy Tyson,
Diretor Administrativo,
Manjushri Kadampa Meditation Centre,
Maio de 1994

Vajradhara

Introdução

PARA QUE OS seres vivos possam alcançar a grande libertação, ou plena iluminação, Buda revelou dois caminhos: o caminho comum e o caminho incomum. Neste contexto, "caminho" refere-se a um caminho interior ou realização espiritual que nos conduz à libertação do sofrimento, ou paz interior permanente. O caminho incomum é o Caminho Vajrayana. *Caminho Vajrayana*, *Caminho Tântrico* e *Caminho do Mantra Secreto* são sinônimos. Esses caminhos serão explicados extensivamente neste livro. O caminho comum é revelado por Buda em seus ensinamentos de *Sutra*. As etapas do caminho comum são os 21 caminhos espirituais, desde a realização de confiar no Guia Espiritual até a realização da visão superior. Eles são conhecidos como "*Lamrim*", ou "as etapas do caminho". Treinar esses caminhos comuns é o fundamento para a prática do Caminho Vajrayana. O Caminho Vajrayana é como um veículo que nos leva diretamente ao nosso destino final, e os caminhos comuns são como a estrada pela qual esse veículo viaja. Portanto, para extrair a verdadeira essência desta preciosa vida humana, a conquista da plena iluminação, precisamos treinar primeiramente os caminhos comuns do Lamrim e, depois, os caminhos incomuns do Vajrayana.

As práticas de todos os caminhos comuns estão incluídas em um texto bem condensado de Lamrim, escrito por Je Tsongkhapa, que é normalmente conhecido como *Prece das Etapas do Caminho*. Esse texto é como o texto-raiz do Lamrim. Ele não requer um comentário separado, pois, se estudarmos uma apresentação completa do Lamrim, como a que pode ser encontrada nos livros *Caminho Alegre da Boa Fortuna* ou *Novo Manual de Meditação*, compreenderemos naturalmente todo o significado desse texto-raiz.

Se deseja praticar os Caminhos Vajrayana explicados neste livro, você deve receber uma iniciação do Tantra Ioga Supremo (como a iniciação de Heruka ou de Vajrayogini) e treinar o Lamrim – as etapas do caminho. Você deve memorizar a *Prece das Etapas do Caminho* e recitá-la, mental ou verbalmente, todos os dias, enquanto se concentra em seu significado. Então, sempre que você quiser ler este livro, por favor, comece recitando esse texto-raiz. Primeiro, visualize os seres sagrados, como segue:

No espaço a minha frente, está Buda Shakyamuni vivo, rodeado por todos os Budas e Bodhisattvas, como a lua cheia rodeada pelas estrelas.

Então, recite a prece:

PRECE DAS ETAPAS DO CAMINHO

O caminho começa com firme confiança
No meu bondoso mestre, fonte de todo bem;
Ó, abençoa-me com essa compreensão
Para segui-lo com grande devoção.

Esta vida humana, com todas as suas liberdades,
Extremamente rara, com tanta significação;
Ó, abençoa-me com essa compreensão,
Dia e noite, para captar a sua essência.

Meu corpo, qual bolha-d'água,
Decai e morre tão rapidamente;
Após a morte, vêm os resultados do carma,
Qual sombra de um corpo.

Com esse firme conhecimento e lembrança,
Abençoa-me, para ser extremamente cauteloso,
Evitando sempre ações nocivas
E reunindo abundante virtude.

Os prazeres do samsara são enganosos,
Não trazem contentamento, apenas tormentos;
Abençoa-me, para ter o esforço sincero
Para obter o êxtase da liberdade perfeita.

Ó, abençoa-me, para que desse pensamento puro
Resulte contínua-lembrança e imensa cautela,
A fim de manter como minha prática essencial
A raiz da doutrina, o Pratimoksha.

Assim como eu, todas as minhas bondosas mães
Estão se afogando no oceano do samsara;
Para que logo eu possa libertá-las,
Abençoa-me, para treinar a *bodhichitta*.

Mas não posso tornar-me um Buda
Apenas com isso, sem as três éticas;
Assim, abençoa-me com a força de praticar
Os votos do Bodhisattva.

Por pacificar minhas distrações
E analisar perfeitos sentidos,
Abençoa-me, para logo alcançar a união
Da visão superior com o tranquilo-permanecer.

Quando me tornar um puro recipiente
Pelos caminhos comuns, abençoa-me, para ingressar
Na essência da prática da boa fortuna,
O supremo veículo, Vajrayana.

As duas conquistas dependem, ambas,
De meus sagrados votos e compromissos;
Abençoa-me, para entender isso claramente
E conservá-los à custa da minha vida.

Por sempre praticar em quatro sessões
A via explicada pelos santos mestres,
Ó, abençoa-me, para obter ambos os estágios
Que são a essência dos Tantras.

Que os que me guiam no bom caminho
E meus companheiros tenham longas vidas;
Abençoa-me, para pacificar inteiramente
Todos os obstáculos internos e externos.

Que eu sempre encontre perfeitos mestres
E deleite-me no sagrado Dharma,
Conquiste todos os solos e caminhos velozmente
E obtenha o estado de Vajradhara.

Frequentemente é dito que o caminho do *Tantra* é superior ao caminho do Sutra; porém, para compreender a razão disso, precisamos nos empenhar num estudo preciso tanto do Sutra quanto do Tantra; caso contrário, nossas afirmações sobre a superioridade do Tantra serão meras palavras. Além disso, se não estudarmos bem o Sutra e o Tantra, encontraremos dificuldade para compreender como praticar a união do Sutra e do Tantra e, então, haverá o grande perigo de rejeitarmos a prática do Tantra ou de ignorarmos a prática do Sutra.

Os ensinamentos de Tantra, ou Mantra Secreto (como algumas vezes o Tantra é chamado), são os mais raros e preciosos dos ensinamentos de Buda. É unicamente por seguir o caminho do Mantra Secreto que podemos alcançar a iluminação, ou Budeidade. Por que não podemos obter a plena iluminação apenas praticando os caminhos do Sutra? Há duas razões principais. A primeira é que, para alcançar a Budeidade, precisamos obter tanto o Corpo-Verdade quanto o Corpo-Forma de um Buda. Embora os ensinamentos de Sutra apresentem uma explicação geral sobre como esses dois corpos são obtidos na dependência das etapas do caminho da sabedoria e do método, esses ensinamentos não dão explicações precisas das efetivas causas substanciais diretas desses dois corpos. A causa substancial, direta, do Corpo-Verdade é a clara-luz-significativa; e a causa substancial, direta, do Corpo-Forma é o corpo-ilusório. Essas causas são explicadas apenas no Mantra Secreto.

A segunda razão pela qual os caminhos do Sutra não podem nos conduzir à plena iluminação é que os ensinamentos de Sutra não apresentam métodos para superar as obstruções muito sutis à onisciência: as aparências duais sutis associadas às mentes da aparência branca, do vermelho crescente e da quase-conquista negra. Essas três mentes tornam-se manifestas quando nossos ventos interiores se dissolvem no canal central durante o sono, durante o processo da morte ou durante a meditação do estágio de conclusão. Apesar de essas mentes serem mentes sutis, elas são mentes contaminadas, pois seus objetos (a aparência de um espaço permeado por luz branca, a aparência de um espaço permeado por luz vermelha, e a aparência de um espaço permeado por escuridão) aparecem como inerentemente existentes. Essas aparências de existência inerente são aparências duais sutis e obstruções muito sutis à onisciência. Porque os ensinamentos de Sutra não explicam como identificar as mentes sutis da aparência branca, vermelho crescente e quase-conquista negra, os Bodhisattvas [do caminho] do Sutra são incapazes de identificar as aparências duais sutis associadas a elas e, muito menos, de abandoná-las! Em geral, *aparência dual* é a aparência à mente de seu objeto e da existência inerente. Todas as mentes dos seres vivos, com exceção da excelsa percepção do equilíbrio meditativo dos seres superiores, têm essa aparência.

Uma realização direta da vacuidade com uma mente densa não tem o poder de superar as aparências duais sutis associadas às mentes da aparência branca, vermelho crescente e quase--conquista negra. A única maneira de abandonar essas aparências duais sutis é realizar diretamente a vacuidade com a mente muito sutil da clara-luz. Visto que os métodos para manifestar e utilizar a mente muito sutil da clara-luz são explicados unicamente no Mantra Secreto, quem quer que deseje alcançar definitivamente a Budeidade precisa ingressar nesse caminho.

É dito que somente o quarto, o décimo primeiro e o último dos mil Budas deste Éon Afortunado irão ensinar o Mantra Secreto. Isso significa que os seguidores dos demais Budas não terão a oportunidade de alcançar a iluminação? Por exemplo, ninguém alcançará a iluminação sob a orientação de Buda Maitreya? Embora Buda Maitreya não vá ensinar o Tantra, muitos de seus seguidores irão alcançar o décimo solo de um Bodhisattva [do caminho] do Sutra por praticarem seus ensinamentos de Sutra. Então, os Budas das Cinco Famílias das dez direções irão aparecer para esses praticantes, conceder iniciações tântricas e mostrar para eles como alcançar a clara-luz-significativa, a quarta das cinco etapas do estágio de conclusão. Por meditarem na clara-luz-significativa, esses Bodhisattvas alcançarão, por fim, a Budeidade. Portanto, embora Buda Maitreya não vá revelar pessoalmente o caminho do Mantra Secreto, ele, contudo, irá abrir o caminho para que incontáveis seres vivos alcancem a Budeidade.

Buda ensinou três veículos, ou meios, de progredir em direção à iluminação: o Hinayana, o Paramitayana e o Vajrayana. Desses três, o Vajrayana, ou Veículo do Mantra Secreto, é o veículo supremo, pois ele nos leva diretamente à Budeidade. Se nos empenharmos sinceramente e com entusiasmo na prática tântrica, com motivação pura e profunda fé, alcançaremos a plena iluminação fácil e rapidamente, sem precisarmos suportar grandes dificuldades. Portanto, devemos nos considerar extremamente afortunados por ter a oportunidade de estudar os ensinamentos do Mantra Secreto.

A porta de ingresso à prática do Mantra Secreto é receber uma iniciação tântrica de um Guia Espiritual tântrico qualificado. Depois, precisamos aprender, precisamente, como praticar o Mantra Secreto e como progredir pelos solos e caminhos espirituais na dependência da prática tântrica. Se compreendermos isso de modo

INTRODUÇÃO

claro e inequívoco e colocarmos sinceramente nossa compreensão em prática, podemos alcançar a Budeidade nesta mesma vida.

Algumas pessoas dizem que a Budeidade é uma meta inatingível, ao passo que outras dizem que o Mantra Secreto é avançado demais e que, portanto, é melhor concentrar-se no Sutra. Tais ideias são bastante comuns nos dias atuais, mas aqueles que receberam iniciações tântricas não devem se permitir ficar desencorajados dessa maneira. Se desistirmos do desejo de alcançar a Budeidade porque pensamos que ela é inatingível, incorreremos numa queda-raiz dos nossos votos bodhisattva; e, se abandonarmos a intenção de praticar o Mantra Secreto porque pensamos que ele é muito difícil, incorreremos numa queda-raiz de nossos votos tântricos. Através do estudo dos ensinamentos sobre os solos e caminhos tântricos dados neste livro, compreenderemos como é possível alcançar a Budeidade por meio de confiar no Mantra Secreto, e desenvolveremos grande entusiasmo pela prática tântrica. Desse modo, estaremos protegidos de quebrar nossos votos bodhisattva e tântricos.

Podemos nos perguntar por que, afinal, se o Mantra Secreto é o caminho direto à Budeidade, Buda ensinou os caminhos do Sutra? A razão é que o Sutra é o fundamento para o Tantra. O Tantra é como um avião que nos leva diretamente à Budeidade, ao passo que o Sutra é como a pista. Sem a pista, um avião não consegue decolar, e, sem o fundamento do Sutra, não podemos obter uma experiência autêntica do Mantra Secreto. Portanto, aqueles que desejam alcançar a Budeidade precisam praticar a união do Sutra e do Tantra.

Para nos tornarmos um ser plenamente iluminado, precisamos realizar todos os caminhos para a Budeidade. Em geral, há dois tipos de caminho: caminhos exteriores e caminhos interiores. Podemos ter conhecimento dos caminhos exteriores consultando mapas e assim por diante, mas eles não nos ajudam a alcançar a libertação. Mesmo que viajemos numa espaçonave para o outro lado do universo, nunca alcançaremos a libertação. A única maneira

7

Manjushri

INTRODUÇÃO

de alcançar a libertação é seguir caminhos interiores corretos, os quais são explicados somente no Dharma.

Os Budas têm dez qualidades especiais que não são possuídas pelos seres sencientes; essas qualidades são chamadas de "as dez forças", e uma delas é a força de conhecer todos os caminhos. Os Budas conhecem todos os caminhos interiores e para aonde eles conduzem. Motivados por sua grande compaixão, os Budas ensinam os seres vivos como discriminar entre caminhos corretos e caminhos incorretos. Se os Budas não ensinassem o Dharma, nunca conheceríamos os caminhos à libertação e, devido a nossa familiaridade com o agarramento ao em-si, continuaríamos a vagar pelo samsara para sempre, sem nenhuma esperança de escaparmos dele. Temos seguido caminhos incorretos desde tempos sem início, mas agora, pela bondade de Buda Shakyamuni, temos a oportunidade de estudar uma apresentação completa dos caminhos espirituais à libertação e à plena iluminação.

Há dois tipos de caminho interior: caminhos interiores mundanos e caminhos interiores supramundanos. Caminhos interiores mundanos levam-nos, cada vez mais profundamente, ao samsara, ao passo que caminhos interiores supramundanos conduzem-nos à libertação e à iluminação. Há dois tipos de caminho mundano: caminhos mundanos virtuosos e caminhos mundanos não virtuosos. Caminhos mundanos virtuosos são ações virtuosas que nos levam a renascer como um ser humano, semideus ou deus, e caminhos mundanos não virtuosos são ações não virtuosas que nos levam a renascer como um animal, um fantasma faminto ou como um ser-do-inferno. Explicações detalhadas dos caminhos mundanos podem ser encontradas nos ensinamentos de Buda sobre o carma e os doze elos dependente-relacionados.

Caminhos supramundanos são mentes virtuosas que conduzem à libertação e à iluminação. No que diz respeito aos caminhos supramundanos, os termos *caminho, solo, veículo espiritual* e *excelsa percepção* são sinônimos. A definição de caminho espiritual é: uma excelsa percepção associada com renúncia não fabricada. Há dois tipos de caminho espiritual: Caminhos Hinayana e Caminhos Mahayana.

Há cinco Caminhos Hinayana: os Caminhos Hinayana da Acumulação, da Preparação, da Visão, da Meditação e do Não-Mais-Aprender. Os Caminhos Hinayana conduzem à pequena iluminação de um Ouvinte ou à média iluminação de um Conquistador Solitário. Há também cinco Caminhos Mahayana: os Caminhos Mahayana da Acumulação, da Preparação, da Visão, da Meditação e do Não-Mais-Aprender. Os Caminhos Mahayana conduzem à completa iluminação de um Buda.

A definição de solo espiritual é: uma *clara-realização* que atua como o fundamento de muitas boas qualidades. Assim como os caminhos espirituais, os solos espirituais são de dois tipos: Solos Hinayana e Solos Mahayana. Há oito Solos Hinayana, todos eles incluídos nos cinco Caminhos Hinayana; e há dez Solos Mahayana, todos eles incluídos nos cinco Caminhos Mahayana. Assim como a terra é a base para o crescimento de plantas, árvores, colheitas e assim por diante, os Solos Hinayana são a base para o desenvolvimento das boas qualidades hinayana, e os Solos Mahayana são a base para o desenvolvimento das boas qualidades mahayana.

A definição de veículo espiritual é: uma excelsa percepção que conduz alguém ao seu destino espiritual final. Há dois tipos de veículo espiritual: o Hinayana (ou Pequeno Veículo) e o Mahayana (ou Grande Veículo). O Mahayana é subdividido em Paramitayana (ou Veículo da Perfeição) e Vajrayana (ou Veículo *Vajra*). Dentre os Cinco Caminhos, os quatro primeiros são conhecidos como "caminhos progressivos", ou "veículos progressivos", pois eles nos levam ao nosso destino espiritual final; e o quinto caminho, o Caminho do Não-Mais-Aprender, é conhecido como "o Caminho Resultante", ou "o Veículo Efeito".

A definição de excelsa percepção é: uma realização espiritual que conhece perfeitamente a natureza de seu objeto principal. Todos os caminhos espirituais são excelsas percepções. A excelsa percepção difere da sabedoria, pois a sabedoria necessariamente compreende ou realiza seu objeto através de seu próprio poder, ao passo que a excelsa percepção consegue compreender ou realizar seu objeto através do poder de outra mente. A bodhichitta, por

INTRODUÇÃO

exemplo, é uma excelsa percepção, mas não é uma sabedoria. A bodhichitta conhece a natureza de seu objeto principal, a iluminação, mas faz isso através do poder da presença de seu fator mental sabedoria, ao invés de fazê-lo por seu próprio poder. Justamente por isso, outros fatores mentais associados à bodhichitta (como concentração, intenção e sensação) são também excelsas percepções, mas não são sabedorias.

Assim, a bodhichitta é, simultaneamente: um caminho, um solo, um veículo espiritual e uma excelsa percepção. Do ponto de vista da bodhichitta conduzir à iluminação, ela é um caminho; do ponto de vista de ser o fundamento de muitas boas qualidades do Mahayana, é um solo; do ponto de vista de ser o meio para progredir em direção à iluminação, é um veículo; e do ponto de vista de seu conhecimento e da maneira de compreender seu objeto, a bodhichitta é uma excelsa percepção.

Porque os seres vivos têm inclinações e capacidades mentais variadas, Buda Shakyamuni ensinou três veículos: o Hinayana, o Paramitayana e o Vajrayana. Para atender àqueles de aspiração limitada, preocupados principalmente com sua própria libertação do sofrimento, Buda ensinou o Hinayana. Os Hinayanistas são muito conscientes das falhas do apego, e consideram o apego como seu principal objeto a ser abandonado. Por essa razão, o Hinayana é, às vezes, conhecido como "o Veículo de Separação do Apego". Para abandonar temporariamente o apego, os Hinayanistas renunciam às suas famílias, lares e assim por diante, retiram-se para um local isolado e meditam na não-atratividade; e, para abandonar o apego por completo, eles meditam na vacuidade.

Para aqueles que se sentem atraídos pelo caminho vasto, Buda expôs o Paramitayana, no qual ensinou as seis perfeições e os Dez Solos Bodhisattva. Os objetos principais a serem abandonados pelos Bodhisattvas são as obstruções à onisciência. Os Bodhisattvas não têm medo do apego, pois eles sabem como transformá-lo em caminho espiritual. Assim como agricultores utilizam substâncias impuras, como o esterco, para fertilizar o solo, os Bodhisattvas superiores utilizam as delusões, como o apego, como auxílio para alcançar a Budeidade, tornando-as inofensivas pelo poder de sua sabedoria e compaixão.

Para aqueles que se sentem atraídos pelo Dharma profundo, Buda ensinou o terceiro veículo, o Vajrayana. O Vajrayana, ou Veículo do Mantra Secreto, é algumas vezes denominado "o Veículo do Apego" porque, em vez de tentarem abandonar imediatamente o apego, os praticantes desse veículo usam o apego como um auxílio para gerar grande êxtase espontâneo, com o qual meditam então na vacuidade. Posteriormente, quando finalmente alcançam a iluminação, eles exibem, todavia, o aspecto de terem apego, pois aparecem como Budas tântricos no aspecto de Pai e Mãe em abraço, ou união, sexual, apesar de não terem mais apego desejoso.

Embora possamos transformar o apego em caminho espiritual pela prática do Mantra Secreto, precisamos de grande habilidade para sermos capazes de fazê-lo pois, normalmente, quando o apego se desenvolve fortemente, ele automaticamente perturba nossa paz mental. A razão principal pela qual a maioria dos Budas não irá expor o Mantra Secreto é que há o perigo de que praticantes não qualificados utilizem-no com a finalidade de prazeres mundanos; e praticantes qualificados entre os discípulos são muito raros. Buda Shakyamuni, entretanto, é uma exceção. Pelo poder de suas preces passadas e de sua determinação especial, seus discípulos têm o carma especial para praticar o Mantra Secreto.

Há uma profecia que diz que, quando o Dharma de Buda Shakyamuni estiver próximo de terminar, a prática do Mantra Secreto irá florescer de maneira breve e muito amplamente neste mundo, como uma chama de vela que tremula com um brilho intenso pouco antes de finalmente extinguir-se. Nos dias atuais, parece que há muitos livros sobre Tantra, muitos professores ensinando o Tantra e muitos alunos tentando praticar o Tantra. No entanto, nem todos esses livros e ensinamentos são puros e autênticos. Por essa razão, torna-se cada vez mais importante saber discriminar entre ensinamentos tântricos autênticos e aqueles que foram misturados com ensinamentos não budistas. Somos extremamente afortunados por termos encontrado os ensinamentos

INTRODUÇÃO

tântricos totalmente puros que têm sido transmitidos desde Buda Shakyamuni, passando por Je Tsongkhapa e muitos professores realizados da *nova* Tradição Kadampa. Je Tsongkhapa, que é uma emanação do Buda da Sabedoria Manjushri, esclareceu muitos aspectos da prática tântrica que frequentemente eram mal compreendidos no passado. Especificamente, ele mostrou como é possível – e, de fato, essencial – praticar a união do Sutra e do Tantra. Antes de Je Tsongkhapa surgir, muitas pessoas pensavam que o Mantra Secreto e a disciplina moral *Vinaya* eram contraditórios, e que uma pessoa não podia praticar ambos; mas Je Tsongkhapa mostrou que, em vez de ser contraditória com o Vinaya, a prática do Mantra Secreto é o meio supremamente hábil para manter a disciplina Vinaya puramente. Sinto-me extremamente afortunado por ser capaz de transmitir os puros ensinamentos tântricos de Je Tsongkhapa, e o leitor também deve se sentir afortunado por ter a oportunidade de estudá-los.

AS BOAS QUALIDADES DO MANTRA SECRETO

Podemos compreender a natureza, funções e boas qualidades do Mantra Secreto ao considerar os diversos nomes que Buda deu a ele: Veículo Secreto, Veículo Mantra, Veículo Efeito, Veículo Vajra, Veículo Método, e Veículo Tântrico. Esses nomes serão agora explicados.

VEÍCULO SECRETO

Porque o Tantra é a verdadeira essência dos ensinamentos de Buda, ele é como um raro e precioso tesouro. Em geral, as pessoas mantêm escondidas suas posses mais valiosas, mostrando-as apenas para seus parentes e amigos mais próximos. Se, por exemplo, fôssemos proprietários de um diamante inestimável, seríamos muito insensatos em mostrá-lo na estante da nossa sala para que qualquer pessoa pudesse vê-lo, pois isso só atrairia ladrões. Do mesmo modo, é insensato revelar ensinamentos tântricos para aqueles que não têm iniciações ou que não têm profunda fé no Budadharma, pois isso atrai muitos obstáculos. Por essa razão, devemos praticar o Tantra discretamente. O Mantra Secreto é exclusivo do Budismo. Embora existam certos ensinamentos não budistas que, superficialmente, assemelhem-se ao Mantra Secreto, na verdade eles são totalmente diferentes. Além disso, o Mantra Secreto é exclusivamente uma prática mahayana e, dentre os Mahayanistas, somente aqueles com grande fé, mérito e sabedoria conseguem praticá-lo. Embora o Mantra Secreto seja extremamente precioso e profundo, ele não é adequado para aqueles que carecem dessas qualidades. Vajradhara comparou o Mantra Secreto com o leite de uma leoa-das-neves. Se esse leite for guardado em uma vasilha de ouro, ele permanecerá doce e revigorante, mas se for colocado em uma vasilha feita de material inferior, torna-se imediatamente azedo. Do mesmo modo, se uma pessoa com pouca fé estudar os ensinamentos tântricos e tentar praticá-los sem confiar em um Guia Espiritual Vajrayana qualificado, ele (ou ela) provavelmente irá desenvolver mal-entendidos prejudiciais.

VEÍCULO MANTRA

"Mantra" significa "proteção da mente". Pelo poder da prática do Mantra Secreto, nossa mente é protegida contra aparências comuns e concepções comuns. De acordo com o Tantra, aparências comuns e concepções comuns são a raiz do samsara e a base – o fundamento – de todo sofrimento. Aparência comum é qualquer aparência devida a uma mente impura, e concepção comum é qualquer mente que concebe algo devido à aparência comum. Porque os fenômenos nos aparecem como comuns e os concebemos como comuns, criamos carma contaminado e vagamos pelo samsara. Concepções comuns são obstruções à libertação, e aparências comuns são obstruções à onisciência.

Quando nos aferramos em ser uma pessoa comum, pensando "eu sou Pedro", "eu sou Sara" etc., estamos desenvolvendo concepções comuns. Porque nos aferramos a uma identidade comum, se alguém nos atacar, sentiremos medo; ou, se nosso dinheiro acabar, ficaremos ansiosos. Se, em vez de nos aferrarmos a uma identidade comum, superássemos as concepções comuns através de desenvolver orgulho divino de ser Heruka ou Vajrayogini, não desenvolveríamos medo, ansiedade ou qualquer outro estado mental negativo. Como alguém pode prejudicar Heruka? Como Vajrayogini pode ficar sem dinheiro? Por que desenvolvemos o pensamento comum de sermos Pedro, Sara etc.? As concepções comuns dependem das aparências comuns. Pensamos em nós mesmos como uma pessoa comum na dependência dos agregados comuns que aparecem à nossa mente. Porque um corpo denso e impuro e estados mentais densos e impuros aparecem para nós, desenvolvemos o pensamento *"eu"* e concebemos a nós próprios como um ser comum. Ao agirmos sob a influência de tais concepções comuns, criamos carma contaminado e, como consequência, plantamos as sementes para que a aparência de um corpo comum, de uma mente comum e de um mundo comum surjam novamente no futuro. Se, então, concordarmos com essas aparências comuns e nos relacionarmos conosco e com o nosso mundo de uma maneira comum, iremos simplesmente perpetuar esse ciclo de experiência comum. Para interromper esse ciclo, precisamos superar as aparências comuns por meio de nos visualizarmos como uma Deidade, e precisamos superar as concepções comuns por meio de gerar orgulho divino de ser a Deidade. A maioria dos caminhos tântricos são métodos para superar as aparências e concepções comuns.

Concepções comuns não são, necessariamente, delusões, porque concepções comuns não são, necessariamente, percepções errôneas – as concepções comuns são obstruções à libertação. Para os praticantes tântricos, os objetos principais a serem abandonados não são as delusões, mas as aparências comuns e concepções comuns, porque, quando elas se manifestam fortemente, a prática tântrica não funciona. Praticantes tântricos qualificados não têm medo das delusões. Na verdade, em alguns Tantras, Buda dá aos praticantes tântricos permissão para desenvolver apego desejoso, e, em outros Tantras,

Je Tsongkhapa

Buda lhes dá permissão para desenvolver raiva e inveja. No entanto, há um debate sobre se Buda dá ou não permissão para desenvolver ignorância. Alguns eruditos argumentam que Buda não dá tal permissão, pois nunca poderá haver benefício algum em desenvolver ignorância. Eles dizem que, embora o apego possa ser utilizado para gerar êxtase e a raiva possa ser transformada numa força para beneficiar os outros, a ignorância nunca poderá ser bem utilizada. Outros eruditos dizem que, ao dar permissão para desenvolver raiva e apego, Buda implicitamente dá permissão para desenvolver ignorância, que é a raiz de todas as delusões. Deve-se notar, entretanto, que embora os praticantes tântricos não considerem as delusões como seus objetos principais a serem abandonados, eles, não obstante, têm a intenção de, por fim, abandoná-las. Na verdade, quando os praticantes reduzem ou abandonam as aparências comuns e as concepções comuns, eles automaticamente reduzem ou abandonam suas delusões.

VEÍCULO EFEITO

Neste contexto, "efeito" refere-se aos quatro efeitos últimos da prática espiritual: o ambiente puro de um Buda, o corpo puro de um Buda, os prazeres puros de um Buda, e os feitos puros de um Buda. Eles também são conhecidos como "as quatro completas purezas". O Mantra Secreto é denominado "o Veículo Efeito" porque os praticantes trazem essas quatro completas purezas para o caminho espiritual. Por exemplo, se estivermos praticando o Tantra de Vajrayogini, trazemos o ambiente puro de um Buda para o caminho espiritual por meio de visualizar nossos arredores como o mandala de Vajrayogini; trazemos o corpo puro de um Buda para o caminho por meio de visualizar nosso corpo como sendo o corpo de Vajrayogini; trazemos os prazeres puros de um Buda para o caminho por meio de imaginar que nossa comida, bebida e assim por diante são néctar, e o oferecemos a nós mesmos gerados como Vajrayogini; e trazemos os feitos puros de um Buda para o caminho por meio de ajudar os seres vivos enquanto mantemos orgulho divino de sermos Vajrayogini. Essas práticas são o método rápido para alcançar as quatro completas purezas.

VEÍCULO VAJRA

A conotação principal da palavra "vajra" é "indivisível" ou "indestrutível". O Mantra Secreto é denominado "o Veículo Vajra" porque contém os iogas de método e sabedoria indivisíveis, que são meditações que acumulam, principalmente, mérito e sabedoria simultaneamente. De acordo com os Sutras, não há uma concentração *única* que crie, principalmente, a causa do Corpo-Forma e do Corpo-Verdade simultaneamente; mas, de acordo com o Mantra Secreto, essas concentrações existem. Por exemplo, quando meditamos no estágio de geração do Tantra Ioga Supremo, numa mesma concentração, uma parte da mente de concentração medita no corpo da Deidade, enquanto outra parte medita na vacuidade desse corpo. Meditar no corpo da Deidade é uma causa para alcançar o Corpo-Forma, e meditar na vacuidade é uma causa para alcançar o Corpo-Verdade. Quando alcançamos a clara-luz-significativa (a quarta etapa das cinco etapas do estágio de conclusão), meditamos na união de êxtase e vacuidade, que é o método e sabedoria indivisíveis propriamente dito. Essa concentração *única* serve para completar tanto a coleção de mérito quanto a coleção de sabedoria simultaneamente e, assim, atua como causa principal do Corpo--Forma e do Corpo-Verdade. Por essas razões, o Vajrayana é o veículo supremo, superior ao Sutrayana.

VEÍCULO MÉTODO

Embora os Sutras ensinem as etapas do caminho do método, esses métodos não são tão profundos, habilidosos ou rápidos como os explicados no Tantra. Os verdadeiros métodos rápidos e diretos para alcançar a Budeidade (tais como o corpo-isolado, a fala-isolada, a mente-isolada, o corpo-ilusório, e a clara-luz) são ensinados apenas no Mantra Secreto. No entanto, todas as práticas-chave do Sutra são também explicadas no Tantra. A bodhichitta, por exemplo, é ensinada tanto no Sutra quanto no Tantra. Embora a natureza da bodhichitta seja a mesma no Sutra e no Tantra, a maneira como meditamos na bodhichitta no Tantra é mais profunda. No Tantra, meditamos na bodhichitta em associação com *trazer o resultado futuro para o caminho*. Começamos toda sessão de meditação tântrica gerando bodhichitta da maneira habitual, mas depois, com a motivação de nos tornarmos um Buda para o benefício de todos os seres vivos, imaginamos que imediatamente nos tornamos um Buda e executamos feitos iluminados. Desse modo, nossa meditação na autogeração torna-se um poderoso método para aprimorar nossa bodhichitta e para alcançar o objetivo da bodhichitta. Quando praticantes tântricos qualificados geram bodhichitta, eles sabem exatamente o que a plena iluminação é (a união da clara-luz-significativa e do corpo-ilusório), e eles conhecem exatamente quais são os caminhos efetivos para a plena iluminação – o corpo-isolado, a fala-isolada, a mente-isolada, e assim por diante. Como resultado, o desejo de sua bodhichitta de alcançar a iluminação é muito qualificado. Por essa razão, a maneira de praticar a bodhichitta de acordo com o Tantra é superior à maneira de praticar de acordo com o Sutra. Há muitas outras técnicas tântricas especiais para aprimorar e fortalecer a bodhichitta.

VEÍCULO TÂNTRICO

Há quatro tipos de Tantra: Tantras-base, Tantras-caminho, Tantras-efeito, e Tantras-texto. Nosso corpo, fala e mente comuns são denominados "Tantras-base" porque são as bases a serem purificadas pela prática tântrica; os iogas das quatro classes de Tantra (como os iogas com sinais e o ioga sem sinais do Tantra Ação, e os iogas do estágio de geração e do estágio de conclusão do Tantra Ioga Supremo) são Tantras-caminho; os três corpos de um Buda, obtidos por meio dos Tantras-caminho, são Tantras-efeito; e qualquer escritura que revele esses três tipos de Tantra é um Tantra-texto. Ao purificar os Tantras-base por meio dos Tantras-caminho, por fim alcançamos os Tantras-efeito. Isso é realizado através de confiar nos Tantras-texto.

Em *Grande Exposição dos Estágios do Mantra Secreto*, Je Tsongkhapa menciona sete benefícios especiais de praticar o Mantra Secreto:

(1) Recebemos as bênçãos dos Budas e Bodhisattvas mais rapidamente;
(2) Ficamos sob os cuidados e a orientação de nossa Deidade pessoal, ou Yidam;
(3) Seremos capazes de nos lembrar dos Budas no momento da morte, durante o estado intermediário e nas vidas futuras;
(4) Completamos rapidamente as coleções de mérito e de sabedoria;
(5) Ficaremos livres de todos os obstáculos;
(6) Obteremos as aquisições comuns (as aquisições pacificadora, crescente, controladora e irada, e as oito grandes aquisições) e a aquisição incomum, a União- -do-Não-Mais-Aprender (ou Budeidade);
(7) Nossas ações físicas e verbais diárias tornam-se causas para acumularmos um grande estoque de mérito.

AS QUATRO CLASSES DE TANTRA

Visto que, do ponto de vista da sabedoria, mérito e capacidade mental, há muitos níveis diferentes de praticantes do Mantra Secreto, Buda ensinou quatro classes de Tantra: Tantra Ação, Tantra Performance, Tantra Ioga e Tantra Ioga Supremo. Uma maneira de distinguir essas quatro classes de Tantra é através dos métodos que elas revelam para transformar o prazer sensual (ou seja, dos sentidos) em caminho espiritual. Os seres do reino do desejo são muito apegados aos prazeres dos sentidos, como formas bonitas, sons agradáveis, odores fragrantes, sabores deliciosos e objetos táteis macios ou estimulantes. Quando desfrutamos desses cinco objetos de desejo, experienciamos certo nível de êxtase, mas, infelizmente, esse êxtase normalmente dá origem ao apego e, assim, atua como uma causa de renascimento samsárico. Assim, o êxtase que os seres comuns experienciam quando entram em contato com objetos atraentes aos sentidos faz com que, indiretamente, experienciem sofrimento. Com sua infinita habilidade, Buda ensinou métodos especiais para transformar prazer mundano em caminho espiritual, de modo que, ao invés de levar a sofrimento futuro, ele se torna uma causa do êxtase supremo da Budeidade. Por confiar nesses métodos, podemos obter vantagem da nossa atração natural pelo prazer sensorial e, em vez de ter de abandonar os cinco objetos de desejo, utilizá-los para estimular nossa prática espiritual.

Como o grande Mahasiddha Saraha disse, a maioria das pessoas neste mundo considera o êxtase sexual como muito importante e coloca uma grande quantidade de energia para obtê-lo, mas ninguém sabe como experienciar esse êxtase de uma maneira significativa e impedi-lo de aumentar suas delusões. Buda ensinou diversos métodos para transformar o prazer sexual em caminho espiritual, alguns dos quais são adequados para aqueles com escopo (ou habilidade) mental superior, ao passo que outros métodos são adequados para aqueles com escopo menor.

Cada uma das quatro classes de Tantra contém sua própria técnica especial para transformar o êxtase sensual (dos sentidos). Por exemplo, quando os praticantes do Tantra Ação geram a si próprios como uma Deidade masculina do Tantra Ação (como Manjushri ou Avalokiteshvara), eles visualizam uma bela Deusa diante deles e, por olharem fixamente para ela, eles geram êxtase, o qual então utilizam para meditar na vacuidade. Para aprimorar sua experiência de êxtase, clara aparência e orgulho divino, esses praticantes também se empenham em muitas práticas rituais, como *mudras* e banho ritual. Os praticantes do Tantra Performance, além de visualizar uma Deusa atraente diante deles, visualizam-na também sorrindo para eles de maneira sedutora e, desse modo, geram êxtase, que eles utilizam para meditar na vacuidade. Eles também se empenham em práticas rituais, mas, no Tantra Performance, dá-se igual ênfase à meditação e às ações exteriores. Os praticantes do Tantra Ioga imaginam que estão de mãos dadas com a Deusa, e utilizam o êxtase que geram para meditar na vacuidade. Quando se empenham em rituais, esses praticantes dão mais ênfase às práticas internas que às práticas externas. Os praticantes do Tantra Ioga Supremo imaginam que estão em abraço, ou união, sexual com a Deusa e, então, transformam o êxtase que geram em caminho espiritual, por meio de meditar na vacuidade. Antes que possamos transformar o êxtase da união sexual em caminho espiritual, precisamos ser capazes de transformar o êxtase de segurar as mãos, e, antes que possamos fazer isso, precisamos ser capazes de transformar o êxtase que surge de apenas olhar para uma Deidade masculina ou feminina. Portanto, quem quer que deseje praticar *transformar êxtase em caminho* de acordo com o Tantra Ioga Supremo deve, primeiro, praticar *transformar êxtase em caminho* de acordo com os três Tantras inferiores.

Por treinar em transformar o êxtase de fitar uma Deusa visualizada, contemplar seu sorriso, segurar suas mãos e unir-se em abraço a ela, por fim obteremos a habilidade de *transformar* o êxtase da relação sexual propriamente dito em *caminho [espiritual]*. No entanto, sem treinar em meditação, é impossível transformar a atividade sexual em caminho espiritual. Por compreenderem mal o Tantra, algumas pessoas sem experiência de meditação entregam-se à má conduta sexual e afirmam ser grandes praticantes tântricos. Tais pessoas estão destruindo o Budadharma e criando a causa para renascer no inferno.

Precisamos avaliar nossa própria capacidade e praticar de acordo com ela. Primeiro, a partir do orgulho divino de ser a Deidade, devemos tentar transformar o êxtase de olhar para uma Deidade masculina ou feminina visualizada e, então, quando tivermos alguma experiência nisso, tentar transformar o êxtase de olhar para um homem ou mulher reais. Desse ponto de vista prático, seremos então um praticante do Tantra Ação. Em seguida, imaginamos que a Deidade está sorrindo para nós, e utilizamos o êxtase que surge para meditar na vacuidade. Quando formos capazes de fazer isso, podemos tentar transformar o êxtase de olhar para o nosso parceiro sorrindo para nós. Por fim, com forte orgulho divino de sermos uma Deidade do Tantra Ioga Supremo, como Heruka ou Vajrayogini, podemos visualizar a nós próprios em abraço, ou união, sexual com nosso(a) consorte. Quer sejamos homem ou mulher, se nos gerarmos como Heruka, visualizamo-nos em união com Vajrayogini, e se nos gerarmos como Vajrayogini, visualizamo-nos em união com Heruka. Quando conseguirmos transformar o êxtase de unir-se em abraço a um (ou uma) consorte visualizado, podemos tentar transformar o êxtase da relação sexual propriamente dito no caminho rápido à Budeidade.

Nossa motivação para fazer essa prática precisa ser compaixão e bodhichitta; e, quando desenvolvermos uma experiência de êxtase através de qualquer um dos métodos mencionados acima, devemos tentar misturar imediatamente esse êxtase com a vacuidade e permanecer estritamente focados na unificação de êxtase e vacuidade. Essa é a maneira de treinar a transformação de prazeres sensoriais em caminho espiritual – a verdadeira essência da prática do Vajrayana. O sucesso nessa prática depende do poder, ou intensidade, de nossa compreensão da vacuidade e da experiência do êxtase.

O propósito de *transformar êxtase em caminho* será explicado mais detalhadamente na seção sobre o Tantra Ioga Supremo. A essência da prática do Tantra Ioga Supremo é a união de êxtase e vacuidade. Se formos habilidosos em *transformar êxtase em caminho*, seremos capazes de transformar nosso prazer de todos os cinco objetos de desejo em causas poderosas de Budeidade.

É importante não negligenciar os Tantras inferiores. Je Tsongkhapa disse que uma pessoa que não tenha estudado os Tantras inferiores não pode afirmar que o Tantra Ioga Supremo seja, realmente, supremo. Os Tantras inferiores são a preparação para o Tantra Ioga Supremo. Somente pela compreensão dos três Tantras inferiores é que podemos apreciar plenamente a profundidade do Tantra Ioga Supremo.

Os Tantras Inferiores

TANTRA AÇÃO

BUDA REVELA AS etapas do caminho do Tantra Ação em várias escrituras, particularmente em *Tantra Geral Secreto*, *Tantra de Excelente Fundamento*, *Tantra Solicitado por Subahu* e *Tantra Continuum da Concentração*. Esses quatro textos são os Tantras-Raiz do Tantra Ação. Em *Tantra Geral Secreto*, Buda explica três mil e oitocentos tipos de mandala de Tantra Ação. Em *Tantra de Excelente Fundamento*, ele explica como meditar na Deidade irada Susiddhi. No *Tantra Solicitado por Subahu*, Buda explica como fazer retiros-aproximadores de Tantra Ação e como alcançar ações pacificadoras, crescentes, controladoras e iradas. No *Tantra Continuum da Concentração*, ele explica as quatro concentrações do Tantra Ação. Além desses quatro Tantras-Raiz, há muitos Tantras secundários, ou ramificações, e comentários tântricos.

Em *Grande Exposição das Etapas do Mantra Secreto*, Je Tsongkhapa apresenta as etapas do caminho do Tantra Ação em quatro partes: iniciações, votos e compromissos, retiros-aproximadores, e aquisições comuns e incomuns. Embora as práticas do Tantra Ação sejam muito extensas, Je Tsongkhapa inclui todas elas nessas quatro divisões, tornando-as, assim, fáceis de entender. Visto que a apresentação de Je Tsongkhapa é tão clara e prática, irei fundamentar meu comentário principalmente nas suas linhas gerais.

O Tantra Ação será agora explicado em seis partes:

Togden Jampel Gyatso

1. Receber iniciações, o método para amadurecer nosso continuum mental;
2. Observar os votos e compromissos;
3. Empenhar-se em um retiro-aproximador, o método para obter realizações;
4. Como alcançar as aquisições comuns e incomuns uma vez que tenhamos experiência das quatro concentrações;
5. Como progredir pelos solos e caminhos na dependência do Tantra Ação;
6. As famílias de Deidades do Tantra Ação.

RECEBER INICIAÇÕES, O MÉTODO PARA AMADURECER NOSSO CONTINUUM MENTAL

Para praticar o Tantra Ação, precisamos receber uma iniciação. As iniciações do Tantra Ação são mais simples que as iniciações do Tantra Ioga Supremo, e consistem principalmente de uma *iniciação da água* e uma *iniciação da coroa*. Nessas iniciações, para amadurecer nos discípulos as sementes das etapas do caminho do Tantra Ação, o Guia Espiritual Vajrayana concede bênçãos especiais sobre a mente e o corpo deles utilizando água sagrada do vaso e uma coroa.

OBSERVAR OS VOTOS E COMPROMISSOS

Visto que no Tantra Ação não há a iniciação do Guia Espiritual Vajrayana, não há base para conceder votos tântricos. No entanto, os votos bodhisattva são concedidos. Há também determinados compromissos, que variam de iniciação para iniciação, na dependência da família da Deidade.

EMPENHAR-SE EM UM RETIRO-APROXIMADOR, O MÉTODO PARA OBTER REALIZAÇÕES

Um retiro-aproximador é um método para nos aproximarmos do nosso Yidam, ou Deidade pessoal, tanto no sentido de fazer com que a nossa mente fique mais próxima de uma Deidade exterior que visualizamos diante de nós, quanto no sentido de nós próprios nos tornarmos mais semelhantes à Deidade pelo treino na autogeração. O resultado final do retiro-aproximador é que nos tornamos uma Deidade. Uma Deidade, ou Yidam, é um ser iluminado tântrico. Há quatro tipos de Deidade: Deidades do Tantra Ação (como Muni Trisamaya Guhyaraja, Avalokiteshvara, Tara Branca, Tara Verde e Amitayus); Deidades do Tantra Performance (como as 117 Deidades do mandala de Buda Munivairochana); Deidades do Tantra Ioga (como Sarvavid e as demais 96 Deidades); e as Deidades do Tantra Ioga Supremo (como as 62 Deidades do mandala de Heruka, as 37 Deidades do mandala de corpo de Vajrayogini, e as 32 Deidades do mandala de Guhyasamaja).

Para receber as aquisições de nossa Deidade pessoal, precisamos praticar quatro concentrações:

1. Concentração da recitação dos quatro membros;
2. Concentração da permanência no fogo;
3. Concentração da permanência no som;
4. Concentração de conceder libertação ao fim do som.

CONCENTRAÇÃO DA RECITAÇÃO DOS QUATRO MEMBROS

Esta concentração tem quatro partes:

1. Realizar o *self*-base;
2. Realizar a outra-base;
3. Realizar a mente-base;
4. Realizar o som-base.

REALIZAR O *SELF*-BASE

No Tantra Ação, o termo "*self*-base" significa meditar na autogeração. No *Tantra Solicitado por Subahu* e no *Tantra Continuum da*

Concentração, Buda explica como praticar a autogeração por meio de meditar sequencialmente em seis Deidades: a Deidade da vacuidade, a Deidade do som, a Deidade das letras, a Deidade da forma, a Deidade do mudra e a Deidade dos sinais. Assim como no Tantra Ioga Supremo, no qual meditamos em trazer os três corpos para o caminho antes de praticarmos a meditação propriamente dita na autogeração, no Tantra Ação meditamos nessas seis Deidades antes de praticarmos a meditação propriamente dita na autogeração. Estas seis Deidades serão agora explicadas em termos de nos gerarmos como a Deidade Avalokiteshvara.

A DEIDADE DA VACUIDADE

Após termos buscado refúgio, gerado bodhichitta e assim por diante, começamos por relembrar que somos vazios de existência inerente, e que Avalokiteshvara também é vazio. Pensamos:

Eu não sou meu corpo e não sou minha mente, mas, para além de meu corpo e mente, não existe um eu. Portanto, sou vazio de existência inerente.

Ao contemplar razões como esta, tentamos superar a aparência do nosso *eu* normal e perceber somente vacuidade. Depois, aplicamos o mesmo raciocínio para Avalokiteshvara e concluímos que Avalokiteshvara também é vazio de existência inerente. Visto que todas as vacuidades são a mesma natureza, nossa vacuidade e a vacuidade de Avalokiteshvara não são diferentes; portanto, da perspectiva última, somos iguais e indistinguíveis.

Se houver dois copos sobre uma mesa, a natureza do espaço dentro dos dois copos não será diferente. Assim, se os copos forem quebrados, não conseguiremos distinguir o espaço de um copo do espaço do outro copo. Do ponto de vista último, nós e Avalokiteshvara somos como o espaço dos dois copos. Quando começamos a meditar na vacuidade, sentimos que nossa natureza última e a natureza última de Avalokiteshvara são diferentes, mas, quando conseguimos superar as aparências convencionais de nós mesmos e de Avalokiteshvara, é como quebrar os copos: descobrimos que nossa natureza última e a natureza última de Avalokiteshvara são exatamente a mesma – mera carência de existência inerente. Meditamos na indistinguibilidade da vacuidade de nós mesmos e da vacuidade de Avalokiteshvara, pensando:

Eu e Avalokiteshvara tornamo-nos, agora, o mesmo, como água despejada sobre água.

Observando essa ausência indiferenciada de existência inerente, identificamos essa ausência como o Corpo-Verdade e desenvolvemos orgulho divino de sermos o Corpo-Verdade. Tudo o que aparece para nós é vacuidade. Essa vacuidade, que é a inseparabilidade de nossa natureza última e da natureza última de Avalokiteshvara é, agora, a base de designação, ou de imputação, para o nosso *eu*.

Podemos pensar que somos nosso corpo ou nossa mente, mas o nosso corpo e mente são a base para imputar nosso *eu* – nosso corpo e mente não são o *eu* ele próprio. Assim, sempre que nosso corpo ou mente aparecem para nós, pensamos "*eu*". De modo semelhante, quando estamos meditando na Deidade da vacuidade, a vacuidade ela própria torna-se a base para designar, ou imputar, nosso *eu*. Observando a vacuidade, desenvolvemos o pensamento "*eu*". É importante compreender que não precisamos de um corpo físico para desenvolver um senso, ou sensação, de *eu*. Os deuses do reino da sem-forma, por exemplo, não têm corpo físico, mas têm um senso de *eu*.

Imputar *eu* a um corpo ou mente comuns faz com que desenvolvamos ignorância do agarramento ao em-si e, por consequência, faz com que permaneçamos no samsara, ao passo que imputar *eu* à vacuidade faz com que sejamos libertados do samsara. Para os praticantes do Mantra Secreto, é muito importante aprender a desenvolver o pensamento *eu* usando a vacuidade como base de designação, ou de imputação. Se possível, devemos trazer à mente a vacuidade propriamente dita – a mera ausência de existência inerente – e, observando essa vacuidade, desenvolver o pensamento "*eu*". Se não compreendemos a vacuidade, devemos simplesmente imaginar um vazio e, observando-o, pensar "*eu*". No entanto, para que a nossa meditação funcione como um antídoto eficiente contra o agarramento ao em-si, precisamos identificar a carência de existência inerente e designar *eu* sobre essa ausência. Um *eu* designado à vacuidade, ou natureza última, de nós próprios e do nosso Yidam é a Deidade da vacuidade, ou a Deidade última.

A DEIDADE DO SOM

Após meditar na Deidade da vacuidade por algum tempo, imaginamos que do estado de vacuidade vem o som do mantra de Avalokiteshvara, OM MANI PEME HUM, como o som de um trovão distante retumbando no céu vazio. Não visualizamos as letras na forma escrita, mas simplesmente ouvimos o som do mantra com a nossa mente. O som não vem de nenhum lugar específico, mas permeia todo o espaço. Identificando o som do mantra como sendo nossa mente aparecendo no aspecto de som, designamos *eu* ao som do mantra. Esse *eu* designado ao som do mantra é a Deidade do som. De acordo com o sistema Madhyamika-Prasangika, um objeto designado e sua base de designação são contraditórios, o que significa que a base de designação para o *eu* necessariamente não é o *eu*. Assim como, no momento presente, nossos cinco agregados contaminados são a base para designar nosso *eu* mas não são o nosso *eu*, o som do mantra é a base para designar a Deidade do som mas não é a Deidade.

A DEIDADE DAS LETRAS

Após meditar por algum tempo em nossa mente no aspecto do som do mantra, imaginamos que nossa mente se transforma em um mandala de lua branco e translúcido. O som do mantra reúne-se acima da lua e assume a forma física das letras OM MANI PEME HUM, em pé e em sentido horário ao redor da circunferência do mandala de lua. Pensamos que essas letras e o mandala de lua são, em essência, nossa própria mente e, sobre essa base, desenvolvemos o pensamento "*eu*". Esse *eu*, designado às letras do mantra, é a Deidade das letras.

A DEIDADE DA FORMA

Após meditar na Deidade das letras por algum tempo, imaginamos que as letras no mandala de lua irradiam luz para as dez direções. Na extremidade de cada raio de luz, está Avalokiteshvara. Os raios tocam a coroa de todos e cada um dos seres vivos, abençoando-os e purificando todo o carma negativo de corpo, fala e mente deles. Os seis reinos do samsara são purificados e transformados na Terra Pura de Avalokiteshvara, e todos os seres vivos são transformados em Avalokiteshvara. Então, o ambiente e os seres, ambos purificados, convertem-se em luz branca e dissolvem-se no rosário de mantra e no mandala de lua, que, por sua vez, transformam-se no corpo de Avalokiteshvara. Podemos visualizar Avalokiteshvara como tendo uma face e dois braços, uma face e quatro braços, ou onze faces e mil braços. Observando a forma física de Avalokiteshvara, desenvolvemos o pensamento "*eu*". Esse *eu*, designado à forma física de Avalokiteshvara, é a Deidade da forma.

A DEIDADE DO MUDRA

Tendo gerado a nós próprios como Avalokiteshvara, precisamos agora abençoar os cinco lugares principais do corpo de Avalokiteshvara com um mudra especial. Para fazer isso, colocamos nossas palmas juntas, no mudra de prostração, mas deixamos as pontas dos dedos ligeiramente separadas, como as pétalas de uma flor de lótus começando a abrir, e dobramos nossos polegares para dentro, simbolizando uma joia preciosa oculta dentro do lótus. Isso é denominado "o mudra-compromisso da Família Lótus". Com nossas mãos nesse mudra, tocamos então nosso coração, o ponto entre nossas sobrancelhas, nossa garganta, nosso ombro direito e nosso ombro esquerdo, enquanto recitamos o mantra

OM PEMA UBHAWAYE SÖHA. Quando tocamos nosso coração, visualizamos Akshobya; quando tocamos o ponto entre as nossas sobrancelhas, visualizamos Vairochana; quando tocamos nossa garganta, visualizamos Amitabha; quando tocamos nosso ombro direito, visualizamos Ratnasambhava; e quando tocamos nosso ombro esquerdo, visualizamos Amoghasiddhi. Embora as Deidades estejam marcadas em nosso corpo, isso não é um mandala de corpo, pois a causa substancial das cinco Deidades é a nossa mente, em vez de serem partes do nosso corpo. Essas Deidades são as Deidades do mudra. Desenvolvemos a convicção de que essas cinco Deidades são, em essência, nossa própria mente, e meditamos nisso.

A DEIDADE DOS SINAIS

Neste contexto, o termo "sinais" refere-se aos sinais, ou características, incomuns do corpo de Avalokiteshvara. Para meditar na Deidade dos sinais, examinamos o corpo de Avalokiteshvara, desde a cabeça até os pés, para aprimorar a clareza da nossa visualização. Isso aprimora tanto a nossa clara aparência quanto o orgulho divino de sermos Avalokiteshvara. Um *eu* designado, ou imputado, ao corpo de Avalokiteshvara, após termos praticado a meditação analítica dos sinais incomuns de Avalokiteshvara, é a Deidade dos sinais.

O propósito de meditar na Deidade da vacuidade é o de alcançar, ou obter, a mente da Deidade. O propósito de meditar na Deidade do som e na Deidade das letras é alcançar a fala da Deidade. O propósito de meditar na Deidade da forma, na Deidade do mudra e na Deidade dos sinais é alcançar o corpo da Deidade. Meditar nos iogas das seis Deidades nessa sequência ajuda-nos a superar aparências e concepções comuns e a desenvolver clara aparência e forte orgulho divino de ser a Deidade. Se não praticarmos essas Deidades nessa sequência, mas tentarmos nos gerar imediatamente como uma Deidade tântrica, acharemos quase impossível superar aparências e concepções comuns.

Baso Chokyi Gyaltsen

Para nos gerarmos como uma Deidade do Tantra Ação que não Avalokiteshvara, meditamos na mesma sequência das seis Deidades, mas com algumas pequenas modificações. Por exemplo, se temos o desejo de nos gerarmos como Manjushri, devemos então, quando meditarmos na Deidade do som, imaginar que o espaço inteiro está preenchido com o mantra de Manjushri, OM AH RA PA TSA NA DHI, em vez do mantra OM MANI PEME HUM; e quando meditarmos na Deidade da forma e na Deidade dos sinais, visualizamo-nos como Manjushri, com um corpo alaranjado, uma face e dois braços, segurando uma espada e um texto. A maneira de meditar na Deidade do mudra é também diferente. Em vez de tocar os cinco lugares do nosso corpo com o mudra-compromisso da Família Lótus, visualizamos uma letra OM em nossa coroa, uma letra AH em nossa garganta e uma letra HUM em nosso coração, e identificamos essas letras como tendo a natureza de Vairochana, Amitabha e Akshobya, respectivamente. Convidamos então os seres-de-sabedoria para ingressar em nós, enquanto recitamos DZA HUM BAM HO e executamos os mudras manuais apropriados, como explicados no livro *Novo Guia à Terra Dakini*.

REALIZAR A OUTRA-BASE

"Outra-base" refere-se à Deidade gerada-em-frente. Se nossa prática for Avalokiteshvara, visualizamos Avalokiteshvara e seu séquito diante de nós. Esses são os seres-de-compromisso. Convidamos as Deidades reais – os seres-de-sabedoria – para se dissolverem nos seres-de-compromisso e, então, fazemos prostrações, oferendas, confissão, pedidos para recebermos aquisições e, também, fazemos oferendas de torma. Se tivermos tempo, podemos visualizar um rosário de mantra no coração da Deidade gerada-em-frente e recitamos o mantra. Essas práticas são conhecidas como "realizar a outra-base".

REALIZAR A MENTE-BASE

Para realizar a mente-base, visualizamos, após meditar na Deidade dos sinais, nossa mente no aspecto de um minúsculo disco de lua branco, na posição horizontal, em nosso coração. Essa lua é denominada "a mente-base" porque é um aspecto da nossa mente-raiz. Com forte convicção de que a lua é a nossa mente, tentamos percebê-la o mais claramente possível. Reunimos então nossos ventos interiores e os dissolvemos na lua. Há nove "portas" pelas quais os ventos entram ou deixam o nosso corpo: as narinas, a boca, a coroa da cabeça, o ponto entre as sobrancelhas, os dois olhos, os dois ouvidos, o umbigo, o órgão sexual e o ânus. Além dessas nove portas, os ventos também podem entrar em nosso corpo por qualquer um dos poros de nossa pele. Uma razão pela qual é aconselhável banhar-se frequentemente é que, se não o fizermos, nossos poros ficarão bloqueados e nossa saúde poderá sofrer como resultado.

Assim como uma tartaruga recolhe sua cabeça e seus membros para dentro de sua carapaça e permanece imóvel mesmo quando é perturbada, imaginamos que nossos ventos interiores se recolhem em nosso corpo a partir das nove portas e dos poros da pele e se dissolvem no disco de lua em nosso coração. Concentramo-nos estritamente focados nisso por um breve período, enquanto prendemos nossa respiração. Com uma parte da nossa mente, relembramos que nossos ventos dissolveram-se na lua e, com outra parte da nossa mente, meditamos nos sinais incomuns da Deidade, de modo a aprimorar nossa clara aparência e orgulho divino. Quando tivermos uma imagem mental relativamente clara do corpo da Deidade, meditamos estritamente focados nessa imagem. Essa é a meditação propriamente dita na autogeração.

Como os pensamentos conceituais densos que observam objetos exteriores podem funcionar somente se os ventos estiverem fluindo para o exterior, ao reunir os ventos em nosso coração reduzimos as concepções distrativas e, naturalmente, desenvolvemos concentração estável. Sem a interferência das aparências e concepções comuns, acharemos muito mais fácil nos concentrarmos no corpo da Deidade, percebê-lo claramente e desenvolver orgulho divino estável.

De maneira geral, os praticantes de Dharma consideram importante a aquisição do tranquilo-permanecer, e, para os praticantes do Tantra Ação, essa aquisição é de importância especial. A meditação na respiração, descrita acima, é semelhante à respiração-vaso descrita no Tantra Ioga Supremo, mas seu propósito é diferente. O propósito principal da respiração-vaso é trazer os ventos para o canal central, ao passo que o propósito principal de meditar na mente-base é facilitar a aquisição do tranquilo-permanecer.

REALIZAR O SOM-BASE

O som-base é a recitação de mantra. O momento de praticar o som-base é após meditarmos na mente-base, quando nossa concentração está começando a enfraquecer e sentimos necessidade de descansar. Se tivermos nos gerado como Avalokiteshvara, visualizamos que no centro do disco de lua em nosso coração está uma letra HRIH branca em posição vertical – a semente de Avalokiteshvara – com o mantra OM MANI PEME HUM em pé e rodeando-a em sentido horário. As letras são feitas de luz branca e são, em essência, a sabedoria de Avalokiteshvara. As escrituras tântricas enfatizam repetidamente a importância de considerar o mantra e a Deidade como inseparáveis. Visto que o corpo, a fala e a mente de um Buda são a mesma natureza, é totalmente possível para uma mente Búdica manifestar-se como som ou como as letras escritas de um mantra.

Há dois tipos de recitação de mantra: recitação densa e recitação sutil. Recitar mantras em voz alta ou sussurrando é recitação densa. Para praticar a recitação sutil, imaginamos que as letras do mantra visualizadas em nosso coração estão produzindo o som OM MANI PEME HUM, e simplesmente ouvimos esse som.

Há cinco propósitos principais de praticar a recitação densa e a recitação sutil:

(1) Receber as bênçãos da Deidade;
(2) Aproximar-se da Deidade;
(3) Solicitar as aquisições da Deidade;
(4) Alcançar ações pacificadoras, crescentes, controladoras e iradas;
(5) Purificar carma negativo e acumular mérito.

Ações pacificadoras incluem: dissipar nossas negatividades, eliminar obstáculos e pacificar interferências de espíritos maléficos. Ações crescentes incluem o aumento do nosso tempo de vida, mérito, realizações, e o aumento das boas qualidades de ouvir, contemplar e meditar. Ações controladoras incluem o controle de espíritos maléficos e maras através de métodos pacíficos. Ações iradas incluem controlá-los através de métodos irados quando necessário. Sempre que fazemos ações iradas, é essencial que nossa motivação seja, unicamente, compaixão pura.

Podemos satisfazer todos os nossos desejos por meio de recitar mantras puramente. Para as pessoas que, em vidas passadas, confiaram sinceramente em suas Deidades e que se dedicaram a fazer retiros-aproximadores e assim por diante, a recitação de mantras age para amadurecer a colheita já semeada naquelas vidas e, em consequência, resultados podem surgir para elas muito rapidamente. Outras pessoas, que não praticaram a Deidade em vidas anteriores ou que desenvolveram pensamentos negativos contra a Deidade no passado, precisam recitar mantras por um longo tempo antes que alcancem ações pacificadoras, crescentes, controladoras e iradas.

Outro fator importante que determina em quanto tempo podemos obter resultados pela recitação de mantra é o poder da nossa fé e concentração. Se nossa fé for fraca e formos incapazes de superar distrações, talvez não alcancemos resultado algum, mesmo depois de muitos anos de recitação de mantra. No entanto, não devemos concluir a partir disso que o mantra e a Deidade não têm poder; pelo contrário, devemos aplicar um esforço firme, determinado, para melhorar nossa fé e superar distrações. Apenas dizer mantras é, em geral, benéfico, pois o próprio som do mantra foi abençoado pelos Budas; mas, para alcançar todas as aquisições descritas nos textos tântricos, precisamos recitá-los puramente, com fé inabalável e forte concentração.

Concluímos agora a explicação da primeira concentração: a concentração da recitação dos quatro membros. Em geral, todas as concentrações do Tantra Ação podem ser incluídas em duas categorias: concentrações com recitação e concentrações sem recitação. A meditação nas seis Deidades do *self*-base e as meditações da outra--base e da mente-base são o fundamento para a recitação de mantra; e o som-base é a recitação de mantra ela própria. Por essa razão, os quatro membros da primeira concentração são denominados "concentrações com recitação", ao passo que as três concentrações restantes são denominadas "concentrações sem recitação".

CONCENTRAÇÃO DA PERMANÊNCIA NO FOGO

Para praticar a concentração da permanência no fogo, começamos por recordar a vacuidade e permitir que nossa mente se misture com ela. Imaginamos então que a união da nossa mente com a vacuidade aparece no aspecto de uma minúscula chama, ardendo firme e continuamente, sobre um disco de lua em nosso coração. Enquanto nos concentramos estritamente focados nessa chama e relembramos que a chama é, em essência, a nossa mente fundida com a vacuidade, imaginamos que, do interior da chama, vem o som do mantra OM MANI PEME HUM. Não recitamos o mantra, nem verbal nem mentalmente, mas simplesmente sentimos que estamos ouvindo o som do mantra dentro da chama. Tomando a chama e o som do mantra como nosso objeto de meditação posicionada – e tendo superado distrações, afundamento mental e excitamento mental –, concentramo-nos estritamente focados neles.

O propósito de nos concentrarmos na chama e no mantra é o de alcançar o tranquilo-permanecer mais rapidamente e realizar a sabedoria não conceitual inseparável da vacuidade. No Tantra Ação, após termos obtido concentração estável no disco de lua e no corpo--Deidade da mente-base, trocamos nosso objeto de concentração pela chama e pelo mantra da concentração da permanência no fogo. Visto que eles são mais sutis que o objeto da mente-base, é mais fácil alcançar o tranquilo-permanecer se os tomarmos como nosso objeto de meditação. No entanto, precisamos, primeiramente, obter um grau de estabilidade na mente-base para que a nossa meditação na permanência no fogo seja poderosa.

Outro propósito da concentração da permanência no fogo é fazer com que um calor interior especial se desenvolva e aumente e, por meio disso, realizar um êxtase não conceitual. Ao nos empenharmos repetidamente nessa meditação, receberemos determinados sinais. Desenvolveremos uma maleabilidade física e mental especiais; não mais experienciaremos fome ou sede, mesmo se não comermos ou bebermos por muito tempo, e, quando comermos ou bebermos, produziremos menos urina e excrementos. Além disso, nosso calor interior e êxtase interior especiais irão aumentar, e interferências exteriores e interiores não terão poder algum de nos prejudicar. Devemos continuar a meditar na permanência no fogo até recebermos esses sinais.

CONCENTRAÇÃO DA PERMANÊNCIA NO SOM

Quando tivermos obtido estabilidade na concentração da permanência no fogo, podemos praticar a concentração da permanência no som. Para fazê-la, meditamos na chama e no mantra, exatamente da mesma maneira, mas, quando nossa concentração estiver firme, interrompemos a aparência da chama e concentramo-nos exclusivamente no som do mantra. Meditamos nisso até que, por força de familiaridade, sentimos que estamos a ouvir o mantra diretamente com a nossa percepção mental, como se estivéssemos a ouvir sons com a nossa percepção mental durante um sonho. Quando alguns praticantes alcançam essa etapa, eles ouvem todas as seis letras do mantra, OM MANI PEME HUM, simultaneamente.

Para alcançar o tranquilo-permanecer, os praticantes do Tantra Ação meditam em cada uma das concentrações, desde a Deidade da vacuidade até a permanência no som. As práticas da mente--base, da concentração da permanência no fogo e da concentração da permanência no som são, todas elas, métodos para aprimorar principalmente nossa concentração. A concentração da permanência no fogo tem um poder especial para induzir maleabilidade física e mental, levando-nos diretamente à aquisição do tranquilo-permanecer. Essa concentração possui três boas qualidades: sua natureza é êxtase, seu objeto aparece muito claramente, e ela é livre de conceitualizações distrativas. As duas últimas qualidades estão relacionadas, pois, quanto menos pensamentos conceituais distrativos tivermos, mais claramente perceberemos o objeto.

Em *Luz para o Caminho à Iluminação*, Atisha diz que, para alcançar o tranquilo-permanecer, precisamos permanecer com um único objeto, mas, de acordo com o sistema do Tantra-Ação, mudamos o objeto de meditação diversas vezes. Não há contradição alguma aqui, pois o conselho de Atisha é destinado àqueles que não possuem concentração estável. Para obter concentração estável é necessário, no início, permanecer com um único objeto porque, se ficarmos sempre mudando de objeto, nossa concentração nunca irá melhorar. No entanto, quando nossa concentração se tornar firme, é aconselhável mudar de objetos e continuar nosso treino no tranquilo-permanecer utilizando um objeto mais sutil. Assim, um praticante do Tantra Ação medita principalmente na mente-base até que ele (ou ela) alcance a terceira ou quarta permanência mental. Então, o praticante muda para o objeto mais sutil da concentração da permanência no fogo; quando receber sinais de ser bem-sucedido nessa concentração, ele muda então para a concentração da permanência no som. Para obter familiaridade com todas as etapas do Tantra Ação, podemos, às vezes, meditar brevemente em todas as concentrações, desde a Deidade da vacuidade até a concentração da permanência no som; mas, se estamos sinceramente interessados em alcançar o tranquilo-

Drubchen Dharmavajra

-permanecer, devemos meditar principalmente na mente-base até alcançarmos uma concentração muito estável nela.

CONCENTRAÇÃO DE CONCEDER LIBERTAÇÃO AO FIM DO SOM

Para praticar a concentração de conceder libertação ao fim do som, meditamos brevemente em cada uma das concentrações, desde a Deidade da vacuidade até a permanência no som. À medida que progredimos – desde a mente-base, passando pela concentração da permanência no fogo, até a concentração da permanência no som – o objeto de meditação torna-se progressivamente mais sutil. Após nos concentrarmos no som do mantra por algum tempo, interrompemos então a aparência do som, recordamos a vacuidade – que é a carência de existência inerente – e meditamos nisso com uma mente de êxtase.

Ainda que tenhamos uma compreensão correta da vacuidade, se falharmos em eliminar as aparências convencionais em meditação, nunca realizaremos diretamente a vacuidade e, assim, nossa meditação não terá o poder de destruir as delusões ou as obstruções à onisciência. A função principal da quarta concentração é superar a aparência dual e fundir, de modo mais completo, nossa mente com a vacuidade. Para realizar isso, o meditador emprega tanto a meditação analítica quanto a meditação posicionada na vacuidade. Inicialmente, ele terá de alternar entre esses dois tipos de meditação, mas, quando alcançar a maleabilidade induzida por sabedoria, ele irá obter a habilidade de analisar a vacuidade enquanto permanece, estritamente focado, absorto na vacuidade. Com essa sabedoria especial, que é denominada "visão superior que observa a vacuidade", o praticante pode continuar a experienciar um êxtase não conceitual inseparável da vacuidade.

A quarta concentração faz com que alcancemos o Corpo-Verdade de um Buda. A palavra "libertação" no nome desta concentração refere-se à grande libertação, ou *nirvana da não-permanência*, o qual é o Corpo-Verdade de um Buda que é a natureza última da mente de um Buda. As três primeiras concentrações, desde a Deidade da vacuidade até a concentração da permanência no som, fazem com que alcancemos principalmente o Corpo-Forma de um Buda. De acordo com o sistema do Tantra Ação, essas quatro concentrações são causas suficientes dos dois corpos de um Buda.

As quatro concentrações estão incluídas em três iogas: o ioga do grande selo do corpo, o ioga da fala do mantra, e o ioga da mente do Corpo-Verdade. O primeiro ioga abrange as meditações nas seis Deidades do *self*-base, assim como as meditações da outra-base, da mente-base e do som-base, e faz com que alcancemos, principalmente, o corpo de um Buda. O segundo ioga abrange as concentrações da permanência no fogo e da permanência no som, e faz com que alcancemos, principalmente, a fala de um Buda. O terceiro ioga é a concentração de conceder libertação ao fim do som, e faz com que alcancemos, principalmente, a mente de um Buda. Todas as práticas de Tantra Ação estão incluídas nestes três iogas.

Os iogas do corpo e da fala são, às vezes, denominados "iogas com sinais", e o ioga da mente é denominado "o ioga sem sinais". Neste contexto, "sinais" refere-se aos objetos convencionais. Os iogas desde a *Deidade da vacuidade* até a *concentração da permanência no som* focam-se principalmente em um objeto convencional, ao passo que a concentração de conceder libertação ao fim do som foca-se unicamente na vacuidade. Todos os caminhos do Tantra Ação são iogas com sinais ou iogas sem sinais.

COMO ALCANÇAR AS AQUISIÇÕES COMUNS E INCOMUNS UMA VEZ QUE TENHAMOS EXPERIÊNCIA DAS QUATRO CONCENTRAÇÕES

Ao obter profunda experiência das quatro concentrações, podemos alcançar as aquisições comuns e incomuns. As aquisições comuns incluem as ações pacificadoras, crescentes, controladoras e iradas, e são obtidas através da prática tanto do ioga da autogeração como a Deidade da mente-base quanto da recitação de mantra densa e sutil do som-base. Por meio da concentração estável da permanência no fogo e da permanência no som, obteremos as oito grandes aquisições:

1. A aquisição das pílulas;
2. A aquisição da loção para os olhos;
3. A aquisição de ver abaixo do solo;
4. A aquisição da espada;
5. A aquisição de voar;
6. A aquisição da invisibilidade;
7. A aquisição da longevidade;
8. A aquisição da juventude.

Quando alcançarmos a *aquisição das pílulas*, teremos o poder de abençoar pílulas por força de nossa concentração e recitação de mantra. Essas pílulas podem curar doenças e aumentar o tempo de vida e a boa fortuna de quem quer que as prove. Quando alcançarmos a *aquisição da loção para os olhos*, poderemos abençoar substâncias medicinais por força de concentração e recitação, de modo que qualquer pessoa que aplique essa loção em seus olhos poderá enxergar à grande distância e, até mesmo, através de montanhas. A *aquisição de ver abaixo do solo* nos capacita a enxergar tesouros escondidos. A *aquisição da espada* nos capacita a subjugar nossos inimigos e impedir guerras sem o derramamento de sangue por, simplesmente, segurar ao alto uma espada ritual. A *aquisição de voar* nos capacita a voar pelo céu. A *aquisição da invisibilidade* nos capacita a nos tornarmos invisíveis com o auxílio de uma substância especial. A *aquisição da longevidade* nos capacita a viver por muitos éons pelo poder de nossa concentração. A *aquisição da juventude* nos capacita a permanecermos jovens e saudáveis, livres dos sofrimentos do envelhecimento e da doença.

As aquisições incomuns são alcançadas pela conclusão dos iogas com sinais e do ioga sem sinais. A aquisição incomum suprema é a Budeidade.

COMO PROGREDIR PELOS SOLOS E CAMINHOS NA DEPENDÊNCIA DO TANTRA AÇÃO

Ingressamos no Caminho da Acumulação do Tantra Ação quando desenvolvemos o desejo espontâneo de alcançar a iluminação para o benefício de todos os seres vivos através de confiar nos caminhos do Tantra Ação e, também, já tendo obtido alguma experiência dos iogas com sinais. Quando alcançarmos a realização da concentração de conceder libertação ao fim do som, avançaremos para o Caminho da Preparação. Quando, por meditarmos continuamente na concentração de conceder libertação ao fim do som, obtivermos um êxtase não conceitual inseparável da vacuidade, avançaremos então para o Caminho da Visão. Simultaneamente, alcançaremos também o primeiro solo Bodhisattva e abandonaremos as delusões intelectualmente formadas. Quando a nossa realização da vacuidade adquirir o poder de abandonar as delusões inatas, avançaremos para o Caminho da Meditação. No Caminho da Meditação, continuamos a meditar nos iogas com sinais (que são as práticas do método) e no ioga sem sinais (que é a prática de sabedoria) e, através dessas meditações, abandonaremos primeiramente as delusões inatas e, depois, as obstruções à onisciência. Quando tivermos abandonado as obstruções mais sutis à onisciência, obteremos o Corpo-Forma e o Corpo-Verdade de um Buda e, ao mesmo tempo, avançaremos para o Caminho do Não-Mais-Aprender.

AS FAMÍLIAS DE DEIDADES DO TANTRA AÇÃO

Há três famílias de Deidades do Tantra Ação: a Família Tathagata, a Família Lótus e a Família Vajra. As Deidades da Família Tathagata são manifestações do corpo-vajra de todos os Budas. Elas também são conhecidas como "a Família Vairochana". As Deidades principais da Família Tathagata são: Buda Muni Trisamaya Guhyaraja, Buda Muni Vajrasana, e Vajrasattva. O Senhor da Família Tathagata é Manjushri, e a Mãe dessa Família é Mairichi. Mairichi é um Buda feminino cujo nome literalmente significa "Dotada com

Raios de Luz". É dito que quando o sol nasce pela manhã, Mairichi aparece nos raios do sol. No Tibete, é costume os viajantes prestarem respeito a Mairichi ao nascer do sol e recitar seu mantra: OM MAIRICHI MAM SÖHA. Se os viajantes disserem esse mantra com fé, Mairichi os abençoa e protege, removendo perigos e obstáculos de sua viagem e assegurando uma jornada bem-sucedida. No passado, os viajantes se deparavam com perigos vindos de animais selvagens e bandidos, mas, nos dias atuais, eles enfrentam o perigo de acidentes de carro e assim por diante. Contemplando os perigos enfrentados pelos viajantes, devemos gerar compaixão e rezar a Mairichi para protegê-los por toda a sua viagem e ajudá-los para que retornem seguros e felizes aos seus lares.

A Família Tathagata do Tantra Ação inclui outras Deidades, como Ushnishasitatarpati, Ushnishavijaya, Ushnishavimala, Ushnishachakravarti, Ushnishalalita, e as Deidades iradas Krodavijayakalpaguhyam, Chundidevi e Vasudhara.

As Deidades da Família Lótus são manifestações da fala-vajra de todos os Budas. Elas também são conhecidas como "a Família Amitabha". A Deidade principal da Família Lótus é Amitayus, o Senhor da Família é Avalokiteshvara, e as Mães são Tara Branca e Tara Verde. A Família Lótus inclui outras Deidades, como Hayagriva irado e Shri Mahadevi.

As Deidades da Família Vajra são manifestações da mente-vajra de todos os Budas. Elas também são conhecidas como "a Família Akshobya". A Deidade principal da Família-Vajra é Buda Imóvel, os Senhores da Família são Vajravidarana e Vajrapani, e a Mãe é Vajrajitanalapramohaninamadharani. A Família Vajra inclui outras Deidades, como Kundalini irada e Vajradundi.

Quanto aos nomes das três Famílias, o termo "Tathagata" é um nome geral para designar *Budas*, "Lótus" significa a fala de Buda, e "Vajra" significa a mente de Buda. A Família Tathagata é, às vezes, denominada "a família superior"; a Família Lótus, "a família mediana"; e a Família Vajra, "a família inferior". No entanto, isso não significa que as Deidades da Família Tathagata sejam superiores às Deidades das outras duas Famílias; significa simplesmente que, se recebermos a iniciação de uma Deidade da Família Tathagata, estaremos automaticamente habilitados a praticar qualquer Deidade da Família Lótus ou da Família Vajra; e se recebemos a iniciação de uma Deidade da Família Lótus, estaremos automaticamente habilitados a praticar qualquer Deidade da Família Vajra. A explicação do Tantra Ação apresentada aqui está fundamentada no trabalho de Kachen Yeshe Gyaltsen intitulado *Significado Claro do Tantra Ação*, na obra de Khedrubje *Apresentação do Tantra Geral*, e na obra de Je Tsongkhapa *Grande Exposição das Etapas do Mantra Secreto*.

TANTRA PERFORMANCE

É dito que apenas três escrituras do Tantra Performance foram traduzidas para o tibetano: *Vairochanabhisambodhitantra*, que tem 26 capítulos, *Tantra Subsequente*, que tem sete capítulos, e *Tantra Iniciação de Vajrapani*, que tem doze capítulos. Além dessas escrituras, há diversos comentários ao Tantra Performance escritos por eruditos tibetanos.

Assim como o Tantra Ação, o Tantra Performance também está dividido em três famílias. Bhagawan Vairochana Abhisambodhi pertence à Família Tathagata, Hayagriva pertence à Família Lótus, e Vajrapani pertence à Família Vajra.

A escritura *Vairochanabhisambodhitantra* explica as etapas do Tantra Performance com grandes detalhes. De acordo com esse Tantra, Buda Shakyamuni alcançou a iluminação primeiramente na Terra Pura de Akanishta, sob a forma de um Corpo-de-Deleite chamado Munivairochana. A sadhana de Munivairochana é explicada em *Vairochanabhisambodhitantra*. Visualizamos Munivairochana com um corpo amarelo, sentado com as pernas cruzadas sobre um lótus branco. Ele tem uma face e duas mãos que estão no mudra do equilíbrio meditativo. O mandala de Munivairochana tem dois pavimentos e três seções: o mandala interior, o mandala exterior e o mandala distante. Munivairochana, ele próprio, reside no mandala interior juntamente com trinta Deidades. Além delas, há 49 Deidades no mandala exterior e 37 Deidades no mandala distante, totalizando 117 Deidades.

Para praticar o Tantra Performance, primeiro precisamos receber uma iniciação do Tantra Performance. Ela é semelhante à iniciação do Tantra Ação, exceto que há, também, a iniciação dos quatro vasos: o vaso que purifica o renascimento inferior, o vaso de toda a bondade, o vaso que dissipa obstruções, e o vaso do amor. A água do primeiro vaso purifica que tenhamos renascimento em reinos inferiores, a água do segundo vaso purifica o renascimento samsárico em geral, a água do terceiro vaso capacita-nos a concluir as coleções de mérito e de sabedoria, e a água do quarto vaso planta a semente do corpo de um Buda.

As práticas do Tantra Performance são muito semelhantes às do Tantra Ação e incluem as quatro concentrações, os iogas com sinais e o ioga sem sinais.

TANTRA IOGA

O Tantra-Raiz do Tantra Ioga é o *Tantra Síntese da Talidade*. Vajradhara ensinou um autocomentário a esse Tantra, intitulado *Tantra Explicativo Pico do Vajra*. Além desses Tantras, há muitos Tantras secundários, ou ramificações, do Tantra Ioga.

A Deidade principal do Tantra Ioga é Sarvavid, que literalmente significa "O Todo-Conhecedor", ou "Onisciente". Ele é branco e muito pacífico, com quatro faces e duas mãos no mudra do equilíbrio meditativo, segurando uma roda de oito raios. Ele usa vestes preciosas e senta-se em postura vajra.

O Tantra Ioga pode ser praticado somente por aqueles que receberam uma iniciação de Tantra Ioga, que é muito semelhante a uma iniciação de Tantra Ioga Supremo. Assim como nas iniciações de Tantra Ioga Supremo, as iniciações de Tantra Ioga incluem as iniciações das Cinco Famílias Búdicas e a iniciação do Guia Espiritual Vajrayana. Visto que são concedidas as iniciações das Cinco Famílias Búdicas, os discípulos tomam os compromissos das Cinco Famílias Búdicas, e porque a iniciação do Guia

Gyalwa Ensapa

Espiritual Vajrayana é concedida, os discípulos também tomam votos tântricos.

As práticas de Tantra Ioga são explicadas em termos de *base, caminho* e *fruto*. A base são os objetos a serem purificados, isto é, nosso corpo, fala e mente comuns. O caminho consiste nos quatro "selos", ou mudras, que purificam a base: o grande selo do corpo, o selo da fala do Dharma, o selo da mente de compromisso, e o selo das ações iluminadas. Esses quatro selos conduzem aos quatro frutos, ou efeitos finais: o corpo de um Buda, a fala de um Buda, a mente de um Buda, e as ações iluminadas de um Buda.

O *grande selo do corpo* assemelha-se ao estágio de geração do Tantra Ioga Supremo, e é obtido quando o praticante desenvolve perfeita clara aparência de si próprio gerado como a Deidade. Quando, tendo alcançado essa realização, o praticante conseguir recitar o mantra perfeitamente, ele obtém então o *selo da fala do Dharma*. O *selo da mente de compromisso* é uma realização da união de aparência e vacuidade, que é alcançada por meditar na vacuidade enquanto se observa o corpo da autogeração e que reconhece a Deidade como uma manifestação da vacuidade. Tendo alcançado o selo da mente de compromisso, o praticante terá obtido o *selo das ações iluminadas* quando for capaz de: superar todas as aparências comuns de seu corpo, fala e mente; perceber todas as suas ações físicas, verbais e mentais como as ações da Deidade; e beneficiar os outros através dessas ações.

O primeiro, segundo e quarto selos são iogas com sinais, porque seus objetos principais de meditação são fenômenos convencionais. O terceiro selo é um ioga sem sinais, porque seu objeto principal de meditação é a vacuidade. O terceiro selo é denominado "o selo da mente de compromisso" porque é um compromisso do Tantra Ioga praticar a união de aparência e vacuidade. O primeiro, segundo e quarto selos são práticas do método, e o terceiro selo é uma prática de sabedoria. Através de praticar a união de método e sabedoria, o praticante obtém uma realização direta da vacuidade, progredindo então pelos Solos Bodhisattva (como explicado nos outros sistemas) até alcançar, por fim, a Budeidade.

Tantra Ioga Supremo

BUDA VAJRADHARA REVELOU muitos diferentes Tantras de Tantra Ioga Supremo, mas todos estão incluídos em duas categorias: Tantras-Pai e Tantras-Mãe. Um Tantra-Pai revela, principalmente, métodos para alcançar o corpo-ilusório, e um Tantra-Mãe revela, principalmente, métodos para alcançar a clara-luz. Exemplos de Tantras-Pai são o *Tantra Guhyasamaja* e o *Tantra Yamantaka*, e exemplos de Tantras-Mãe são o *Tantra de Heruka* e o *Tantra Hevajra*. Alguns eruditos afirmam que os Tantras-Pai revelam métodos para realizar Deidades masculinas, e que os Tantras-Mãe revelam métodos para realizar Deidades femininas, mas isso é incorreto. O *Tantra de Heruka*, por exemplo, revela métodos para realizar uma Deidade masculina, mas é um Tantra-Mãe.

O Tantra Ioga Supremo será explicado em quatro partes:

1. Os Cinco Caminhos e os Treze Solos do Tantra Ioga Supremo;
2. Os votos e compromissos tântricos;
3. O estágio de geração;
4. O estágio de conclusão.

OS CINCO CAMINHOS E OS TREZE SOLOS DO TANTRA IOGA SUPREMO

O Tantra Ioga Supremo possui Cinco Caminhos:

1. O Caminho da Acumulação do Tantra Ioga Supremo;
2. O Caminho da Preparação do Tantra Ioga Supremo;
3. O Caminho da Visão do Tantra Ioga Supremo;
4. O Caminho da Meditação do Tantra Ioga Supremo;
5. O Caminho do Não-Mais-Aprender do Tantra Ioga Supremo.

Para alcançar o Caminho da Acumulação do Tantra Ioga Supremo, precisamos ingressar no Caminho do Tantra Ioga Supremo. É costume dizer que uma iniciação de Tantra Ioga Supremo é a porta de entrada para o Tantra Ioga Supremo, mas receber uma iniciação como essa qualifica-nos meramente para praticarmos o Tantra Ioga Supremo – ela não significa, necessariamente, que ingressamos no Caminho do Tantra Ioga Supremo. Para ingressar no Caminho do Tantra Ioga Supremo, precisamos desenvolver a bodhichitta do Tantra Ioga Supremo. Isso é feito por meio de desenvolver, sobre a base de termos recebido uma iniciação de Tantra Ioga Supremo, o desejo espontâneo de alcançar a União--do-Não-Mais-Aprender para o benefício de todos os seres vivos. A União-do-Não-Mais-Aprender é a iluminação do Tantra Ioga Supremo. Quando geramos o desejo espontâneo de alcançar a iluminação através de um veículo específico, isso significa que ingressamos no caminho desse veículo. Por exemplo, quando desenvolvemos o desejo espontâneo de alcançar a iluminação de um Ouvinte, ingressamos no Caminho do Veículo dos Ouvintes; quando desenvolvemos o desejo espontâneo de alcançar a iluminação de um Conquistador Solitário, ingressamos no Caminho do Veículo dos Conquistadores Solitários; e quando desenvolvemos o desejo espontâneo de alcançar a grande iluminação, ingressamos no Caminho do Grande Veículo.

Os Bodhisattvas [do Caminho] do Sutra têm uma bodhichitta que é o desejo de alcançar a grande iluminação, ou Budeidade, mas não têm a bodhichitta que é o desejo de alcançar a União-do-Não--Mais-Aprender. A União-do-Não-Mais-Aprender é explicada somente no Tantra Ioga Supremo, e somente os Bodhisattvas que praticam esse Tantra podem desenvolver a bodhichitta que é o desejo de alcançar a União-do-Não-Mais-Aprender. Para compreender a União-do-Não-Mais-Aprender, precisamos compreender a união--que-precisa-aprender; para compreender essa união, precisamos compreender a clara-luz e o corpo-ilusório; para compreendê-los, precisamos compreender a mente-isolada e a fala-isolada; e para compreendê-las, precisamos compreender o estágio de geração.

No Tantra Ioga Supremo, podemos gerar bodhichitta por meio de trazer o resultado futuro para o caminho presente. Fazemos isso através de nos gerarmos como uma Deidade do Tantra Ioga Supremo, com a motivação de alcançar a União-do-Não-Mais--Aprender para o benefício de todos os seres vivos. Simplesmente gerarmo-nos como uma Deidade do Tantra Ioga Supremo, sem uma motivação especial, não é bodhichitta, mas fazê-lo com a motivação descrita acima é um método poderoso para aprimorar nossa bodhichitta e que nos aproxima muito mais do resultado desejado. A partir dessa explicação, podemos ver que, do ponto de vista de como é gerada, a bodhichitta tântrica é mais profunda que a bodhichitta do Sutra.

Ingressamos no Caminho da Acumulação do Tantra Ioga Supremo quando geramos a bodhichitta espontânea do Tantra Ioga Supremo, e permanecemos nesse caminho até alcançarmos a realização de nossos ventos entrarem, permanecerem e dissolverem-se no canal central por força da meditação do estágio de conclusão. Em geral, todas as realizações de uma pessoa do estágio de geração (como suas realizações de renúncia, bodhichitta, vacuidade, clara aparência e orgulho divino) são Caminhos da Acumulação do Tantra Ioga Supremo.

Quando obtemos realizações do estágio de conclusão por dissolvermos nossos ventos no canal central, avançamos para o Caminho da Preparação. Permaneceremos nesse caminho até obtermos uma realização direta da vacuidade com a mente de grande êxtase espontâneo – isto é, até alcançarmos a realização da clara-luz-significativa, ponto este a partir do qual avançamos para o Caminho da Visão e nos tornamos um ser superior do Tantra Ioga Supremo. O estágio de conclusão possui cinco etapas: fala-isolada, mente-isolada, corpo--ilusório, clara-luz e união. Todas as realizações, desde a aquisição inicial das realizações do estágio de conclusão até o momento imediatamente anterior à clara-luz-significativa, são *Caminhos da Preparação* do Tantra Ioga Supremo; todas as realizações, desde a aquisição inicial da clara-luz-significativa até o momento imediatamente anterior à aquisição da união da clara-luz-significativa e do corpo-ilusório, são *Caminhos da Visão* do Tantra Ioga Supremo; todas as realizações, desde a aquisição inicial da união da clara--luz-significativa e do corpo-ilusório até o momento imediatamente anterior à aquisição da Budeidade, são *Caminhos da Meditação* do Tantra Ioga Supremo; e todas as realizações de um Buda são *Caminhos do Não-Mais-Aprender* do Tantra Ioga Supremo.

Há Treze Solos do Tantra Ioga Supremo:

1. Muito Alegre;
2. Imaculado;
3. Luminoso;
4. Radiante;
5. Difícil de Superar;
6. Aproximando-se;
7. Indo Além;
8. Inamovível;
9. Boa Inteligência;
10. Nuvem do Dharma;
11. Sem Exemplos;
12. Dotado de Excelsa Percepção;
13. Que Mantém o Vajra.

Os nomes dos dez primeiros solos são os mesmos dos Dez Solos Bodhisattva explicados nos Sutras, mas eles têm significados diferentes. De acordo com o Tantra Ioga Supremo, um Bodhisattva alcança o primeiro solo, Muito Alegre, quando ele (ou ela) obtém a clara-luz-significativa por meio de realizar diretamente a vacuidade com a mente de grande êxtase espontâneo. Quando o Bodhisattva sai do equilíbrio meditativo na vacuidade, sua clara--luz-significativa torna-se temporariamente não manifesta, e ele alcança o corpo-ilusório puro. Simultaneamente, ele abandona todas as delusões-obstruções. A existência simultânea, no continuum de uma pessoa, do corpo-ilusório puro e do abandono das delusões-obstruções é denominada "a união de abandono" ou "a união comum". Após empenhar-se nas práticas da aquisição subsequente durante o intervalo entre as meditações, o Bodhisattva manifesta novamente a clara-luz-significativa, seja por meio de meditação ou por meio de um mudra-ação. Quando o Bodhisattva, na dependência de um desses dois métodos, manifesta novamente a clara-luz-significativa, ele alcança então a união da clara-luz-significativa e do corpo-ilusório puro, que é denominada "a união de realização" ou "a união principal". Neste ponto, ele avança para o segundo solo, Imaculado, e inicia o Caminho da Meditação. A "união comum" é parte do Caminho da Visão e parte do primeiro solo; e a "união principal" anterior ao abandono das obstruções *grande-grande* à onisciência é parte do Caminho da Meditação e é, também, o segundo solo. No livro *Clara-Luz de Êxtase* está dito que, quando um iogue sai do estado da clara-luz--significativa, ele (ou ela) alcança nesse momento o corpo-ilusório puro e o Caminho da Meditação do Mantra Secreto. O sentido, aqui, é que o iogue alcança o corpo-ilusório puro imediatamente após sair da clara-luz-significativa, e, então, avança para alcançar o Caminho da Meditação.

Com a aquisição da "união principal", o Bodhisattva começa a abandonar as obstruções à onisciência, tais como as aparências duais e as aparências comuns. Há nove níveis de obstruções à onisciência, que são distinguíveis em termos de quão sutis elas são. Os nove níveis são: grande-grande, grande-médio, grande-pequeno; médio-grande, médio-médio, médio-pequeno; pequeno-grande, pequeno-médio, e pequeno-pequeno. Quando lavamos roupas muito sujas, a primeira lavagem remove a sujeira mais grossa, e as lavagens posteriores removem progressivamente manchas cada vez mais sutis; do mesmo modo, primeiro removemos os níveis mais densos de obstruções à onisciência e, depois, removemos progressivamente os níveis mais sutis.

No segundo solo, o Bodhisattva esforça-se para abandonar as obstruções *grande-grandes* à onisciência e, quando concretiza isso, ele avança para o terceiro solo. O quarto solo é alcançado quando as obstruções *grande-médias* tenham sido abandonadas; o quinto solo, quando as obstruções *grande-pequenas* tenham sido abandonadas; o sexto, quando as obstruções *médio-grandes* tenham sido abandonadas; o sétimo, quando as obstruções *médio-médias* tenham sido abandonadas; o oitavo, quando as obstruções *médio--pequenas* tenham sido abandonadas; o nono, quando as obstruções *pequeno-grandes* tenham sido abandonadas; e o décimo solo é alcançado quando as obstruções *pequeno-médias* tenham sido abandonadas. O 11º e 12º solos são divisões do décimo solo. A aquisição inicial do décimo solo é denominada "Nuvem do Dharma". Quando essa aquisição se torna muito poderosa para eliminar as obstruções *pequeno-pequenas* à onisciência, ela se transforma no solo Sem Exemplos, e quando ela se torna poderosa o suficiente para agir como o antídoto direto às obstruções *pequeno-pequenas* à onisciência, ela se transforma no solo Dotado de Excelsa Percepção. O solo Dotado de Excelsa Percepção é um caminho ininterrupto. Ele é também conhecido como "a sabedoria do continuum final" e "a concentração semelhante-a-um-vajra do Caminho da Meditação". Esse solo é a última mente de um ser senciente. No momento imediatamente seguinte, o Bodhisattva alcança o 13º solo, Que Mantém o Vajra, que é a União-do-Não--Mais-Aprender.

De acordo com os Sutras, a última parte do primeiro solo pertence ao Caminho da Meditação, mas, de acordo com o Tantra

Ioga Supremo, o primeiro solo é necessariamente um Caminho da Visão. Diferentemente do Caminho da Visão do Sutra, que abandona apenas o agarramento ao em-si intelectualmente formado, o Caminho da Visão do Tantra Ioga Supremo abandona, também, o agarramento ao em-si inato.

Esses Treze Solos são, todos, solos de Mahayanistas superiores. Se incluirmos o Solo dos Bodhisattvas comuns, há Quatorze Solos do Tantra Ioga Supremo. O Solo dos Bodhisattvas comuns abrange o Caminho da Acumulação e o Caminho da Preparação, e é normalmente denominado "o solo do compromisso imaginado", porque, nesses dois caminhos, o Bodhisattva realiza a vacuidade por meio de uma imagem genérica.

A maneira de progredir por todos os Quatorze Solos do Tantra Ioga Supremo e de concluí-los é praticar gradualmente e completar as práticas dos dois estágios: o estágio de geração e o estágio de conclusão. Nos dias atuais, muitas pessoas falam sobre o Tantra, mas há poucas que ensinam os dois estágios. Há, até mesmo, professores que nunca mencionam os dois estágios e que, ainda assim, proclamam estar ensinando algo que seja superior ao Tantra Ioga Supremo! Pergunto-me "que tipo de Budeidade esses assim chamados 'Mestres Tântricos' obtêm?". Deve ser um tipo muito deludido de Budeidade! Em vez de seguirmos esses "Budas modernos", faríamos melhor se emulássemos os grandes iogues do passado, como os Oitenta e Quatro Mahasiddhas e, especialmente, o altamente renomado Nagarjuna.

Há predições de que, à medida que os tempos se tornarem mais impuros, as pessoas irão se sentir cada vez mais atraídas para um Dharma falso e começarão a mostrar desprezo pelo Dharma puro. O Dharma falso irá florescer amplamente, e será cada vez mais difícil encontrar o Dharma puro. Visto que essas predições parecem estar se tornando verdadeiras, somos extremamente afortunados por termos encontrado os ensinamentos puros e autênticos de Je Tsongkhapa. Je Tsongkhapa não mostrou poderes miraculosos nem clarividência; em vez disso, ensinou os caminhos de Sutra e de Tantra com uma clareza sem paralelo, e estabeleceu para nós um

Khedrub Sangye Yeshe

exemplo imaculado a ser seguido. É raro encontrar o Budadharma, mas é ainda mais raro encontrar o Dharma de Je Tsongkhapa. Ter encontrado este Dharma perfeito em tempos impuros como o que vivemos é, praticamente, uma boa fortuna inacreditável!

OS VOTOS E COMPROMISSOS TÂNTRICOS

Quando recebemos uma iniciação de Tantra Ioga Supremo, tomamos os votos do Tantra Ioga Supremo, assim como um determinado número de compromissos. É muito importante manter esses compromissos puramente. Se mantivermos nossos votos e compromissos tântricos puramente e, sobre essa base, praticarmos os estágios de geração e de conclusão, conseguiremos alcançar a Budeidade nesta vida; mas, se quebrarmos nossos votos e compromissos, criaremos imensos obstáculos para o nosso desenvolvimento espiritual. Manter compromissos é o melhor meio para que nossas práticas do estágio de geração e de conclusão sejam bem-sucedidas – manter os compromissos é a verdadeira vida da prática tântrica.

Há dois tipos de compromisso: os compromissos específicos de cada uma das Cinco Famílias Búdicas e os compromissos em comum, ou gerais, às Cinco Famílias Búdicas.

OS COMPROMISSOS ESPECÍFICOS DE CADA UMA DAS CINCO FAMÍLIAS BÚDICAS

Os compromissos específicos de cada uma das Cinco Famílias Búdicas são dezenove: os seis compromissos da Família de Buda Vairochana, os quatro compromissos da Família de Buda Akshobya, os quatro compromissos da Família de Buda Ratnasambhava, os três compromissos da Família de Buda Amitabha, e os dois compromissos da Família de Buda Amoghasiddhi. O propósito principal do *Ioga em Seis Sessões* – que todos os praticantes de Tantra Ioga Supremo recitam seis vezes ao dia, todos os dias – é o de nos relembrar esses dezenove compromissos das Cinco Famílias Búdicas e de nos auxiliar a mantê-los puramente. Os dezenove compromissos serão agora explicados em detalhes.

OS SEIS COMPROMISSOS DA FAMÍLIA DE BUDA VAIROCHANA

1. Buscar refúgio em Buda;
2. Buscar refúgio no Dharma;
3. Buscar refúgio na Sangha;
4. Abster-se de não-virtude;
5. Praticar virtude;
6. Beneficiar os outros.

Uma explicação detalhada da prática de buscar refúgio nas Três Joias e da prática das três disciplinas morais (a disciplina moral de abster-se de não-virtude, a disciplina moral de reunir Dharmas virtuosos, e a disciplina moral de beneficiar os seres vivos) pode ser encontrada em *Caminho Alegre da Boa Fortuna* e em outros textos de Lamrim.

OS QUATRO COMPROMISSOS DA FAMÍLIA DE BUDA AKSHOBYA

1. Manter um vajra para nos lembrar de enfatizar o desenvolvimento de grande êxtase por meio da meditação no canal central;
2. Manter um sino para nos lembrar de enfatizar a meditação na vacuidade;
3. Gerarmo-nos como a Deidade, ao mesmo tempo que compreendemos que todas as coisas que normalmente vemos não existem;
4. Confiar sinceramente em nosso Guia Espiritual, que nos conduz à prática da pura disciplina moral dos votos Pratimoksha, bodhisattva e tântricos.

Manter um vajra para nos lembrar de enfatizar o desenvolvimento de grande êxtase por meio da meditação no canal central. Há dois tipos de vajra: o vajra exterior e o vajra interior. O vajra exterior é um objeto ritual feito de metal, e o vajra interior é a mente de grande êxtase espontâneo. O vajra interior é também denominado "o vajra definitivo", ou "vajra secreto". Para nos lembrarmos de que o desenvolvimento do vajra interior do grande êxtase é a nossa prática principal, temos de manter um vajra exterior ou, ao menos, uma imagem dele.

Manter um sino para nos lembrar de enfatizar a meditação na vacuidade. Há dois tipos de sino: o sino exterior e o sino interior. O sino exterior é um objeto ritual feito de metal, e o sino interior é a sabedoria que realiza a vacuidade diretamente. Para nos lembrarmos do significado da vacuidade, temos de manter um sino exterior ou, ao menos, uma imagem dele. Por continuamente praticarmos grande êxtase e vacuidade, por fim alcançaremos a união de grande êxtase e vacuidade, que é a verdadeira essência do Mantra Secreto.

Manter um vajra e um sino exteriores tem, também, muitos outros significados importantes. O vajra, por exemplo, simboliza a aquisição das cinco sabedorias oniscientes e as aquisições das Cinco Famílias Búdicas. As cinco hastes, ou dentes, superiores do vajra simbolizam a aquisição das cinco sabedorias oniscientes, e as cinco hastes inferiores simbolizam as aquisições das Cinco Famílias Búdicas. O sino simboliza a Deidade pessoal do praticante e o mandala da Deidade. O rosário de vajras, na base do sino, simboliza o círculo de proteção; os anéis, acima e abaixo do rosário de vajras, simbolizam o círculo dos oito grandes solos sepulcrais (que podem estar fora ou dentro do círculo de proteção); o espaço entre os vajras e as pétalas de lótus acima deles simboliza o mandala principal; as cinco hastes, ou dentes, no topo do sino simbolizam a assembleia das Cinco Rodas de Deidades do mandala de Heruka; a face que aparece abaixo das hastes é a face da Grande Mãe Perfeição de Sabedoria, que é a natureza de Vajrayogini; as oito letras simbolizam os oito

Bodhisattvas femininos, e as oito pétalas de lótus simbolizam os oito Bodhisattvas masculinos do séquito da Grande Mãe. Os praticantes de outras Deidades que não Heruka ou Vajrayogini podem aplicar, de forma semelhante, esta explicação tanto à sua Deidade quanto ao mandala da Deidade.

Concluindo, o significado do vajra e do sino é que, ao realizar nossa Deidade pessoal e o mandala da Deidade, obteremos as cinco sabedorias oniscientes e realizaremos as Cinco Famílias Búdicas. Compreendendo que o vajra e o sino representam nossa Deidade pessoal e o mandala da Deidade, devemos sempre considerá-los como objetos do Campo para Acumular Mérito e fazer oferendas a eles.

Gerarmo-nos como a Deidade, ao mesmo tempo que compreendemos ou realizamos que todas as coisas que normalmente vemos não existem. A maneira mais eficiente de superar aparências comuns e concepções comuns, que são a raiz do samsara, é meditar na autogeração; por essa razão, precisamos nos tornar muito familiarizados com essa prática. Para nos ajudar a fazer isso, Vajradhara deu-nos o compromisso de nos gerarmos como nossa Deidade, ou Yidam, seis vezes ao dia, todos os dias. O ideal é mantermos orgulho divino e clara aparência de sermos a Deidade durante as 24 horas do dia, mas, se não conseguirmos, devemos ao menos tentar restaurar nosso orgulho divino e clara aparência através de meditar brevemente na autogeração a cada quatro horas. Mesmo que não tenhamos tempo para meditar em detalhes no corpo da Deidade, devemos ao menos nos recordar dele por meio de pensar: "eu sou Heruka" ou "eu sou Vajrayogini". Se mantivermos orgulho divino de sermos a Deidade, todas as nossas ações diárias, incluindo as ações aparentemente não virtuosas, irão se transformar em métodos para alcançarmos a iluminação e beneficiar os outros. Portanto, devemos pensar: "Para beneficiar todos os seres vivos, preciso alcançar o corpo sagrado do meu Yidam e uma mente sagrada que seja inseparável do grande êxtase e vacuidade". Então, com essa motivação, devemos nos gerar no aspecto de nossa Deidade, segurar o vajra e tocar o sino.

Confiar sinceramente em nosso Guia Espiritual, que nos conduz à prática da pura disciplina moral dos votos Pratimoksha, bodhisattva e tântricos. Visto que todas as aquisições do Mantra Secreto dependem de recebermos as bênçãos do nosso Guia Espiritual Vajrayana, confiar sinceramente nele (ou nela) é a prática mais importante para os praticantes do Mantra Secreto. Portanto, temos o compromisso de nos lembrarmos do nosso Guia Espiritual ao menos seis vezes ao dia, todos os dias, e, desse modo, aumentar nossa fé nele (ou nela).

OS QUATRO COMPROMISSOS DA FAMÍLIA DE BUDA RATNASAMBHAVA

1. Dar ajuda material;
2. Dar Dharma;
3. Dar destemor;
4. Dar amor.

Dar ajuda material. O verdadeiro compromisso aqui é o de desenvolver seis vezes ao dia, todos os dias, o pensamento de dar coisas materiais, e depois, quando estivermos fora de meditação, praticar generosidade o quanto formos capazes. Mesmo se formos pobres, podemos dar um pouco de comida aos pássaros e animais ou praticar a oferenda kusali tsog.

Dar Dharma. Este compromisso consiste em relembrar seis vezes ao dia, todos os dias, que é nosso dever ajudar os outros através de dar Dharma a eles. Mesmo que não possamos dar ensinamentos formais de Dharma, devemos aproveitar toda e qualquer oportunidade para ajudar os outros, dando-lhes conselhos espirituais de maneira habilidosa. Podemos também dar Dharma por meio de dedicar nossa prática espiritual aos outros; fazemos isso imaginando que estamos rodeados por todos os seres vivos e, então, recitamos preces e mantras para o benefício deles ou em nome deles; ou podemos dar Dharma através de praticar o ioga de purificar os

Panchen Losang Chokyi Gyaltsen

migrantes, no qual emitimos raios de luz a todos os seres vivos, purificando-os de todas as suas obstruções.

Dar destemor. Damos destemor por meio de proteger os outros contra medos e perigos. Se não pudermos fazer nada para proteger diretamente os outros, devemos ao menos fazer preces e dedicar nosso mérito para que os outros se libertem do medo e de perigos.

Dar amor. Para cumprir este compromisso, devemos tentar desenvolver o pensamento: "Que maravilhoso seria se todos os seres vivos fossem felizes. Que eles sejam felizes. Eu vou ajudá-los para que sejam felizes". Devemos começar por desenvolver tais pensamentos em relação a nossa família e amigos e, depois, aumentar gradualmente o escopo do nosso amor, até que ele inclua todos os seres vivos. Em resumo, devemos tentar apreciar os outros e manter amor afetuoso por todos os seres vivos.

OS TRÊS COMPROMISSOS DA FAMÍLIA DE BUDA AMITABHA

1. Confiar nos ensinamentos de Sutra;
2. Confiar nos ensinamentos das duas classes inferiores de Tantra;
3. Confiar nos ensinamentos das duas classes superiores de Tantra.

Para cumprir esses compromissos, precisamos ouvir, contemplar e meditar nas instruções dos três veículos de Sutra (o Veículo dos Ouvintes, o Veículo dos Conquistadores Solitários e o Veículo da Perfeiçao) e nas instruções do Tantra Ação e do Tantra Performance (as duas classes inferiores de Tantra) e do Tantra Ioga e do Tantra Ioga Supremo (as duas classes superiores de Tantra). A maneira mais simples de confiar nas instruções dos três veículos de Sutra é estudar, contemplar e meditar no Lamrim, pois o Lamrim inclui todas essas instruções. Buda deu as instruções do Veículo dos Ouvintes e do Veículo dos Conquistadores Solitários no *Sutra das Quatro Nobres Verdades*. Essas instruções estão todas incluídas nos ensinamentos do escopo intermediário do Lamrim. Quanto às instruções do Veículo da Perfeição, elas foram dadas por Buda nos *Sutras Perfeição de Sabedoria* e estão todas incluídas nos ensinamentos do grande escopo do Lamrim. A maneira mais simples de confiar nos ensinamentos das quatro classes de Tantra é seguir o conselho de Atisha ao tradutor Rinchen Sangpo, que está explicado no livro *Novo Guia à Terra Dakini*.

Os três compromissos de Buda Amitabha nos ensinam que devemos tomar todos os ensinamentos de Buda como conselhos pessoais e colocá-los em prática. Devemos nos lembrar disso seis vezes ao dia, todos os dias.

OS DOIS COMPROMISSOS DA FAMÍLIA DE BUDA AMOGHASIDDHI

1. Fazer oferendas a nosso Guia Espiritual;
2. Empenharmo-nos para manter puramente todos os votos que tomamos.

Fazer oferendas a nosso Guia Espiritual. Este compromisso é para que façamos oferendas exteriores, interiores, secretas e a oferenda da talidade a nosso Guia Espiritual.

Empenharmo-nos para manter puramente todos os votos que tomamos. Cumprimos este compromisso por recordar que precisamos manter, o melhor que pudermos, dentro de nossa capacidade ou habilidade, todos os votos e compromissos que tomamos.

OS COMPROMISSOS EM COMUM, OU GERAIS, ÀS CINCO FAMÍLIAS BÚDICAS

Mantemos esses compromissos por meio de abandonar as 14 quedas morais raízes e outras quedas morais dos votos do Mantra Secreto.

AS QUATORZE QUEDAS MORAIS RAÍZES DOS VOTOS DO MANTRA SECRETO

As quatorze quedas morais raízes são:

1. Desprezar ou usar de aspereza com nosso Guia Espiritual;
2. Mostrar menosprezo ou desrespeito pelos preceitos;
3. Criticar nossos irmãos e irmãs vajra;
4. Abandonar o amor por qualquer ser;
5. Desistir da bodhichitta aspirativa ou da bodhichitta de compromisso;
6. Desprezar o Dharma de Sutra ou de Tantra;
7. Revelar segredos a pessoas impróprias;
8. Maltratar nosso corpo;
9. Desistir da vacuidade;
10. Confiar em amigos malevolentes;
11. Não manter, por meio de lembrança, a visão da vacuidade;
12. Destruir a fé dos outros;
13. Não manter objetos de compromisso;
14. Desprezar as mulheres.

Desprezar ou usar de aspereza com nosso Guia Espiritual. Neste contexto, nosso Guia Espiritual é qualquer pessoa de quem tenhamos recebido tanto a iniciação de nosso Yidam pessoal quanto o comentário à prática. Se decidirmos não confiar nunca mais em nosso Guia Espiritual, estaremos incorrendo numa queda moral raiz tântrica. Desenvolver antifé ou raiva em relação ao nosso Guia Espiritual são ações negativas muito graves que bloqueiam as realizações tântricas; mas, a não ser que tenhamos tomado uma decisão firme e definitiva de abandoná-lo, elas não se constituem em quedas-raiz.

Mostrar menosprezo ou desrespeito pelos preceitos. Incorremos nesta queda moral ao mostrar menosprezo ou desrespeito por quaisquer votos Pratimoksha, bodhisattva ou tântricos que tenhamos tomado, ao pensar: "não preciso observar esse voto". Por exemplo, se, após termos tomado votos tântricos, sustentarmos a visão de que pouco importa se quebrarmos nossos votos Pratimoksha ou bodhisattva, estaremos incorrendo numa queda moral raiz.

Criticar nossos irmãos e irmãs vajra. Todos aqueles que receberam uma iniciação tântrica do mesmo Guia Espiritual são irmãos e irmãs vajra, independentemente de terem recebido a iniciação na mesma cerimônia. Se criticarmos nossos irmãos ou irmãs vajra com uma má motivação, incorreremos em uma queda moral raiz. No entanto, visto que o objeto dessa queda moral precisa ser, necessariamente, uma pessoa que tenha votos tântricos em seu continuum mental, se criticarmos um irmão ou irmã vajra que tenha quebrado seus votos, não incorreremos em uma queda moral raiz propriamente dita.

Abandonar o amor por qualquer ser. Incorremos nesta queda moral se desejarmos que alguém experiencie sofrimento ou se tomarmos fortemente a decisão de nunca ajudar uma determinada pessoa.

Desistir da bodhichitta aspirativa ou da bodhichitta de compromisso. Esta queda moral é igual à última queda moral raiz dos votos bodhisattva. Visto que a bodhichitta é o fundamento de toda prática tântrica, se abandonarmos a bodhichitta, incorreremos em uma queda moral raiz tântrica.

Desprezar o Dharma de Sutra ou de Tantra. Se criticarmos qualquer ensinamento de Buda, alegando que não é a palavra de Buda, e se alguém ouvir nossa crítica, incorreremos em uma queda moral raiz tântrica. Esta queda moral nos ensina que os praticantes tântricos devem respeitar os ensinamentos de Sutra, pois as práticas de Sutra são o fundamento para todas as realizações tântricas.

Revelar segredos a pessoas impróprias. Incorremos nesta queda moral ao ensinar, conscientemente, o Mantra Secreto para aqueles que não receberam uma iniciação tântrica. A função de uma iniciação é amadurecer a mente do discípulo para a prática tântrica. A não ser que nossa mente esteja amadurecida por uma iniciação, não conseguiremos obter realizações tântricas, não importa o quanto meditemos. Se ensinarmos o Mantra Secreto a pessoas que não tenham uma iniciação, elas irão se sentir atraídas a fazer meditações tântricas e, quando não conseguirem obter resultados, concluirão que o Mantra Secreto não funciona. Por essa razão, Vajradhara estabeleceu a regra de não ensinar o Tantra a pessoas sem iniciações.

Maltratar nosso corpo. Para praticar o Mantra Secreto, precisamos de um corpo forte e saudável porque, se nosso vigor físico diminuir, nossas gotas também irão declinar e, então, será difícil gerar grande êxtase espontâneo. Por essa razão, se causarmos deliberadamente a diminuição do nosso vigor físico através de práticas ascéticas motivadas pelo pensamento de que o corpo é impuro, incorreremos em uma queda moral raiz. Em vez de considerar nosso corpo como impuro, devemos nos autogerar com o corpo da Deidade. Incorremos também nesta queda moral se decidirmos cometer suicídio.

Desistir da vacuidade. Sermos bem-sucedidos nas práticas do estágio de geração e de conclusão depende do nível de compreensão que temos sobre a vacuidade. Se ainda não tivermos compreendido a visão Prasangika sobre a vacuidade, devemos ao menos estudar e meditar na visão Chittamatra. Se interrompermos por completo nossa tentativa de desenvolver ou aprimorar nossa compreensão da vacuidade, incorreremos em uma queda moral raiz.

Confiar em amigos malevolentes. Incorremos nesta queda moral se nos permitirmos ficar sob a influência de pessoas que criticam as Três Joias ou nosso Guia Espiritual, que prejudicam o Budadharma ou que interferem com a prática espiritual de muitos seres vivos. Devemos, mentalmente, desenvolver amor e compaixão por tais pessoas, mas não devemos nos tornar muito próximos delas, seja física ou verbalmente. Também incorremos nesta queda moral se temos o poder de ajudar essas pessoas através de ações iradas puras, mas não tentamos ou sequer nos esforçamos em fazê-lo.

Não manter, por meio de lembrança, a visão da vacuidade. Se tivermos alguma compreensão da visão da vacuidade como é ensinada pelas escolas Chittamatra ou Prasangika, mas, com a motivação de negligenciar a fala de Vajradhara, permanecermos por um dia inteiro sem nos lembrarmos da vacuidade, incorreremos em uma queda moral raiz. Vajradhara fez disso um compromisso para recordarmos a vacuidade, pois a prática da vacuidade é extremamente importante para todas as realizações tântricas.

Destruir a fé dos outros. Se fizermos com que a fé de alguém no Mantra Secreto degenere, dizendo-lhe que a prática do Mantra Secreto é muito perigosa e aconselhá-lo a permanecer com as práticas de Sutra, incorreremos em uma queda moral raiz.

Não manter objetos de compromisso. Uma maneira de incorrer nesta queda moral é recusar-se a aceitar as diversas substâncias-compromisso distribuídas durante uma iniciação ou as substâncias oferecidas em um puja com oferenda *tsog*, pensando que essas substâncias são impuras ou sujas. Outra maneira de incorrer nesta queda moral é não manter um vajra e um sino, pensando que esses objetos são sem sentido, ou inúteis. Iogues ou ioguines que alcançaram a realização da mente-isolada também incorrem nesta queda moral se eles se recusarem a aceitar um mudra-ação sem uma boa razão.

Desprezar as mulheres. Se um praticante masculino criticar as mulheres, dizendo que "mulheres são más", ele estará incorrendo em uma queda moral raiz. Dentre as mulheres, muitas são emanações de Vajrayogini, e ao criticar as mulheres em geral, por consequência criticamos essas emanações e, assim, bloqueamos nosso desenvolvimento do êxtase. Praticantes femininas incorrem em uma queda moral raiz semelhante se criticarem os homens.

O abandono dessas quedas morais raízes é denominado "o compromisso-raiz". Além desse compromisso, há três tipos de compromisso secundário:

1. Os compromissos de abandono;
2. Os compromissos de confiança;
3. Os compromissos adicionais de abandono.

OS COMPROMISSOS DE ABANDONO

O compromisso geral de abandono é tentar abandonar qualquer falha que possuímos. Não podemos abandonar todas as falhas imediatamente, mas devemos, ao menos, ter a aspiração de fazê-lo. Se perdermos essa aspiração, quebraremos o compromisso de abandono. Especificamente, os compromissos de abandono são o abandono de ações negativas, especialmente as ações de matar, roubar, ter má conduta sexual, mentir e ingerir intoxicantes.

Atisha disse que os votos bodhisattva e os votos tântricos são mais poderosos se forem tomados sobre a base dos votos Pratimoksha. Embora não seja absolutamente necessário para pessoas leigas tomar os cinco preceitos dos votos Pratimoksha antes de receberem os votos tântricos, se estiverem seriamente comprometidas a alcançar realizações tântricas, elas devem então, definitivamente, tentar manter esses cinco preceitos. Os cinco preceitos são: abandonar a ação de matar, abandonar a ação de roubar, abandonar má conduta sexual, abandonar a ação de mentir e abandonar a ingestão de intoxicantes. Se tomarmos esses cinco preceitos com a motivação de renúncia, eles então são votos Pratimoksha. Praticantes tântricos leigos devem possuir esses votos. A razão do quinto voto é que beber álcool, fumar cigarros, ingerir drogas etc. fazem com que nossa contínua-lembrança, concentração e maleabilidade mental e física degenerem, criando assim sérios obstáculos para alcançarmos realizações de Sutra ou de Tantra.

Drubchen Gendun Gyaltsen

OS COMPROMISSOS DE CONFIANÇA

Os compromissos de confiança são: confiar sinceramente em nosso Guia Espiritual; ser respeitoso com nossos irmãos e irmãs vajra; e observar as dez ações virtuosas. Para manter esses compromissos, precisamos confiar em nosso Guia Espiritual com fé e respeito; manter respeito para com nossos amigos de Dharma, considerando os amigos como Heróis e as amigas como Heroínas; e praticar as dez ações virtuosas, tentando, especialmente, obter experiência do Lamrim e dos dois estágios do Mantra Secreto.

OS COMPROMISSOS ADICIONAIS DE ABANDONO

Os compromissos adicionais de abandono são: abandonar as causas de desviar-se ou de rejeitar o Mahayana; evitar desprezar os deuses; e evitar pisar sobre objetos sagrados. Para manter esses compromissos, devemos abandonar ações e atitudes que fazem com que nossa prática mahayana deteriore, tais como: ódio, desejo de alcançar a libertação somente para nós próprios, pensar que a Budeidade é um objetivo demasiadamente "elevado" para obtermos, ou cair sob a influência de pessoas que não gostam do Caminho Mahayana. Devemos também evitar desprezo ou desrespeito para com os deuses, semideuses, nagas e espíritos; e evitar pisar sobre estátuas ou figuras de Budas, Bodhisattvas e de nosso Guia Espiritual, ou pisar em livros de Dharma, implementos rituais (como vajras e sinos) e sobre flores, alimentos, água e assim por diante, que tenham sido oferecidos às Três Joias.

AS QUEDAS MORAIS DENSAS
DOS VOTOS DO MANTRA SECRETO

As quedas morais densas são mais leves que as quedas morais raízes; porém, são mais graves que as quedas morais secundárias. Há onze quedas morais densas:

1. Confiar em um mudra não qualificado;
2. Entrar em união sem os três reconhecimentos;
3. Mostrar substâncias secretas para uma pessoa imprópria;
4. Brigar ou discutir durante uma cerimônia de oferenda tsog;
5. Dar respostas falsas a perguntas formuladas com fé;
6. Permanecer sete dias na casa de uma pessoa que rejeita o Vajrayana;
7. Fingir ser um iogue enquanto se permanece imperfeito;
8. Revelar o sagrado Dharma àqueles que não têm fé;
9. Praticar ações de mandala sem ter concluído um retiro-aproximador;
10. Transgredir desnecessariamente, ou gratuitamente, os preceitos Pratimoksha ou bodhisattva;
11. Agir em contradição com as *Cinquenta Estrofes Sobre o Guia Espiritual*.

Confiar em um mudra não qualificado. Para praticantes qualificados, confiar em um mudra-ação, ou consorte, é o melhor método para gerar grande êxtase e aumentá-lo. Um mudra-ação precisa ter qualificações específicas. No mínimo, ele (ou ela) precisa ter recebido uma iniciação tântrica, manter os compromissos tântricos e compreender o significado dos dois estágios do Mantra Secreto. Se, unicamente por apego desejoso, confiarmos em um consorte (ou uma consorte) não qualificado, incorreremos em uma queda moral densa.

Entrar em união sem os três reconhecimentos. Quando entramos em união com um (ou uma) consorte, precisamos manter três reconhecimentos durante toda a união: reconhecer nosso corpo como o corpo da Deidade; reconhecer nossa fala como mantra; e reconhecer nossa mente como o Corpo-Verdade. Se entrarmos em união sem esses reconhecimentos, incorreremos em uma queda moral densa.

Mostrar substâncias secretas para uma pessoa imprópria. Incorremos nesta queda moral se, sem uma boa razão, mostrarmos nossos objetos rituais tântricos (como nosso vajra e sino, mandala, escrituras tântricas, mala, estátua ou figura de nosso Yidam, implementos manuais da Deidade, damaru, khatanga, ou cuia de crânio) para pessoas sem iniciações ou para aqueles que receberam iniciações, mas não têm fé. No entanto, se nossa motivação ao mostrar esses objetos for a de encorajar os outros a desenvolverem fé no Mantra Secreto, não incorreremos em uma queda moral.

Brigar ou discutir durante uma cerimônia de oferenda tsog. Durante uma cerimônia de oferenda tsog, precisamos manter orgulho divino e visão pura, percebendo a assembleia como constituída de Heróis e Heroínas. Se perdermos essa visão pura, desenvolvermos raiva e começarmos a discutir ou brigar, incorreremos em uma queda moral densa.

Dar respostas falsas a perguntas formuladas com fé. Se alguém, motivado por fé, nos fizer uma pergunta sincera sobre Dharma e, por avareza, nos recusarmos a dar uma resposta correta, incorreremos em uma queda moral densa.

Permanecer sete dias na casa de uma pessoa que rejeita o Vajrayana. Incorremos nesta queda moral se, sem uma boa razão, permanecermos mais do que sete dias na casa de uma pessoa que é crítica em relação ao Vajrayana.

Fingir ser um iogue enquanto se permanece imperfeito. Incorremos nesta queda moral se alegarmos ser um grande iogue ou ioguine tântricos apenas porque sabemos como executar rituais tântricos.

Revelar o sagrado Dharma àqueles que não têm fé. Incorremos nesta queda moral se ensinarmos o Mantra Secreto àqueles que receberam uma iniciação, mas não têm fé no Mantra Secreto.

Praticar ações de mandala sem ter concluído um retiro-aproximador. Se fizermos uma autoiniciação, concedermos iniciação aos outros ou executarmos um puja do fogo e assim por diante, sem termos concluído os retiros apropriados, incorreremos em uma queda moral densa.

Transgredir desnecessariamente, ou gratuitamente, os preceitos Pratimoksha ou bodhisattva. Se pensarmos que, por sermos agora praticantes tântricos, podemos então ignorar nossos votos Pratimoksha ou bodhisattva, incorreremos em uma queda moral densa.

Agir em contradição com as *Cinquenta Estrofes Sobre o Guia Espiritual*. As *Cinquenta Estrofes Sobre o Guia Espiritual* explicam como devemos confiar em nosso Guia Espiritual por meio de ação. Se negligenciarmos essas instruções, incorreremos em uma queda moral densa.

OS COMPROMISSOS INCOMUNS DO TANTRA-MÃE

O Tantra-Mãe possui oito compromissos incomuns:

1. Executar todas as ações físicas primeiramente com o nosso lado esquerdo; fazer oferendas ao nosso Guia Espiritual e jamais tratá-lo de modo áspero ou abusivo;
2. Abandonar união com aqueles que não são qualificados;
3. Enquanto estiver em união, não se separar da visão da vacuidade;
4. Nunca perder o apreço pelo caminho do apego;
5. Nunca desistir dos dois tipos de mudra;
6. Empenhar-se, principalmente, no método exterior e no método interior;
7. Nunca soltar fluido seminal; confiar em comportamento puro;
8. Abandonar repulsa quando provar a bodhichitta.

Executar todas as ações físicas primeiramente com o nosso lado esquerdo; fazer oferendas ao nosso Guia Espiritual e jamais tratá-lo de modo áspero ou abusivo. No Mantra Secreto, o lado esquerdo simboliza a sabedoria da clara-luz, a prática principal do Tantra-Mãe. Sempre que fizermos ações físicas devemos, se possível, começar com o lado esquerdo. Por exemplo, quando pegarmos algo, devemos fazê-lo primeiro com nossa mão esquerda e, então, mudar para a mão direita (se necessário). De modo semelhante, quando formos dispor oferendas no altar, devemos começar a partir do lado esquerdo do objeto para o qual as oferendas estão sendo feitas. O propósito deste compromisso é o de nos recordarmos de realizar a sabedoria da clara-luz.

Abandonar união com aqueles que não são qualificados. Quando o momento de confiarmos em um mudra-ação chegar para nós, devemos confiar em um (ou uma) consorte que pratica as mesmas práticas do estágio de geração e de conclusão que nós praticamos, e que tenha uma boa natureza e bondade amorosa. Se fizermos isso, obteremos grandes resultados da união com o consorte, do mesmo modo que Mahasiddha Ghantapa, conforme a história verdadeira narrada em *Novo Guia à Terra Dakini*. Por outro lado, se, unicamente por apego, confiarmos em um consorte não qualificado, experienciaremos grandes obstáculos em nossa prática diária.

Enquanto estiver em união, não se separar da visão da vacuidade. Por mantermos a visão da vacuidade enquanto estivermos em união com um (ou uma) consorte, experienciaremos o êxtase da união de uma maneira significativa; evitaremos que a união faça com que nossas delusões aumentem; e nosso ato de união será uma causa para o desenvolvimento e aumento das nossas realizações de Tantra.

Nunca perder o apreço pelo caminho do apego. O Mantra Secreto é, às vezes, conhecido como "o caminho do apego" porque ele é o método para transformar apego em uma causa para gerar grande êxtase espontâneo. Porque os seres deste mundo têm apego muito forte, precisamos praticar, definitiva e inquestionavelmente, o Mantra Secreto; por essa razão, tendo encontrado uma prática maravilhosa como esta, não devemos perder nunca nosso apreço por ela.

Nunca desistir dos dois tipos de mudra. Os dois tipos de mudra são: mudras-ação e mudras-sabedoria. Quando formos qualificados, devemos aceitar um mudra-ação. Até que isso ocorra, devemos confiar em um mudra-sabedoria visualizado, para nos ajudar a desenvolver grande êxtase.

Empenhar-se, principalmente, no método exterior e no método interior. O método exterior para desenvolver grande êxtase espontâneo é confiar em um mudra-sabedoria ou em um mudra-ação, e o método interior é meditar em nossos canais, gotas e ventos.

Nunca soltar fluido seminal; confiar em comportamento puro. Apesar de que devemos tentar desenvolver grande êxtase na dependência dos métodos exterior ou interior, devemos tentar não soltar gotas vermelhas ou brancas. Soltar nossas gotas interfere com o nosso desenvolvimento do grande êxtase.

Abandonar repulsa quando provar a bodhichitta. Se soltarmos nossas gotas, devemos considerá-las como a substância secreta da união das Deidades Pai e Mãe e, mentalmente, imaginar que estamos provando-as e recebendo a iniciação secreta. Quando fazemos isso, devemos abandonar quaisquer sentimentos de repulsa.

É possível que haja alguns compromissos tântricos que não possamos manter no momento. Isso não é importante. A coisa mais importante é conhecer todos esses compromissos e nunca abandonar a intenção de mantê-los puramente no futuro. Ao manter essa intenção, mantemos nossos compromissos. É especialmente importante manter a preciosa mente de bodhichitta e a visão correta da vacuidade em nossa mente dia e noite, por meio da prática do Lamrim. Se conseguirmos fazer isso, não haverá base alguma para incorrermos nas quedas morais dos nossos votos de Sutra. Se, além disso, conseguirmos manter clara aparência e orgulho divino por meio de praticar o estágio de geração, não haverá base alguma para incorrermos nas quedas morais dos nossos votos tântricos. Podemos ver, a partir disso, que as práticas do Lamrim e do Tantra são de igual importância.

O Estágio de Geração

O ESTÁGIO DE geração será explicado em cinco partes:

1. Definição e etimologia do estágio de geração;
2. Classes do estágio de geração;
3. Como praticar a meditação propriamente dita do estágio de geração;
4. Como avaliar o êxito de ter completado o estágio de geração;
5. Como avançar do estágio de geração para o estágio de conclusão.

DEFINIÇÃO E ETIMOLOGIA DO ESTÁGIO DE GERAÇÃO

A definição do estágio de geração é: uma realização de um ioga criativo, anterior a ter-se alcançado o estágio de conclusão propriamente dito, obtida pela prática de trazer qualquer um dos três corpos para o caminho. O estágio de geração é denominado "ioga criativo" porque seu objeto é criado, ou gerado, por meio de imaginação correta. Os estágios de geração são assim denominados porque são estágios do caminho e seus objetos são gerados através de imaginação correta. *Estágio de geração, ioga fabricado* e *ioga do primeiro estágio* são sinónimos.

O estágio de geração é um ioga do corpo-divino. Um *ioga* é um caminho à libertação ou à iluminação. Um ioga do corpo-divino é um ioga que tem o aspecto do Corpo-Forma ou do Corpo-Verdade

Drungpa Tsondru Gyaltsen

de um Buda. Um *ioga do corpo-divino* será classificado como um estágio de geração se possuir os seguintes quatro atributos: (1) não é desenvolvido por meio dos ventos entrarem, permanecerem e dissolverem-se no canal central por força de meditação; (2) atua para amadurecer as realizações do estágio de conclusão; (3) é semelhante, em aspecto, a qualquer um dos três corpos (da morte, estado intermediário ou renascimento); e (4) seu objeto principal é um corpo-Deidade imaginado.

O *primeiro atributo* exclui a meditação na autogeração e a meditação em trazer os três corpos para o caminho executadas após termos alcançado realizações do estágio de conclusão. O *segundo* e *terceiro atributos* excluem os iogas do Tantra Ação e do Tantra Performance. Embora esses Tantras incluam iogas do corpo--divino, esses iogas não servem para amadurecer as realizações do estágio de conclusão, tampouco são semelhantes, em aspecto, a qualquer um dos três corpos (da morte, estado intermediário ou renascimento). O *quarto atributo* indica que o corpo-Deidade do estágio de geração não é um corpo-Deidade real, efetivo, mas simplesmente um corpo-Deidade imaginado, ou gerado mentalmente. Por exemplo, quando os praticantes do estágio de geração geram-se a si próprios como Vajrayogini, o objeto de sua meditação não é o corpo real, efetivo, de Vajrayogini, mas um corpo-Deidade imaginado. Assim como um ceramista não é um pote ou um vaso de cerâmica, mas a produção do pote ou do vaso depende do ceramista, o corpo-Deidade imaginado do estágio de geração não é o corpo-Deidade efetivo, apesar de que o desenvolvimento do corpo--Deidade efetivo depende do corpo-Deidade imaginado. Assim, pelo poder de nossa meditação no corpo-Deidade imaginado, por fim nosso corpo residente-contínuo, ou vento muito sutil, irá se tornar um corpo-Deidade real, efetivo. Podemos compreender, a partir disso, que a meditação do estágio de geração é indispensável para a aquisição da Budeidade.

É muito importante compreender precisamente o que é o *objeto observado*, o *objeto aparecedor* e o *objeto concebido* da meditação do estágio de geração. Tomemos o exemplo de um praticante de

Vajrayogini chamado João. Normalmente, quando João pensa "eu sou João", ele não pensa que seu corpo é João ou que sua mente é João; em vez disso, ele observa seu corpo ou sua mente e simplesmente pensa: "eu sou João". Portanto, sua mente pensando "eu sou João" não é uma percepção errônea, mas um conhecedor válido. De modo semelhante, quando João medita no estágio de geração de Vajrayogini, ele primeiro gera a si próprio como Vajrayogini de acordo com a sadhana e, quando alcança o momento da meditação propriamente dita do estágio de geração, ele observa o corpo ou a mente imaginados de Vajrayogini (que ele próprio gerou) e simplesmente pensa: "eu sou Vajrayogini". Nesse momento, ele mudou sua base para designar, ou imputar, *eu*. Ele não pensa que João é Vajrayogini, ou que o corpo ou a mente imaginados de Vajrayogini, gerados por ele, é Vajrayogini; em vez disso, ele simplesmente observa o corpo ou a mente de Vajrayogini, gerados por ele, e pensa: "eu sou Vajrayogini". Por essa razão, sua mente pensando "eu sou Vajrayogini" não é uma percepção errônea, mas um conhecedor válido.

A partir disso, podemos compreender que o *objeto observado*, o *objeto aparecedor* e o *objeto concebido* da meditação do estágio de geração é um corpo-Deidade imaginado que é gerado por concentração pura. O corpo-Deidade imaginado é uma forma que é uma fonte-fenômenos, o que significa que é uma forma que aparece claramente apenas para a percepção mental. Outras formas, como mesas e cadeiras, são fontes-forma, pois aparecem claramente para a percepção visual. Fontes-fenômenos são as fontes a partir das quais as percepções mentais se desenvolvem, e as fontes-forma são as fontes a partir das quais as percepções sensoriais se desenvolvem.

Antes de Je Tsongkhapa aparecer no Tibete, muitos praticantes tântricos sentiam grande confusão sobre a meditação do estágio de geração. Alguns até mesmo acreditavam que a meditação do estágio de geração não tinha um objeto correto e que, portanto, era uma percepção errônea; esses praticantes concluíram, então, que a meditação do estágio de geração era sem sentido, inútil. Je Tsongkhapa, no entanto, explicou muito claramente o propósito do estágio de geração e explicou precisamente quais são os objetos da meditação do estágio de geração. Por sua bondade, sabemos agora como ingressar no estágio de geração, progredir através dele e completá-lo; por essa razão, temos grande confiança em que podemos alcançar a realização do estágio de geração e, portanto, a União-do-Não-Mais-Aprender, ou Budeidade, nesta vida.

Como Nagarjuna explicou, alcançar a iluminação, ou Budeidade, é simplesmente uma questão de progredir, passo a passo, pelos caminhos comuns; depois, pelos caminhos do estágio de geração e, então, pelos caminhos do estágio de conclusão, a partir dos quais podemos avançar diretamente para a nossa meta final: a Budeidade. Os caminhos do estágio de geração são extremamente benéficos, pois nos conduzem aos caminhos do estágio de conclusão, e os caminhos do estágio de conclusão conduzem diretamente à Budeidade. Ao praticar os caminhos do estágio de geração, seremos cuidados por nossa Deidade pessoal ao longo desta vida e de todas as nossas vidas futuras. Receberemos poderosas bênçãos de nossa Deidade pessoal e, como resultado, receberemos todas as aquisições. Além disso, a meditação do estágio de geração é um método extremamente eficiente para superar aparências comuns e concepções comuns, e é também uma poderosa prática de purificação que purifica nosso ambiente, prazeres, corpo, fala e mente. Não há dúvida de que um puro praticante do estágio de geração renascerá na Terra Pura de sua Deidade se ele (o praticante) assim o desejar.

Se meditarmos continuamente em um corpo-Deidade imaginado, perceberemos cada vez mais claramente, e de modo gradual, esse corpo-Deidade. A imagem genérica irá se tornar cada vez mais transparente até, por fim, desaparecer por completo, quando então obteremos um percebedor direto ióguico do corpo-Deidade imaginado. Se, então, aprimorarmos esse percebedor direto ióguico através das práticas do estágio de conclusão, por fim obteremos o corpo-Divino real, efetivo: o corpo-ilusório.

Não é unicamente no Tantra que um objeto gerado mentalmente se transforma em um objeto real. Nos Sutras também está dito que, se meditarmos com forte concentração e por tempo suficiente em um objeto gerado mentalmente, por fim ele aparecerá claramente para um percebedor direto. Dharmakirti disse que, mesmo se nos concentrarmos em um objeto incorreto, por fim, por força da familiaridade, esse objeto aparecerá claramente à nossa mente. Se formos fortemente apegados a alguém, veremos o seu corpo como muito atraente. Seus olhos, seu cabelo, sua aparência e assim por diante, tudo aparecerá diretamente à nossa percepção visual como belo; mas de onde vem essa beleza? Afinal de contas, nem todos perceberão essa pessoa como bela. A beleza que percebemos foi gerada por nossa mente. Como? Porque focamos nossa mente exclusivamente em suas qualidades atrativas, por fim o corpo dessa pessoa aparece diretamente à nossa percepção sensorial como atraente, e nós concebemos essa pessoa como atraente. Se, mais tarde, discutirmos ou brigarmos com essa pessoa, ela começará a aparecer, para nós, menos atraente do que antes. Por quê? A razão é que, simplesmente, nossa atitude em relação a ela mudou. Chandrakirti disse que a mente gera tudo, traz tudo à existência. Se a nossa mente gerar a Budeidade, teremos alcançado a Budeidade, e se ela gerar um inferno, estaremos então no inferno.

 O mundo e os seres que nele habitam dependem, todos, da mente. Quando olhamos ao redor, sentimos naturalmente que tudo o que vemos ou percebemos existe do seu próprio lado; mas, se verificarmos cuidadosamente, veremos que, em verdade, tudo depende da mente para sua existência. Por exemplo, a casa em que moramos começou na mente de um arquiteto. Se ninguém tivesse concebido essa casa, ela nunca teria sido construída. A mente faz um plano, e o corpo realiza o plano. Sem primeiro formar em nossa mente uma ideia sobre o que queremos, nunca podemos realizar coisa alguma fisicamente. Se fenômenos externos, como casas, dependem da mente, não é preciso dizer que fenômenos internos, como os três corpos de um Buda, também dependem da mente.

 As práticas mais importantes do estágio de geração são os três trazeres: trazer a morte para o caminho do Corpo-Verdade, trazer o estado intermediário para o caminho do Corpo-de-Deleite, e trazer o renascimento para o caminho do Corpo-Emanação. Os três trazeres podem ser praticados tanto no nível do estágio de geração quanto no nível do estágio de conclusão.

A definição de *trazer a morte para o caminho do Corpo-Verdade* é: um ioga, semelhante em aspecto à experiência da morte, que tem o orgulho divino de ser o Corpo-Verdade. Para meditar nisso, reunimos todas as aparências do mundo (o recipiente) e todos os seres e demais objetos convencionais (o conteúdo) na vacuidade, por meio de seguir as instruções na sadhana. Imaginamos que todos esses fenômenos se convertem em luz e se dissolvem na vacuidade, enquanto, ao mesmo tempo, imaginamos que estamos experienciando progressivamente todos os sinais da morte. Pensamos então que essa vacuidade é o Corpo-Verdade, e designamos *eu* ao Corpo-Verdade, pensando: "eu sou o Corpo-Verdade".

A definição de *trazer o estado intermediário para o caminho do Corpo-de-Deleite* é: um ioga, semelhante em aspecto à experiência do estado intermediário, ou *bardo*, que é obtido após trazer a morte para o caminho do Corpo-Verdade, e que tem o orgulho divino de ser o Corpo-de-Deleite. Para meditar nisso, imaginamos que, da esfera de êxtase e vacuidade do Corpo-Verdade, nossa mente surge na forma da letra-semente da Deidade ou na forma de qualquer outra representação da Deidade. Observando isso, e experienciando-o como semelhante em aspecto ao estado intermediário, geramos orgulho divino, pensando: "eu sou o Corpo-de-Deleite".

A definição de *trazer o renascimento para o caminho do Corpo-Emanação* é: um ioga, semelhante em aspecto à experiência de renascer, que é obtido após trazer o estado intermediário para o caminho do Corpo-de-Deleite, e que tem o orgulho divino de ser o Corpo-Emanação. Para meditar nisso, enquanto estamos no aspecto da letra-semente ou de alguma outra forma simbólica, imaginamos que um mundo e seus habitantes, todos puros e novos, surgem. Imaginamos, então, que renascemos sob a forma de nosso Yidam nesse mundo e, observando isso, geramos orgulho divino, pensando: "eu sou o Corpo-Emanação".

Se compreendermos como praticar os três trazeres em relação a uma Deidade, podemos aplicar essa compreensão a outras Deidades.

Konchog Gyaltsen

Segue-se, agora, uma explicação sobre como praticar os três trazeres em relação a Vajrayogini.

TRAZER A MORTE PARA O CAMINHO DO CORPO-VERDADE

Esta prática cumpre três funções principais: purifica a morte comum, faz com que a realização da clara-luz amadureça, e aumenta nossa coleção de sabedoria. Nessa meditação, cultivamos experiências semelhantes àquelas que experienciamos quando morremos; isso é feito por meio de imaginar que estamos percebendo os sinais que ocorrem durante o processo da morte, desde a aparência miragem até a aparência da clara-luz.

Começamos praticando as preliminares, incluindo o Guru-Ioga, de acordo com a sadhana. Depois, tendo feito pedidos ao nosso Guru para que abençoe nossa mente e imaginado que ele entrou em nosso coração, desenvolvemos três reconhecimentos: (1) a natureza da mente de nosso Guru é a união de grande êxtase e vacuidade; (2) a mente de nosso Guru se unificou de modo inseparável com a nossa mente *própria*, transformando-a na união de grande êxtase e vacuidade; e (3) nossa mente de grande êxtase está no aspecto de uma letra BAM vermelha, em nosso coração. Meditamos nisso por algum tempo.

A letra BAM começa então a aumentar de tamanho e gradualmente dissolve nosso corpo em uma luz vermelha de êxtase, do mesmo modo que, ao derramarmos água quente sobre o gelo, ele derrete. A letra BAM se expande até absorver o nosso corpo por inteiro. Continuando a se expandir, ela gradualmente absorve nosso quarto, nossa casa, nossa cidade, nosso país, nosso continente, nosso mundo e, por fim, o universo inteiro, incluindo todos os seres vivos que nele habitam. Tudo é absorvido e transformado em uma letra BAM infinitamente grande, que permeia o universo inteiro, e a natureza dessa letra BAM é a nossa mente de grande êxtase e vacuidade. Não percebemos nada além que a letra BAM, e meditamos nela com concentração estritamente focada por algum tempo. Contemplamos: "eu purifiquei todos os seres vivos juntamente com seus ambientes".

Depois de algum tempo, a letra BAM começa a diminuir, recolhendo-se gradualmente desde os confins do espaço infinito, deixando para trás somente vacuidade. A letra BAM torna-se cada vez menor, até ficar de um tamanho diminuto, uma pequeníssima letra BAM. Então, essa letra BAM diminuta se dissolve gradualmente a partir da base até a linha horizontal, conhecida como "cabeça do BAM". Como mencionado anteriormente, imaginamos, por meio dessa meditação, que estamos passando por experiências semelhantes às vivenciadas por uma pessoa que está morrendo. Neste ponto, imaginamos que percebemos a "aparência miragem", que surge devido à dissolução do elemento terra. Então, a cabeça do BAM se dissolve na lua crescente, e imaginamos que percebemos a "aparência fumaça", que surge devido à dissolução do elemento água. Depois, a lua crescente se dissolve na gota, e imaginamos que percebemos a "aparência vaga-lumes cintilantes", que surge devido à dissolução do elemento fogo. A gota, então, se dissolve no *nada* [nome dado à linha de três curvas, acima da gota], e imaginamos que percebemos a "aparência chama de vela", que surge devido à dissolução do elemento vento.

Essas quatro aparências são os sinais interiores da dissolução dos ventos que sustentam nossos quatro elementos corporais. Quando morremos, esses quatro ventos gradualmente absorvem-se e, em razão disso, experienciamos esses quatro sinais. Normalmente, quando o quarto sinal do processo da morte (a aparência chama de vela) é percebido, toda a nossa memória densa, nossos ventos interiores densos e nossas aparências densas cessam, e a respiração exterior para.

Neste ponto da meditação, tudo o que restou é o *nada*. Depois de algum tempo, imaginamos que estamos experienciando o quinto sinal: a mente da aparência branca. A cada dissolução que ocorre, a mente se torna cada vez mais sutil. Quando a curva inferior do *nada* se dissolve na curva mediana acima dela, imaginamos que estamos experienciando a "mente do vermelho crescente", e quando a curva mediana se dissolve na curva superior, imaginamos que estamos experienciando a "mente da quase-conquista negra". Por fim, a curva superior dissolve-se na vacuidade, e imaginamos que experienciamos a mente mais sutil de todas, a mente de clara-luz.

Nesta etapa, devemos ter quatro reconhecimentos: (1) imaginamos que nossa mente de clara-luz realmente se manifestou e que está experienciando grande êxtase; (2) unicamente vacuidade aparece para a nossa mente; (3) identificamos essa vacuidade como ausência de existência inerente; e (4) imaginamos que alcançamos o Corpo-Verdade de um Buda, e pensamos: "eu sou o Corpo-Verdade". Então, meditamos na mente de clara-luz, ao mesmo tempo que tentamos manter esses quatro reconhecimentos continuamente.

Sem nos distrairmos da meditação principal, devemos verificar de vez em quando, com uma parte da nossa mente, se nenhum desses quatro reconhecimentos foi esquecido. Se percebermos que nos esquecemos de um deles ou mais, devemos, de maneira habilidosa, aplicar esforço para restabelecê-los. Se meditarmos desta maneira todos os dias, mesmo com concentração fraca, aumentaremos nossa coleção de sabedoria.

Quando, por meio da meditação do estágio de conclusão, formos capazes de fazer com que nossos ventos interiores entrem, permaneçam e se dissolvam dentro do nosso canal central, no chakra do coração, experienciaremos a mente-isolada da clara-luz-exemplo. Uma vez que tenhamos alcançado essa realização, nossa morte não mais será um processo samsárico, descontrolado; pelo contrário, seremos capazes de controlar o processo de morrer, e esse controle irá se dar por meio de transformarmos a *clara-luz da morte* na *mente da clara-luz-exemplo última*. Este é o caminho rápido à Budeidade. Quando surgirmos dessa clara-luz, em vez de entrarmos no estado intermediário comum com um corpo do estado intermediário, alcançaremos o corpo-ilusório. Desse corpo-sutil, em vez de tomarmos um renascimento comum, iremos emanar um corpo-divino denso, semelhante ao Corpo-Emanação de um Buda.

Em resumo, a aquisição da clara-luz-exemplo última depende de treinarmos a meditação de trazer a morte para o caminho do Corpo-Verdade. Para meditar em trazer a morte para o caminho do Corpo-Verdade, precisamos, primeiramente, impedir todas as aparências comuns, por meio de perceber tudo como vazio. Devemos identificar essa vacuidade como ausência de existência inerente, e imaginar que nossa mente se funde com essa vacuidade. Depois, com a sensação de que a nossa mente e a vacuidade tornaram-se completamente *uma*, devemos tentar desenvolver o orgulho divino de sermos o Corpo-Verdade. Se formos bem-sucedidos nessa meditação, as nossas meditações de gerarmo-nos como a Deidade também serão bem-sucedidas.

Certa vez, um praticante disse a Longdol Lama que, embora tentasse arduamente gerar-se como a Deidade, ele ainda assim tinha consciência de seu corpo comum, seus amigos, sua casa e de todas as coisas que ele fazia normalmente. O praticante perguntou o que deveria fazer para corrigir isso. Longdol Lama respondeu que, para solucionar o problema, ele deveria treinar a meditação em trazer a morte para o caminho do Corpo-Verdade. Se imaginarmos que tudo se dissolve na vacuidade, podemos superar as aparências comuns, e isso irá fazer com que seja fácil para nós gerarmos aparências novas, puras.

TRAZER O ESTADO INTERMEDIÁRIO PARA O CAMINHO DO CORPO-DE-DELEITE

Imediatamente após a experiência da clara-luz ter cessado e a mente ter se tornado ligeiramente mais densa, o corpo-sutil se manifesta. Para um ser comum, o corpo-sonho surge quando a clara-luz do sono cessa, e o corpo-bardo surge quando a clara-luz da morte cessa. Para um praticante tântrico, o corpo-ilusório *impuro* surge da mente da clara-luz-exemplo última, e o corpo-ilusório *puro* surge da mente da clara-luz-significativa. Para um Buda, o Corpo-de-Deleite surge da clara-luz do Corpo-Verdade.

Quando meditamos em trazer a morte para o caminho do Corpo-Verdade, desenvolvemos orgulho divino, pensando: "eu sou o Corpo-Verdade". Enquanto mantemos esse orgulho divino, uma parte de nossa mente deve contemplar:

Se eu permanecer exclusivamente como o Corpo-Verdade, não poderei beneficiar os seres vivos porque eles são incapazes de me ver. Portanto, preciso surgir sob o aspecto de um Corpo--Forma, o Corpo-de-Deleite de um Buda.

Com esse pensamento, imaginamos que, da clara-luz da vacuidade, nossa mente instantaneamente se transforma em um Corpo-de--Deleite, no aspecto de uma letra BAM vermelha. Geramos orgulho divino, pensando "eu sou o Corpo-de-Deleite", e meditamos brevemente nessa sensação. Nesta etapa, é mais importante meditar na sensação de ser o Corpo-de-Deleite de um Buda do que enfatizar que estamos sob o aspecto da letra BAM. A natureza de nossa mente é grande êxtase, e seu aspecto é o de uma letra BAM vermelha. A letra BAM tem três partes: o BA, a gota e o *nada*. Essas três partes simbolizam o corpo, a fala e a mente do ser-do-bardo e o corpo, a fala e a mente do Corpo-de-Deleite. Isso indica que a meditação em trazer o estado intermediário para o caminho purifica o estado intermediário e causa o amadurecimento do corpo-ilusório, que, por fim, se transforma no Corpo-de-Deleite de um Buda.

TRAZER O RENASCIMENTO PARA O CAMINHO DO CORPO-EMANAÇÃO

Para os seres comuns, o estado da vigília surge do corpo-sonho e, após a morte, o próximo renascimento surge do corpo-bardo. De modo semelhante, para os praticantes tântricos, o corpo-divino denso surge do corpo-ilusório e, para um Buda, o Corpo-Emanação surge do Corpo-de-Deleite. Quando meditamos em trazer o renascimento para o caminho do Corpo-Emanação, imaginamos um processo semelhante. Enquanto estamos sob a forma da letra BAM vermelha, em posição vertical no espaço, identificamos essa letra BAM como o Corpo-de-Deleite, e uma parte de nossa mente contempla:

Se eu permanecer exclusivamente sob essa forma, não serei capaz de beneficiar os seres comuns, pois eles são incapazes de ver o Corpo-de-Deleite de um Buda. Portanto, preciso nascer sob a forma de um Corpo-Emanação, de modo que até mesmo seres comuns consigam me ver.

Com essa motivação, procuramos por um lugar no qual iremos renascer. Olhando para o espaço abaixo de nós, vemos duas letras EH vermelhas, uma acima da outra, aparecendo do estado de vacuidade. Essas letras se transformam em uma fonte-fenômenos, cujo formato é como o de um duplo tetraedro em pé, com a extremidade fina apontando para baixo e a parte larga voltada para cima. Há um tetraedro exterior, que é branco, e um tetraedro interior, que é vermelho. Ambos são feitos de luz e, por essa razão, eles se interpenetram sem obstrução. Visto a partir de cima, o topo do duplo tetraedro se assemelha a uma estrela de seis pontas, com uma ponta do tetraedro interior apontando para diante e uma ponta do tetraedro exterior apontando para trás. O ângulo da frente e o ângulo de trás estão vazios, mas em cada um dos quatro ângulos restantes está um torvelinho-rosa de alegria, girando em sentido anti-horário.

Dentro da fonte-fenômenos, aparece uma letra AH branca, que se transforma em um disco de lua branco. Em pé, ao redor da borda do disco de lua, estão as letras do mantra tri-OM: OM OM OM SARWA BUDDHA DAKINIYE VAJRA WARNANIYE VAJRA BEROTZANIYE HUM HUM HUM PHAT PHAT PHAT SÖHA. As letras são vermelhas e estão dispostas em sentido anti-horário, começando da frente. O centro do disco de lua está vazio. Nossa mente – a letra BAM vermelha – observa todos esses desenvolvimentos a partir do espaço acima.

A fonte-fenômenos exterior simboliza o ambiente do renascimento; a fonte-fenômenos interior simboliza o útero da mãe; o disco de lua branco simboliza a bodhichitta branca do Pai Heruka; e o rosário de mantra vermelho simboliza a bodhichitta vermelha da Mãe Vajrayogini. Porque o rosário de mantra se reflete na lua, a lua encontra-se tingida de vermelho. A lua e o rosário de mantra, juntos, simbolizam a união das células reprodutivas do pai e da mãe no momento da concepção.

Logo antes do ser-do-bardo renascer, ele vê seus futuros pais durante a relação sexual. De modo semelhante, nós, sob o aspecto da letra BAM vermelha, observamos abaixo de nós a união de Pai Heruka e Mãe Vajrayogini nas formas simbólicas da lua e do rosário de mantra, e geramos a forte motivação de renascer ali. Com essa motivação, nós, a letra BAM, descemos e pousamos no centro do disco de lua, dentro da fonte-fenômenos. Isso é semelhante à maneira como um ser-do-bardo renasce no útero de sua futura mãe.

Então, da letra BAM e do rosário de mantra, raios de luz irradiam por todo o espaço. Na extremidade de cada raio de luz, está uma Deidade do mandala de Heruka. Esses Heróis e Heroínas concedem bênçãos e iniciações a todos os seres, por todo o universo. Eles purificam todos os seres samsáricos e aqueles que ingressaram no nirvana solitário, assim como todos os seus ambientes, transformando-os em seres puros na Terra Pura de Vajrayogini. Então, os seres transformados, seus mundos, a fonte-fenômenos e o disco de lua, tudo se converte em luz e se dissolve em nossa mente, a letra BAM. A letra BAM e o rosário de mantra transformam-se instantaneamente no mandala sustentador e nas Deidades sustentadas de Vajrayogini. Tornamo-nos Vajrayogini, com um corpo, fala e mente puros, residindo na Terra Pura de Vajrayogini e experienciando prazeres puros. Pensamos: "eu nasci, agora, na Terra Dakini como o Corpo-Emanação de Buda Vajrayogini". Mantemos firmemente este reconhecimento e meditamos nele por algum tempo.

Je Tsongkhapa disse que, se não trouxermos os três corpos para o caminho, não estamos praticando o estágio de geração, mesmo que meditemos num mandala de uma centena de Deidades; mas, se meditarmos nos três trazeres, estamos praticando o estágio de geração, mesmo que visualizemos uma única Deidade apenas. O propósito dos três trazeres é superar a morte, estado intermediário e renascimento comuns e obter os três corpos de um Buda: o Corpo-Verdade, o Corpo-de-Deleite e o Corpo-Emanação. Quando tivermos estabelecido o fundamento da experiência dos três trazeres, não será difícil obter experiência das demais práticas do estágio de geração e do estágio de conclusão.

Panchen Losang Yeshe

Os iogas dos três trazeres no continuum de uma pessoa que não alcançou as realizações do estágio de conclusão são estágios de geração, e os iogas dos três trazeres no continuum de uma pessoa que alcançou as realizações do estágio de conclusão são estágios de conclusão. Os iogas do estágio de geração de trazer os três corpos para o caminho são causas para amadurecer os três corpos do caminho do estágio de conclusão. A maneira de meditar nos três trazeres do estágio de geração e a maneira de meditar nos três trazeres do estágio de conclusão são, do ponto de vista de seus aspectos, semelhantes; mas, do ponto de vista de seu poder e função, são bastante diferentes. Os três trazeres do estágio de geração purificam *indiretamente* a morte comum, o estado intermediário comum e o renascimento comum, ao passo que os três trazeres do estágio de conclusão purificam *diretamente* a morte, o estado intermediário e o renascimento comuns.

Algumas pessoas que receberam iniciações acham que a meditação nos três trazeres é muito avançada para elas e, por isso, tomam a decisão de postergá-la até que tenham obtido uma experiência estável de renúncia e bodhichitta. Este é um grande erro, pois aqueles que receberam iniciações do Tantra Ioga Supremo têm o compromisso de fazer a prática de *trazer os três corpos para o caminho*; se negligenciam essa prática, incorrem em uma queda moral. Mesmo que não tenhamos renúncia ou bodhichitta genuínas, devemos, ainda assim, treinar os *três trazeres*, de modo a depositar potenciais poderosos em nossa mente. No início, devemos gerar uma motivação artificial de bodhichitta antes de meditarmos nos três trazeres. Depois, nossa meditação irá nos ajudar a desenvolver não somente realizações do estágio de geração, mas também bodhichitta espontânea. Se plantarmos essas duas sementes ao mesmo tempo, colheremos no futuro ambos os resultados ao mesmo tempo, alcançando, simultaneamente, bodhichitta espontânea e realizações do estágio de geração.

Havia um hinayanista que meditava nos estágios de geração e de conclusão de Hevajra, e que obteve apenas o resultado de um Ingressante na Corrente, o primeiro dos quatro resultados do treino

Hinayana. A razão pela qual ele obteve um resultado tão pequeno de práticas tão poderosas foi que sua motivação era muito limitada. O resultado que recebemos da prática tântrica depende de nossa motivação. Se praticarmos o Tantra motivados por interesses mundanos, não alcançaremos nada. Sem a motivação de bodhichitta, a prática tântrica nunca produzirá realizações completas do estágio de geração e do estágio de conclusão.

De que maneira a meditação em trazer a morte para o caminho do Corpo-Verdade, feita antes de alcançar as realizações do estágio de conclusão, possui os quatro atributos de um ioga do estágio de geração? Ela possui o *primeiro atributo* porque não é desenvolvida através de os ventos entrarem, permanecerem e se dissolverem no canal central por força de meditação; e possui o *segundo atributo* porque atua para amadurecer a realização do estágio de conclusão de fundir a morte com o Corpo-Verdade. Essa meditação possui o *terceiro atributo* porque é semelhante em aspecto ao processo da morte. Quando morremos, todas as aparências desta vida reúnem-se e, gradualmente, dissolvem-se na clara-luz da morte. À medida que os vários níveis de mentes e ventos se dissolvem, experienciamos os oitos sinais, desde a aparência miragem até a clara-luz. Quando meditamos em trazer a morte para o caminho do Corpo-Verdade, imaginamos um processo de absorção semelhante, visualizando os oito sinais, um por um. Por fim, a meditação do estágio de geração de trazer a morte para o caminho do Corpo-Verdade possui o *quarto atributo* porque seu objeto principal é um Corpo-Verdade imaginado, ou gerado mentalmente. Tendo dissolvido todas as aparências convencionais, imaginamos que alcançamos o Corpo-Verdade e, usando esse Corpo-Verdade imaginado como a base para designar *eu*, geramos o pensamento "*eu*". Ainda que um Corpo-Verdade imaginado não seja um Corpo-Verdade efetivo e seja meramente gerado por nossa mente de concentração, ele, apesar disso, existe e funciona como a base do Corpo-Verdade efetivo. Ao aprimorar esse Corpo-Verdade gerado mentalmente, alcançaremos, por fim, o Corpo-Verdade real, efetivo: uma mente onisciente fundida de modo inseparável com a vacuidade.

O objeto da prática do estágio de geração de trazer o estado intermediário para o caminho do Corpo-de-Deleite é um Corpo-de-Deleite imaginado, no aspecto de uma letra-semente ou de alguma outra forma simbólica. Embora não seja o Corpo-de-Deleite propriamente dito, é a base do Corpo-de-Deleite. De modo semelhante, o objeto da prática do estágio de geração de trazer o renascimento para o caminho do Corpo-Emanação é um Corpo-Emanação imaginado, no aspecto de nossa Deidade pessoal; e, embora não seja o Corpo-Emanação propriamente dito, ele é a base do Corpo-Emanação.

Por que a meditação do estágio de geração em um corpo-Deidade imaginado é um conhecedor válido e não uma percepção errônea? Para nos ajudar a entender isso, podemos considerar o seguinte exemplo. Se olharmos à distância para uma montanha coberta de neve, ela irá aparecer azul na dependência de determinados tipos de luminosidade. Visto que essa aparência – de uma montanha nevada azul – desenvolve-se como um resultado de causas de erro, a mente que apreende uma montanha nevada azul é uma percepção errônea. No entanto, se imaginarmos uma montanha nevada azul, por fim, pelo poder de nossa concentração, uma montanha nevada azul irá aparecer diretamente para a nossa consciência mental. Neste caso, a aparência de uma montanha nevada azul terá se desenvolvido a partir da causa correta de concentração pura e, portanto, a mente que apreende essa montanha nevada azul será um conhecedor válido. A montanha nevada azul apreendida por essa mente será uma forma que é uma fonte-fenômenos.

O corpo-Deidade imaginado que é o objeto da meditação do estágio de geração é semelhante à montanha nevada azul gerada pelo poder de concentração, e é uma forma que é uma fonte-fenômenos. Por meditarmos repetidamente em nós próprios gerados como uma Deidade, a aparência do nosso corpo comum, ordinário, irá cessar, e a aparência do corpo-Deidade irá se tornar cada vez mais clara. Por fim, pelo poder da meditação do estágio de geração, perceberemos diretamente nós próprios na forma da Deidade. Esse corpo-Deidade é um corpo gerado mentalmente, e é uma forma que é uma fonte-fenômenos. O corpo-Deidade mentalmente gerado, do estágio de geração, serve como base para alcançar o corpo-ilusório do estágio de conclusão, que é um corpo--divino efetivo que pode ser visto inclusive pela percepção visual daqueles que têm um corpo-ilusório. Ao aprimorar o corpo-ilusório, podemos transformá-lo, por fim, no Corpo-Forma de um Buda.

CLASSES DO ESTÁGIO DE GERAÇÃO

Do ponto de vista da sutilidade do objeto, há dois tipos de estágio de geração:

1. Estágio de geração denso;
2. Estágio de geração sutil.

De acordo com o sistema de Vajrayogini, os objetos do estágio de geração denso são o corpo e o mandala imaginados de Vajrayogini, sendo que o mandala é conhecido como "o mandala exterior"; e os objetos do estágio de geração sutil são as 37 Deidades do mandala de corpo, que são conhecidas como "o mandala interior". O mandala exterior é muito grande e, portanto, um objeto denso, ao passo que o mandala interior é muito pequeno e, por essa razão, um objeto sutil. No início, devemos enfatizar a meditação no estágio de geração denso, até obtermos estabilidade nessa meditação, e então devemos passar para o estágio de geração sutil. É muito útil incluir, desde o início, uma breve meditação no mandala de corpo, mas devemos compreender que é impossível desenvolver uma profunda experiência do estágio de geração sutil até que tenhamos alguma experiência do estágio de geração denso.

O estágio de geração pode também ser classificado em três: estágio de geração que observa um Corpo-Verdade imaginado, estágio de geração que observa um Corpo-de-Deleite imaginado, e estágio de geração que observa um Corpo-Emanação imaginado.

COMO PRATICAR A MEDITAÇÃO PROPRIAMENTE DITA DO ESTÁGIO DE GERAÇÃO

Novamente, a maneira de praticar a meditação propriamente dita do estágio de geração será explicada tomando por base a prática de Vajrayogini, mas estas instruções podem ser facilmente aplicadas a outras Deidades. A meditação propriamente dita do estágio de geração tem duas partes:

1. Treinar a meditação do estágio de geração denso;
2. Treinar a meditação do estágio de geração sutil.

TREINAR A MEDITAÇÃO DO ESTÁGIO DE GERAÇÃO DENSO

Este tópico tem duas partes:

1. Treinar orgulho divino;
2. Treinar clara aparência.

TREINAR ORGULHO DIVINO

Orgulho divino é uma maneira especial de nos percebermos, por meio da qual imaginamos que somos uma Deidade tântrica e que o nosso ambiente é a Terra Pura da Deidade. Embora seja denominado "orgulho", o orgulho divino não é uma delusão. Ele é totalmente diferente do orgulho deludido. O orgulho deludido faz unicamente com que renasçamos no samsara, ao passo que o orgulho divino de ser Vajrayogini nos conduz unicamente à libertação do samsara. Damos início à meditação propriamente dita no estágio de geração cultivando orgulho divino e então, fundamentados nisso, desenvolvemos clara aparência. Os principais objetos a serem abandonados durante a meditação do estágio de geração são as concepções comuns e as aparências comuns. O orgulho divino supera as concepções comuns, e a clara aparência supera as aparências comuns.

Inicialmente, as concepções comuns são mais prejudiciais que as aparências comuns. A razão pela qual isso acontece é ilustrada pela analogia a seguir. Suponha que um mágico faça aparecer a ilusão de um tigre diante de uma plateia. O tigre aparece tanto para a plateia quanto para o mágico, mas a plateia acredita que verdadeiramente há um tigre diante dela e, por causa disso, sente medo, ao passo que o mágico não acredita que o tigre exista verdadeiramente e, em consequência disso, permanece calmo. O problema real da plateia não é que o tigre apareça para ela, mas sua concepção de que o tigre exista verdadeiramente. É essa concepção, muito mais que a mera aparência do tigre, que faz a plateia experienciar medo. Se, assim como o mágico, a plateia não tivesse a concepção de que o tigre existe, então, mesmo que o tigre continuasse aparecendo, a plateia não teria medo. Do mesmo modo, mesmo quando as coisas aparecem para nós como comuns, se não nos aferrarmos conceitualmente a elas como comuns, isso não será tão prejudicial. De modo semelhante, é menos danoso para o nosso desenvolvimento espiritual ver ou perceber nosso Guia Espiritual como se ele fosse comum, ainda que sustentemos que ele (ou ela) é em essência um Buda, do que ver ou perceber nosso Guia Espiritual como comum e acreditar que ele (ou ela) é comum. A convicção de que nosso Guia Espiritual é um Buda, mesmo quando ele (ou ela) possa aparecer-nos como uma pessoa comum, ajuda nossas práticas espirituais a progredirem rapidamente.

Como foi explicado anteriormente, podemos reduzir nossas concepções comuns por meio de desenvolvermos orgulho divino. Por essa razão, precisamos enfatizar o desenvolvimento do orgulho divino desde o princípio do nosso treino no estágio de geração. Se continuarmos a perceber nosso corpo e mente comuns, isso irá obstruir o nosso desenvolvimento do orgulho divino. Por essa razão, quando meditamos em orgulho divino, precisamos nos assegurar de que cessamos todas as percepções de nosso corpo e mente comuns – fazemos isso imaginando que, em lugar de nosso corpo e mente comuns, já alcançamos o corpo e a mente puros de Vajrayogini. Para subjugar nossas concepções comuns e aperfeiçoar nosso orgulho divino, podemos contemplar os três raciocínios seguintes:

(1) Não sou mais um ser comum porque o meu corpo comum, minha mente comum e meu ambiente comum foram purificados pela prática de trazer os três corpos para o caminho. Durante essa prática, eu realmente morri e renasci como Vajrayogini em sua Terra Pura.

(2) Depois, quando absorvi os seres-de-sabedoria, dissolvi todos os Budas – todos eles aparecendo na forma de Vajrayogini – em mim mesmo. Por essa razão, eu e Vajrayogini somos um só, unificados, e a minha natureza é a mesma que a de todos os Budas.

(3) O orgulho deludido, comum, que eu tinha até agora, resultou tão somente em sofrimento e em contínuos renascimentos no samsara; mas o orgulho divino irá me conduzir à libertação e à Terra Pura de Vajrayogini. Portanto, nunca abandonarei este orgulho puro de ser Vajrayogini.

Contemplar esses três raciocínios, ou qualquer outro que nos seja útil, é a meditação analítica. Quando, como resultado de contemplar esses raciocínios, orgulho divino surgir em nossa mente, tentamos mantê-lo em meditação posicionada, com concentração estritamente focada. Depois, precisamos fortalecer continuamente nosso orgulho divino por meio de repetida meditação.

É muito importante não se equivocar com relação à base sobre a qual geramos orgulho divino. Por exemplo, se um praticante chamado João tentar desenvolver orgulho divino de ser Vajrayogini, tomando por base seu corpo e mente comuns, ele estará totalmente equivocado. O corpo e a mente de João são agregados contaminados e, por essa razão, são bases válidas para designar, ou imputar, João; porém, o corpo e a mente de João não podem ser uma base para designar, ou imputar, Vajrayogini. As aparências do corpo e mente de João são aparências comuns, e concordar com essas aparências como verdadeiras é concepção comum, que é o oposto do orgulho divino.

Losang Trinlay

Quando geramos orgulho divino de ser Vajrayogini em sua Terra Pura, primeiramente precisamos impedir nossa concepção e aparência habituais de nós próprios, assim como de nosso ambiente, corpo e mente. Precisamos eliminá-las por completo de nossa mente. Tendo eliminado as aparências comuns, devemos, então, utilizar nossa imaginação para tentar perceber o corpo e o ambiente de Vajrayogini e vê-los como o nosso próprio corpo e ambiente. Eles são a base sobre a qual geramos orgulho divino, por decidirmos firmemente: "eu sou Vajrayogini, rodeada por meu ambiente puro e prazeres puros".

TREINAR CLARA APARÊNCIA

Há duas maneiras de treinar clara aparência:

1. Treinar clara aparência no aspecto geral;
2. Treinar clara aparência em aspectos específicos.

TREINAR CLARA APARÊNCIA NO ASPECTO GERAL

Se já tivermos obtido alguma habilidade em meditação, podemos começar imediatamente a treinar clara aparência no aspecto geral – isto é, ver ou perceber nós próprios e o mandala completo de Vajrayogini como um todo. Porém, se acharmos isso muito difícil, podemos começar pelo treino da clara aparência em aspectos específicos até obtermos mais familiaridade e, então, prosseguir para o treino da clara aparência no aspecto geral.

Para meditar em clara aparência no aspecto geral, começamos fazendo a meditação analítica para obter uma imagem genérica do mandala por inteiro. Começamos o exame a partir do círculo de fogo e prosseguimos para a cerca-vajra, os solos sepulcrais e a fonte-fenômenos, até chegarmos ao lótus, à almofada de sol e a nós próprios (Vajrayogini) e, então, fazemos o caminho reverso. Continuamos desse modo até termos uma imagem aproximada de nós próprios (Vajrayogini), juntamente com todo o mandala e todos os seres que nele habitam. Tentamos então, em meditação posicionada, manter essa imagem com concentração estritamente focada. Gradualmente, por meio de repetidas meditações, aperfeiçoaremos nossa clara aparência de nós próprios como Vajrayogini em seu mandala. Quando tivermos uma imagem aproximada de nós próprios como Vajrayogini em seu mandala, teremos encontrado o objeto propriamente dito da meditação do estágio de geração, e teremos também alcançado a primeira das nove permanências mentais, denominada "posicionamento da mente". Por meio da prática diária e, algumas vezes, em retiros breves ou longos, devemos aperfeiçoar essa concentração até alcançarmos a quarta permanência mental, denominada "estreito-posicionamento". Se, nessa altura, entrarmos em retiro estrito com o objetivo de alcançar o tranquilo-permanecer no estágio de geração, é possível que o alcancemos dentro de um período de seis meses. Após alcançarmos o tranquilo-permanecer no estágio de geração, não irá demorar muito até que alcancemos a Terra Dakini exterior. Explicações mais detalhadas sobre o método para alcançar o tranquilo-permanecer são fornecidas nos livros *Caminho Alegre da Boa Fortuna* e *Contemplações Significativas*.

TREINAR CLARA APARÊNCIA EM ASPECTOS ESPECÍFICOS

Os "aspectos específicos" são objetos específicos dentro do mandala. Por exemplo, podemos primeiramente nos concentrar no olho central de Vajrayogini até que consigamos percebê-lo claramente. Sem nos esquecer dele, concentramo-nos nos outros dois olhos e, depois, no rosto, pescoço, tronco, braços, pernas, e assim por diante, até termos uma imagem mental do corpo inteiro. Gradualmente, podemos incluir a fonte-fenômenos, os oito solos sepulcrais e o círculo de proteção. Contemplar cada aspecto dessa maneira irá nos ajudar, por fim, a obter clara aparência do mandala sustentador e sustentado por inteiro. Uma vez que tenhamos realizado isso, treinamos então concentração, como descrito anteriormente. Assim, por treinarmos dessa maneira em meditação analítica e posicionada, iremos aperfeiçoar nossa clara aparência até concluirmos as realizações de ambos os estágios de geração – denso e sutil.

TREINAR A MEDITAÇÃO DO ESTÁGIO DE GERAÇÃO SUTIL

O círculo de proteção, os solos sepulcrais, a fonte-fenômenos e a autogeração possuem, todos eles, características densas e sutis. O solo-vajra, a tenda-vajra, o dossel-vajra, a massa de fogo ao redor, os solos sepulcrais, a fonte-fenômenos, o lótus, a almofada de sol, Kalarati e Bhairawa, e o nosso corpo no aspecto de Vajrayogini – tudo isso são as características densas. Elas são os objetos da meditação do estágio de geração denso. Suas partes constituintes (como os minúsculos vajras que compõem o interior da cerca-vajra) são as características sutis. Uma meditação que se utiliza dessas características sutis como objeto de meditação é denominada meditação do estágio de geração sutil.

Pelo constante treino em meditação para aperfeiçoar a clara aparência dos objetos densos, iremos, por fim, perceber diretamente com nossa consciência mental o mandala por inteiro – desde o círculo de fogo até a autogeração, tão claramente quanto vemos, neste exato momento, as coisas com nossos próprios olhos. Quando obtivermos essa experiência em meditação, teremos alcançado a realização completa da meditação do estágio de geração denso e deveremos, então, avançar para o treino na meditação do estágio de geração sutil.

O objeto supremo da meditação do estágio de geração sutil é o mandala de corpo de Vajrayogini. Devemos meditar repetidamente nesse mandala interior até que consigamos ver as 37 Dakinis do mandala de corpo diretamente com a nossa consciência mental, tão claramente quanto vemos as coisas com os nossos olhos neste exato momento. Quando obtivermos essa realização, teremos concluído o estágio de geração sutil. Se, ao mesmo tempo que obtivermos essa realização, nossos ventos se reunirem e se dissolverem no canal central na roda-canal do coração, teremos alcançado as realizações do estágio de conclusão. Podemos compreender, a partir disso, que uma meditação habilidosa no mandala de corpo de Vajrayogini é uma verdadeira joia-que-satisfaz-os-desejos, pois realiza os desejos dos praticantes puros.

Se acharmos difícil acreditar que um ser comum possa perceber diretamente a si próprio como uma Deidade e a seu ambiente como a Terra Pura de um Buda, devemos considerar o seguinte. Embora nosso corpo e mente que temos agora não sejam o nosso *eu*, todavia, devido à forte familiaridade com o agarramento ao em-si, vemos ou percebemos direta e vividamente nosso *eu* e o nosso corpo e mente como se fossem *um*. Devido a isso, sempre que nosso corpo está indisposto, dizemos "eu estou indisposto", e sempre que nossa mente está infeliz, dizemos "eu estou infeliz". Se, por familiaridade com a ignorância do agarramento ao em-si, podemos nos identificar com um corpo e mente contaminados, então, com absoluta certeza, podemos vir também a nos identificar com o corpo e mente puros de Vajrayogini por meio de familiaridade com imaginação correta e concentração pura. Então, familiarizando-nos com a meditação do estágio de geração, por fim iremos, direta e definitivamente, perceber a nós próprios como Vajrayogini. Essa tem sido a experiência de muitos meditadores tântricos.

Há um relato sobre um praticante de Yamantaka que, devido a sua clara aparência de ser Yamantaka, realmente via (ou percebia) a si próprio como sendo a Deidade, em todos os detalhes, incluindo os chifres em sua cabeça. Ele sentia como se pudesse tocar os chifres e, sempre que atravessava uma porta, ele se curvava para permitir que seus chifres passassem por ela! Embora esse praticante não fosse realmente Yamantaka, sua clara aparência de si próprio como a Deidade Yamantaka não é uma aparência equivocada. Se algo é uma aparência equivocada, necessariamente surge da ignorância. Porém, se um praticante tântrico realmente vê ou percebe a si próprio como Yamantaka ou Vajrayogini, essa clara aparência surge de sua pura concentração – ela não surge da ignorância. Experiências como essa são evidentes unicamente para o próprio praticante; outras pessoas irão continuar a vê-lo como uma pessoa comum.

Pessoas sem experiência de meditação tântrica podem achar difícil acreditar que é possível mudar nossa identidade – de uma pessoa comum para a de uma Deidade. Mas, se desenvolvermos compreensão correta sobre como *pessoas* carecem de existência verdadeira e são meras imputações, ou designações, compreenderemos que isso é total e definitivamente possível. Isso irá nos ajudar a experienciar profundas realizações de Tantra e irá nos capacitar a obter uma compreensão sobre as duas verdades de acordo com o Tantra Ioga Supremo: a clara-luz-significativa e o corpo-ilusório. Essa compreensão é essencial para a prática do estágio de conclusão.

A coisa mais importante quando treinamos a meditação do estágio de geração é desenvolver familiaridade com orgulho divino e clara aparência através de praticá-los continuamente. Por fim, alcançaremos o ponto no qual nossa meditação do estágio de geração terá três características:

(1) É uma concentração que experiencia êxtase;
(2) Percebe claramente e concebe fortemente nós próprios como a Deidade e nosso ambiente como o mandala Terra Pura;
(3) Realiza que nós próprios (a Deidade) e nosso ambiente e arredores (o mandala) são apenas manifestações da vacuidade e que, portanto, não existem do seu próprio lado.

Uma concentração que tenha estas três características é uma meditação do estágio de geração plenamente qualificada.

Se tivermos familiaridade com essa meditação, seremos então capazes, quando nos dedicarmos às atividades da aquisição subsequente, de ver ou perceber todos os fenômenos como meras manifestações da vacuidade e da nossa mente de êxtase. Através dessa experiência, seremos capazes de ver ou perceber nós próprios e os outros seres como sendo a Deidade, todos os ambientes como a Terra Pura da Deidade, e todos os prazeres como prazeres completamente puros. Por treinar nessa visão com forte fé e convicção, seremos capazes de impedir que experienciemos quaisquer objetos como impuros ou desagradáveis, e experienciaremos unicamente ambientes puros, prazeres puros, e corpos e mentes puros. Seremos então capazes de ajudar os outros a experienciar a mesma felicidade, conduzindo-os à prática do Tantra Ioga Supremo. Visto que pureza e impureza dependem totalmente da mente que as percebe, se não há mente impura, não há objetos impuros. Por essa razão, podemos purificar todos os objetos, ou todos os fenômenos, simplesmente através de purificar o sujeito – a nossa mente. A meditação do estágio de geração purifica a nossa mente por meio de eliminar aparências comuns e concepções comuns. Desse modo, nossa mente torna-se completamente pura e experienciamos tudo como puro e agradável, assim como os seres iluminados experienciam as coisas.

COMO AVALIAR O ÊXITO DE TER COMPLETADO O ESTÁGIO DE GERAÇÃO

Há quatro níveis de praticantes do estágio de geração:

1. Iniciantes;
2. Praticantes em quem alguma sabedoria descendeu;
3. Praticantes com algum poder relacionado à sabedoria;
4. Praticantes com total poder relacionado à sabedoria.

Iniciantes são praticantes do estágio de geração que meditam, principalmente, no estágio de geração denso e que conseguem visualizar claramente as partes específicas do mandala e da Deidade, mas não o mandala na sua totalidade. *Praticantes em quem alguma sabedoria descendeu* são capazes de visualizar o mandala inteiro muito claramente e, por essa razão, estão mais próximos do ser-de-sabedoria do que os iniciantes. *Praticantes com algum poder relacionado à sabedoria* são capazes de visualizar claramente por inteiro o objeto de meditação do estágio de geração sutil e estão, agora, muito próximos do ser-de-sabedoria. Alguns praticantes neste nível são capazes de trazer seus ventos para o canal central por força de meditar no estágio de geração sutil e, por meio disso, ingressam diretamente no estágio de conclusão. O *total poder relacionado à sabedoria* é alcançado quando temos perfeito domínio tanto do estágio de geração denso quanto do sutil.

Quando formos capazes de permanecer concentrados no objeto inteiro do estágio de geração denso, sem afundamento mental ou excitamento mental por quatro horas, teremos alcançado estabilidade, ou firmeza, no estágio de geração denso; e quando conseguirmos permanecer nesse objeto pelo tempo que desejarmos (por meses ou até mesmo anos), teremos completado o estágio de geração denso. Quando formos capazes de permanecer concentrados no objeto inteiro do estágio de geração sutil, sem afundamento mental ou excitamento mental por quatro horas, teremos alcançado estabilidade no estágio de geração sutil; e quando conseguirmos permanecer nesse objeto pelo tempo que desejarmos, teremos completado o estágio de geração sutil.

COMO AVANÇAR DO ESTÁGIO DE GERAÇÃO PARA O ESTÁGIO DE CONCLUSÃO

Avançamos do estágio de geração para o estágio de conclusão quando obtemos grande êxtase espontâneo por meio de fazer com que os ventos entrem, permaneçam e se dissolvam no canal central por força de meditação. A partir desse momento, todas as nossas meditações de *trazer os três corpos para o caminho* serão estágios de conclusão. É como se tivéssemos utilizado um barco para cruzar até a outra margem de um rio e que, agora, podemos deixar o barco para trás.

Drubwang Losang Namgyal

Corpo-Isolado

ESTÁGIO DE CONCLUSÃO

ESTE TÓPICO SERÁ explicado em quatro partes:

1. Definição e etimologia do estágio de conclusão;
2. Classes do estágio de conclusão;
3. Como progredir das etapas inferiores para as etapas superiores;
4. Os resultados finais do estágio de conclusão.

DEFINIÇÃO E ETIMOLOGIA DO ESTÁGIO DE CONCLUSÃO

A definição do estágio de conclusão é: um ioga de aprendizagem desenvolvido na dependência dos ventos entrarem, permanecerem e se dissolverem no canal central por força de meditação. Neste contexto, "ioga de aprendizagem" exclui as realizações de um Buda, já que essas realizações são Caminhos do Não-Mais-Aprender. Quando dormimos ou morremos, nossos ventos naturalmente entram, permanecem e dissolvem-se no canal central, e níveis sutis da mente tornam-se manifestos; porém, somos incapazes de usar ou, até mesmo, de identificar ou reconhecer essas mentes sutis, pois nossa contínua-lembrança para de funcionar nesses momentos. Se formos capazes de centralizar nossos ventos por força de meditação, conseguiremos aprender a manter contínua-lembrança mesmo quando nossa mente estiver em um estado sutil, e usaremos então nossa mente sutil para meditar. A meditação que é feita com uma mente sutil é muito mais poderosa que a meditação feita com uma mente densa. A mente sutil é naturalmente concentrada porque, quando os ventos se dissolvem no canal central, eles deixam de sustentar concepções distrativas.

Outra razão pela qual é tão poderoso meditar com a mente sutil é que a mente sutil se funde com seu objeto muito facilmente. No momento presente, mesmo que tenhamos uma compreensão intelectual da vacuidade, nossa meditação na vacuidade tem pouco poder para transformar nossa mente, pois nossa mente não se funde com a vacuidade. Uma meditação como essa não tem poder suficiente para superar nosso agarramento ao em-si. Quanto mais nossa mente se fundir completamente com a vacuidade, mais fraca nossa aparência da existência verdadeira irá se tornar, e nosso agarramento ao em-si será reduzido ainda mais. No início, desenvolvemos uma compreensão intelectual da vacuidade, mas não devemos ficar satisfeitos com isso. Precisamos meditar na vacuidade muitas e muitas vezes, fazendo com que nossa mente e a vacuidade fiquem, cada vez mais, uma próxima da outra, até que, por fim, elas se fundam de modo indistinguível. Somente uma mente unificada dessa maneira com a vacuidade pode destruir o agarramento ao em-si e todas as demais falhas.

Do ponto de vista do objeto de meditação, a vacuidade que é explicada no Sutra e a vacuidade que é explicada no Tantra é exatamente a mesma. A vacuidade na qual os iogues tântricos meditam é precisamente a vacuidade ensinada por Nagarjuna em *Sabedoria Fundamental* e por Chandrakirti em *Guia ao Caminho do Meio*. O que faz com que a meditação de um iogue tântrico na vacuidade seja especial não é uma diferença no objeto, mas uma diferença no sujeito – a mente que medita na vacuidade. Enquanto que um iogue [do caminho] do Sutra realiza a vacuidade com a mente densa, um iogue tântrico realiza a vacuidade com a mente muito sutil de grande êxtase espontâneo. Meditar na vacuidade com uma mente densa é como uma criança tentando derrubar uma árvore com um machado; porém, meditar na vacuidade com a mente muito sutil de grande êxtase espontâneo é como um adulto forte derrubando uma árvore. Nos comentários ao Mahamudra Vajrayana, como *Clara-Luz de Êxtase*, a explicação do objeto – a vacuidade – é exatamente a mesma que as explicações dadas nos Sutras; mas a explicação da maneira de desenvolver a mente de grande êxtase espontâneo que medita na vacuidade é exclusiva do Tantra Ioga Supremo.

Estágio de conclusão, ioga não fabricado e *ioga do segundo estágio* são sinônimos. O estágio de conclusão é denominado "ioga não fabricado" porque os objetos principais de meditação do estágio de conclusão não são gerados pela mente. Os objetos principais de meditação do estágio de conclusão são os canais, gotas e ventos. Visto que eles já existem em nosso corpo, não há necessidade de gerá-los pelo poder da nossa imaginação. O estágio de conclusão é denominado "o ioga do segundo estágio" para indicar que precisamos, primeiro, obter a realização do primeiro estágio (o estágio de geração) antes de podermos obter realizações do estágio de conclusão. Os iogas do estágio de conclusão são denominados "estágio de conclusão" porque são etapas que conduzem à conclusão de todos os aspectos dos objetos de conhecimento na natureza de êxtase espontâneo. Do ponto de vista de nossa experiência, quando alcançarmos a clara-luz de êxtase que realiza diretamente a vacuidade, todas as aparências dos objetos de conhecimento, exceto a aparência da vacuidade, irão se dissolver na vacuidade, e nossa mente de grande êxtase irá se tornar inseparável da vacuidade. Para nós, todos os aspectos dos objetos de conhecimento estarão concluídos na natureza de nossa meditação de êxtase espontâneo. Esse êxtase, que é inseparável da vacuidade, é Heruka definitivo. Heruka que possui forma, cor e assim por diante, é Heruka interpretativo.

Quando morremos, todas as aparências desta vida gradualmente se recolhem e se dissolvem na clara-luz da morte. Todas as nossas aparências normais cessam e percebemos somente clara--luz. Quando as mentes densas surgirem novamente, nossa próxima vida terá começado e perceberemos somente as aparências daquela vida. Nossas aparências atuais dependem das mentes densas desta vida, e as aparências da nossa próxima vida dependem das mentes densas da nossa próxima vida. De modo semelhante, quando vamos dormir, todas as aparências diurnas cessam porque as mentes do estado da vigília, das quais essas aparências dependem, cessam. Experienciamos então novas aparências do estado onírico, que são dependentes das mentes oníricas. Contemplar a morte e os sonhos ajuda-nos a compreender tanto a afirmação Chittamatra, de que todas as aparências são da natureza da mente, quanto a visão Prasangika, de que todos os fenômenos são designados, ou imputados, pela mente. Milarepa disse:

> Deves familiarizar-te com esta vida, o estado intermediário
> e a próxima vida fundidos como um todo.

Isso significa que devemos nos familiarizar com todas as nossas aparências desta vida, da vida do *bardo* e da próxima vida como sendo da natureza da nossa mente de grande êxtase. Isso irá se tornar possível quando alcançarmos a experiência de Heruka definitivo.

CLASSES DO ESTÁGIO DE CONCLUSÃO

Em seu texto-raiz intitulado *Cinco Etapas do Estágio de Conclusão*, Nagarjuna enumera cinco etapas do estágio de conclusão: fala-isolada, mente-isolada, corpo-ilusório, clara-luz e união. O corpo-ilusório listado aqui é o corpo-ilusório impuro; o corpo-ilusório *puro* é parte da quinta etapa. A clara-luz da quarta etapa é a clara-luz-significativa; a clara-luz-exemplo última é parte da mente-isolada.

Em *Luz de Feitos Condensados*, Aryadeva diz que, se adicionarmos o corpo-isolado do estágio de conclusão a essa lista, teremos então seis etapas do estágio de conclusão: corpo-isolado do estágio de conclusão, fala-isolada, mente-isolada, corpo-ilusório, clara-luz e união. Estas seis etapas serão agora explicadas extensivamente.

CORPO-ISOLADO DO ESTÁGIO DE CONCLUSÃO

Este tópico será explicado em três partes:

1. Definição e etimologia do corpo-isolado do estágio de conclusão;
2. Classes do corpo-isolado do estágio de conclusão;
3. Como praticar o corpo-isolado do estágio de conclusão.

DEFINIÇÃO E ETIMOLOGIA DO CORPO-ISOLADO DO ESTÁGIO DE CONCLUSÃO

A definição do corpo-isolado do estágio de conclusão é: um ioga do estágio de conclusão anterior à fala-isolada, cuja função principal é superar a aparência comum do corpo e dos demais fenômenos. Um exemplo é a mente de êxtase do estágio de conclusão, anterior ao afrouxamento dos nós do canal central no coração, que vê ou percebe o corpo e os demais fenômenos como manifestações do êxtase e vacuidade ou no aspecto de Deidades. O corpo-isolado do estágio de geração também vê ou percebe corpos e demais fenômenos como manifestações do êxtase e vacuidade ou no aspecto de Deidades, mas isso é diferente do corpo-isolado do estágio de conclusão, pois o êxtase é diferente. O êxtase do estágio de geração é um êxtase que, por força da meditação do estágio de geração, surge do derretimento das gotas em outros canais que não o canal central, ao passo que o êxtase do estágio de conclusão é um êxtase que, por força da meditação do estágio de conclusão, surge do derretimento das gotas dentro do canal central.

O corpo-isolado é assim denominado porque sua função é superar a aparência comum e a concepção comum do corpo. Neste contexto, "corpo" refere-se não apenas ao nosso agregado forma, mas aos cinco agregados, os quatro elementos, as seis fontes, os cinco objetos e as cinco sabedorias-básicas. O corpo-isolado funciona para superar a aparência e concepção comuns de todos esses 25 objetos.

CLASSES DO CORPO-ISOLADO DO ESTÁGIO DE CONCLUSÃO

Há dois tipos de corpo-isolado do estágio de conclusão:

1. Corpo-isolado do estágio de conclusão que é equilíbrio meditativo;
2. Corpo-isolado do estágio de conclusão que é aquisição subsequente.

O primeiro tipo é uma meditação na vacuidade com o êxtase do estágio de conclusão, e o segundo é a visão ou percepção do corpo e dos demais fenômenos como manifestações do êxtase e vacuidade ou no aspecto de Deidades.

COMO PRATICAR O CORPO-ISOLADO DO ESTÁGIO DE CONCLUSÃO

Este tópico tem duas partes:

1. Como praticar o corpo-isolado do estágio de conclusão durante a sessão de meditação;
2. Como praticar o corpo-isolado do estágio de conclusão durante o intervalo entre as meditações.

COMO PRATICAR O CORPO-ISOLADO DO ESTÁGIO DE CONCLUSÃO DURANTE A SESSÃO DE MEDITAÇÃO

Este tópico tem duas partes:

1. Explicação preliminar;
2. A explicação propriamente dita.

EXPLICAÇÃO PRELIMINAR

Para praticar o corpo-isolado do estágio de conclusão durante a sessão de meditação, precisamos treinar tanto no êxtase do estágio de conclusão quanto na vacuidade. No início, devemos treinar separadamente no êxtase e na vacuidade e, depois, devemos treinar a união de êxtase e vacuidade. Treinamos o êxtase do estágio de conclusão por meio de praticar as meditações no canal central, na gota e no vento, meditações essas explicadas adiante. Primeiro, simplesmente imaginamos que estamos experienciando êxtase; mas, por constante familiaridade com essa experiência e pelo aprimoramento da nossa meditação, por fim, obteremos o êxtase propriamente dito do estágio de conclusão.

Em geral, existem muitos tipos diferentes de êxtase. Por exemplo, os seres comuns experienciam, às vezes, algum êxtase artificial quando se envolvem em atividade sexual, e meditadores qualificados experienciam o êxtase especial da maleabilidade durante meditação profunda devido a sua concentração pura, especialmente quando alcançam o tranquilo-permanecer e realizam a concentração da absorção da cessação. Além disso, quando praticantes de Dharma alcançam paz interior permanente por terem abandonado o agarramento ao em-si (através dos treinos em disciplina moral superior, concentração superior e sabedoria superior), eles experienciam um profundo êxtase de paz interior dia e noite, vida após vida. Esses tipos de êxtase são mencionados nos ensinamentos de Sutra de Buda. O êxtase do estágio de conclusão, no entanto, é totalmente diferente de todos esses e é imensamente superior. O êxtase do estágio de conclusão é um êxtase que possui duas características especiais: (1) sua natureza é um êxtase que surge do derretimento das gotas dentro do canal central, e (2) sua função é superar aparência dual. Nenhuma outra forma de êxtase possui essas duas características.

Um êxtase que possui essas duas características pode ser experienciado apenas por seres humanos que estão envolvidos com a prática do Tantra Ioga Supremo e pelos Budas. Até mesmo elevados Bodhisattvas que residem em Terras Puras não têm a oportunidade de experienciar esse êxtase porque, embora tenham muitas realizações elevadas, seus corpos carecem das condições físicas necessárias para gerar o êxtase que tem essas duas características. Quais são essas condições? São os três elementos que vêm da mãe (carne, pele e sangue) e os três elementos que vêm do pai (osso, tutano e esperma). Esses seis elementos são essenciais para realizar esse êxtase, que é o caminho rápido para a Budeidade. Pelo fato de os seres humanos possuírem essas condições, Buda explicou os ensinamentos tântricos para nós em primeiro lugar. Por isso, desse ponto de vista, somos mais afortunados do que elevados Bodhisattvas que residem em Terras Puras e que experienciam grandes prazeres. Diz-se que esses Bodhisattvas rezam para nascer no mundo humano a fim de conseguirem encontrar um Guia Espiritual Vajrayana qualificado e praticar o caminho rápido à iluminação. Na *Canção da Rainha da Primavera*, Je Tsongkhapa diz que, sem experienciar esse êxtase, não há possibilidade de se obter a libertação nesta vida. Não é preciso dizer, portanto, que sem esse êxtase não há possibilidade de se obter a plena iluminação nesta vida.

Se desenvolvermos e mantivermos esse êxtase por meio da prática da meditação do estágio de conclusão, poderemos transformar nosso apego em um método especial para concluir o caminho rápido à iluminação. Antes de alcançar esse êxtase, nosso apego nos faz renascer no samsara, mas, uma vez que tenhamos obtido esse êxtase, nosso apego fará com que nos libertemos do samsara. Além disso, quando alcançarmos esse êxtase, seremos capazes de interromper muito rapidamente nossos renascimentos *samsáricos*. A causa do samsara é a nossa mente de agarramento ao em-si. De acordo com os ensinamentos do Tantra Ioga Supremo, o agarramento ao em-si depende de seu vento-montaria, que flui pelos canais direito e esquerdo. Sem esse vento, o agarramento ao em-si não pode se desenvolver. Ao obter o êxtase do estágio de conclusão, podemos reduzir gradualmente os ventos interiores dos canais direito e esquerdo até que, por fim, cessem por completo. Quando esses ventos interiores cessarem, nosso agarramento ao em-si cessará e experienciaremos a libertação do samsara.

A partir disso, podemos ver que, apenas pelo Sutra, não há libertação, tampouco plena iluminação. Os ensinamentos do Tantra Ioga Supremo são a intenção última de Buda, e os ensinamentos de Sutra são como o fundamento básico. Embora existam, nos ensinamentos de Sutra, muitas explicações sobre como obter a libertação, ou nirvana, se examinarmos precisamente, será muito difícil entender como o nirvana pode ser alcançado a partir dos ensinamentos de Sutra. "Nirvana" significa "o estado além da dor", e sua natureza é vacuidade. Se nunca tivermos ouvido ensinamentos tântricos e alguém nos perguntar como, precisamente, alcançamos o nirvana, não poderemos dar uma resposta perfeita. Como Je Tsongkhapa afirmou, a resposta definitiva somente pode ser encontrada nos ensinamentos tântricos.

O êxtase que surge do derretimento das gotas dentro dos canais que não o canal central não tem qualidades especiais. Quando os seres comuns têm uma relação sexual, por exemplo, isso faz com que o seu vento descendente de esvaziamento se mova para cima, e isso, por sua vez, faz com que o seu *tummo* comum, ou calor interior, aumente nos seus canais direito e esquerdo, principalmente no esquerdo. Como resultado, as gotas vermelhas da mulher e as gotas brancas do homem derretem e fluem pelo canal esquerdo. O fluir das gotas faz com que experienciem algum êxtase, mas de curta duração, e as gotas são rapidamente expelidas. Após terem tido essa breve experiência de êxtase, não lhes resta nenhum bom resultado, exceto, talvez, um bebê!

Ao contrário, quando um praticante tântrico qualificado pratica as meditações do estágio de conclusão explicadas a seguir, ele (ou ela) faz com que os seus ventos interiores se reúnam, permaneçam e dissolvam dentro do canal central. Isso fará com que o vento descendente de esvaziamento, localizado logo abaixo do umbigo, se mova para cima. Normalmente, esse vento funciona para expelir as gotas, mas agora, porque ele está subindo pelo canal central, o calor interior localizado no umbigo aumenta dentro do canal central, fazendo com que as gotas derretam e fluam também dentro do canal central. Para o praticante de uma Deidade masculina, a gota branca começa a fluir

Kachen Yeshe Gyaltsen

a partir da coroa e, quando alcança a garganta, o praticante experiencia um êxtase muito especial que possui as duas características, ou qualidades, mencionadas anteriormente. Assim que a gota flui para o coração, o êxtase se torna mais forte e mais qualificado; assim que ela flui para o umbigo, o êxtase se torna ainda mais forte e mais qualificado; finalmente, assim que a gota flui para a ponta do órgão sexual, o praticante experiencia grande êxtase espontâneo. Como o vento descendente de esvaziamento está em sentido invertido, a gota não é expelida nesse ponto, mas flui novamente para cima pelo canal central, fazendo com que o praticante experiencie um êxtase ainda maior. Para um praticante como esse, as gotas nunca são expelidas, e, por essa razão, elas fluem para cima e para baixo no canal central por um longo período, fazendo surgir êxtase ininterrupto. O praticante pode fazer com que tal êxtase se manifeste a qualquer momento, simplesmente penetrando o canal central por meio de concentração.

Quanto mais forte esse êxtase, mais sutil a nossa mente irá se tornar. De modo gradual, a nossa mente ficará mais serena, todas as distrações conceituais desaparecerão e experienciaremos uma maleabilidade muito especial. Essa mente é infinitamente superior à experiência do tranquilo-permanecer explicada nos ensinamentos de Sutra. Além disso, à medida que a nossa mente se torna mais sutil, nossa aparência dual é reduzida e, por fim, nossa mente se torna a mente muito sutil da clara-luz de êxtase. Essa é uma realização muito elevada. Quando a clara-luz de êxtase se concentra na vacuidade, ela se mistura muito facilmente com a vacuidade porque a aparência dual está muito reduzida. Por fim, a clara-luz de êxtase realiza diretamente a vacuidade e, enquanto anteriormente ela sentia nosso êxtase e a vacuidade como se fossem duas coisas distintas, agora eles se tornam uma única natureza. Essa mente é a união de êxtase e vacuidade, a clara-luz-significativa.

Como já foi mencionado, o primeiro momento da realização da união de grande êxtase e vacuidade é o Caminho da Visão do Tantra Ioga Supremo. No entanto, ainda que seja apenas o Caminho da Visão, a realização dessa união tem o poder de eliminar tanto as delusões intelectualmente formadas quanto as delusões inatas, simultaneamente. No segundo momento, quando o praticante sai dessa concentração da união de êxtase e vacuidade, ele (ou ela) abandonou todas as delusões e conquistou a libertação. Ao mesmo tempo, ele (ou ela) alcançou o corpo-ilusório puro. A partir desse momento, o corpo do praticante é um corpo-vajra, o que significa que esse praticante nunca mais terá de experienciar envelhecimento, doença ou morte.

Anteriormente, quando o praticante era um ser comum, ele (ou ela) usava um corpo tomado dos outros – ou seja, de seus pais. Costumamos dizer "meu corpo, meu corpo", como se o nosso corpo denso pertencesse a nós; porém, nosso corpo denso não é o nosso corpo verdadeiro, mas um corpo que tomamos de outros. No entanto, quando um praticante tântrico alcança o corpo-vajra, ele manifesta o seu corpo que verdadeiramente lhe pertence (o seu corpo *próprio*), e, quando percebe esse corpo-vajra, ele pensa "*eu*". Um praticante como esse tornou-se, agora, uma pessoa imortal.

O nosso corpo muito sutil, a nossa fala muito sutil e a nossa mente muito sutil estão conosco desde tempos sem início. Eles são o corpo residente-contínuo, a fala residente-contínua e a mente residente-contínua, e são a nossa natureza búdica propriamente dita. A natureza búdica explicada nos Sutras não é a verdadeira natureza búdica porque ela é um objeto denso que irá cessar; a verdadeira natureza búdica é explicada apenas no Tantra Ioga Supremo. Normalmente, para os seres comuns, os únicos momentos em que seu corpo, fala e mente muito sutis se manifestam são durante o sono profundo e a morte. No entanto, ainda que normalmente eles não estejam manifestos, o nosso corpo muito sutil é a semente do corpo de um Buda, a nossa fala muito sutil é a semente da fala de um Buda, e a nossa mente muito sutil é a semente da mente de um Buda.

O corpo muito sutil é o vento muito sutil, sobre o qual a mente muito sutil está montada. O corpo muito sutil e a mente muito sutil estão sempre juntos. Visto que são a mesma natureza e nunca estão separados, eles são denominados "o vento indestrutível" e "a mente indestrutível". A união do vento e mente indestrutíveis está localizada normalmente no interior da gota indestrutível, dentro do canal central, na altura do coração.

Nossa mente muito sutil se manifesta apenas quando todos os nossos ventos interiores se dissolvem dentro do nosso canal central. Quando isso acontece, experienciamos gradualmente oito sinais à medida que passamos pelos diferentes níveis de dissolução. Por fim, com o último nível de dissolução, a mente muito sutil de clara-luz se torna manifesta. Ao mesmo tempo, o corpo muito sutil também se torna manifesto. Durante a morte, os ventos interiores se dissolvem de modo natural e completo dentro do canal central, e a mente muito sutil e o corpo muito sutil naturalmente se manifestam, mas não podemos reconhecê-los. No entanto, por praticar a meditação do estágio de conclusão explicada a seguir, podemos fazer com que a nossa mente muito sutil e o nosso corpo muito sutil se manifestem durante a meditação. Até obtermos a realização do corpo-ilusório, o nosso corpo muito sutil não possui cor ou formato definidos. Quando alcançarmos a união de êxtase e vacuidade, a nossa mente muito sutil irá se transformar na clara-luz-significativa e, quando sairmos da meditação, o nosso corpo muito sutil irá se transformar no corpo-vajra, ou corpo-ilusório puro, que possui formato e cor definidos e assim por diante. Por exemplo, se formos um praticante de Vajrayogini, sempre que fizermos autogeração como Vajrayogini, com um corpo vermelho, uma face, dois braços, e assim por diante, estaremos construindo o fundamento básico para o corpo-ilusório. No futuro, quando nosso corpo muito sutil se transformar no corpo--ilusório, ele irá se parecer realmente como Vajrayogini. Antes, ele era meramente um corpo imaginado, mas, nesse momento, ele irá se tornar real. Esta é uma ótima razão para praticarmos agora o estágio de geração com muita sinceridade.

Quando obtivermos o corpo-ilusório puro, não mais consideraremos nosso corpo denso como sendo o nosso corpo. A base para imputar nosso *eu* terá mudado por completo e, agora, imputaremos *eu* na dependência de nosso corpo sutil. Quando tivermos alcançado essa aquisição, teremos nos tornado imortais, porque nosso corpo e mente nunca irão se separar. A morte é a separação do corpo e da mente, mas o corpo e mente daqueles que alcançaram o corpo-ilusório nunca se separam porque são indestrutíveis. Por fim, nosso corpo-ilusório puro irá se transformar no Corpo-Forma de Buda, e nossa união de êxtase e vacuidade irá se transformar no Corpo-Verdade de Buda; experienciaremos, então, a união do Corpo-Forma e do Corpo-Verdade de Buda: a União-do-Não-Mais-Aprender.

Em *Guia do Estilo de Vida do Bodhisattva*, na seção sobre os benefícios da bodhichitta, Shantideva diz:

> Assim como o elixir supremo que transmuta em ouro,
> A bodhichitta pode transformar este corpo impuro que assumimos
> Na joia inestimável da forma de um Buda;
> Portanto, mantenham firmemente a bodhichitta.

Aqui, "elixir" refere-se a uma substância especial que pode transformar ferro em ouro, semelhante à que foi utilizada por grandes mestres como Nagarjuna. Essa estrofe diz que a bodhichitta é um método especial que, como um elixir supremo, tem o poder de transformar nosso corpo impuro no Corpo-Forma de um Buda. Como podemos fazer isso? De acordo com o Sutra, um praticante não pode obter a iluminação em uma única vida, mas precisa praticar por muitas vidas até que, por fim, ele (ou ela) renasça com um corpo puro na Terra Pura de Akanishta. É somente com esse corpo puro que ele (ou ela) pode obter a Budeidade. Não há um método, no Sutra ou no Tantra, para transformar nosso corpo impuro atual no corpo de um Buda. Este corpo impuro definitivamente morrerá; ele terá de ser deixado para trás. Até mesmo o sagrado Buda Shakyamuni, quando faleceu, deixou para trás seu corpo denso – o corpo que veio de sua mãe. Desse modo, se perguntarmos como a bodhichitta pode transformar este corpo impuro no corpo de um Buda, não encontraremos uma resposta correta nos ensinamentos de Sutra. O motivo é que, de acordo com os ensinamentos de Sutra, o corpo denso é o corpo verdadeiro; os Sutras nunca mencionam o corpo-vajra – o corpo sutil.

Entretanto, seguindo a visão tântrica, podemos responder essa questão do seguinte modo. O corpo ao qual Shantideva se refere não é o corpo denso, mas o nosso corpo *próprio* [que verdadeiramente nos pertence], nosso corpo residente-contínuo, que é o vento muito sutil sobre o qual nossa mente muito sutil está montada. No momento presente, esse é um corpo impuro porque ele está obscurecido pelas delusões e demais obstruções, do mesmo modo que o céu azul fica encoberto pelas nuvens. Essas impurezas não são a natureza do nosso corpo sutil, mas impurezas temporárias. O método para transformar esse corpo impuro no Corpo-Forma de um Buda não é a bodhichitta convencional, mas a bodhichitta última do Tantra Ioga Supremo – a união de grande êxtase e vacuidade. Essa bodhichitta última pode, inicialmente, transformar diretamente nosso corpo residente-contínuo impuro no corpo-ilusório puro, e, por fim, no Corpo-Forma de um Buda. Já que Shantideva, ele próprio, era um praticante tântrico sincero, podemos ter certeza absoluta de que este era o significado que pretendia transmitir.

Como foi mencionado anteriormente, para gerar o êxtase que possui as duas qualidades especiais, precisamos reunir e dissolver nossos ventos interiores dentro do nosso canal central. Existem duas maneiras de se fazer isso: penetrando nosso próprio corpo ou penetrando o corpo de outros. Começamos penetrando nosso próprio corpo. Aqui, o termo "corpo" refere-se ao nosso corpo-vajra (nossos canais, gotas e ventos), e "penetrar" significa concentrar-se em nosso canal central, gotas e ventos. A meditação no canal central é denominada "o ioga do canal central", a meditação nas gotas é denominada "o ioga da gota", e a meditação nos ventos é denominada "o ioga do vento". Penetrar o corpo de outros significa confiar, ou depender, de um mudra-ação (ou consorte) e ter uma relação sexual. No entanto, o simples fato de penetrar o corpo de outros não trará os nossos ventos interiores para dentro do nosso canal central se já não tivermos adquirido experiência e familiaridade com o ioga do canal central, o ioga da gota e o ioga do vento. O momento certo para confiarmos em um mudra-ação será somente quando tivermos essa experiência. É muito importante realizar a prática nessa sequência.

Existem apenas dez portas pelas quais os ventos podem entrar no canal central. Elas estão localizadas ao longo do canal central, como segue:

(1) a extremidade superior do canal central: o ponto entre as sobrancelhas;
(2) a extremidade inferior: a ponta do órgão sexual;
(3) o centro da roda-canal da coroa: localizado no ponto mais alto do crânio;
(4) o centro da roda-canal da garganta: localizado próximo à parte de trás da garganta;
(5) o centro da roda-canal do coração: localizado no meio do tórax, entre os dois mamilos;
(6) o centro da roda-canal do umbigo;
(7) o centro da roda-canal do lugar secreto: quatro dedos abaixo do umbigo;
(8) o centro da roda-canal da joia: localizado no centro do órgão sexual, próximo a sua ponta;
(9) a roda do vento: o centro da roda-canal da testa;
(10) a roda do fogo: o centro da roda-canal localizada no meio entre as rodas-canais da garganta e do coração.

Assim como podemos entrar em uma casa por qualquer uma de suas portas exteriores, os ventos também podem entrar no canal central por qualquer uma dessas dez portas.

O canal central é, em realidade, um único canal, mas encontra-se dividido em diferentes seções: o canal central da roda-canal da coroa, o canal central da roda-canal da garganta, o canal central da roda-canal do coração, o canal central da roda-canal do umbigo, e assim por diante. Pelo fato de existirem essas diferentes localizações, quando um praticante deseja trazer seus ventos para dentro do canal central, ele (ou ela) precisa escolher um desses pontos no qual irá se concentrar.

No livro *Clara-Luz de Êxtase*, expliquei como trazer os ventos interiores para dentro do canal central pela sexta porta (o centro da roda-canal do umbigo) dentre as dez portas. Fazemos isso visualizando nosso calor interior no aspecto de um AH-curto, dentro do nosso canal no umbigo, e meditamos nesse AH-curto. Essa é uma prática comum, feita de acordo com a tradição dos Seis Iogas de Naropa. Ela foi originalmente explicada no *Tantra-Raiz de Hevajra* por Buda Vajradhara e, desde então, tem sido utilizada por muitos praticantes Kagyu, como Milarepa e seus discípulos e, posteriormente, por praticantes da tradição de Je Tsongkhapa. No entanto, temos, em nossa tradição, a prática incomum do Mahamudra Vajrayana da linhagem oral da inigualável Tradição Virtuosa. Essa é uma prática muito especial do Mahamudra Vajrayana que Je Tsongkhapa recebeu diretamente de Manjushri, que, por sua vez, recebeu-a diretamente de Buda Vajradhara. A linhagem dessa prática foi então transmitida para Togden Jampel Gyatso, Baso Chokyi Gyaltsen, Mahasiddha Dharmavajra e assim por diante. Uma lista completa dos Gurus-linhagem dessa instrução especial é dada na sadhana *Grande Libertação*, que pode ser encontrada no Apêndice II. Esses lamas são os Gurus-linhagem próximos.

Nessa prática do Mahamudra Vajrayana escolhemos, dentre as dez portas para trazer os ventos para dentro do canal central, a roda-canal do coração. Essa prática está indicada na sadhana *Oferenda ao Guia Espiritual*, ou *Lama Chopa* – essa sadhana é uma prática preliminar incomum do Mahamudra Vajrayana de acordo com a tradição de Je Tsongkhapa. A sadhana diz:

> Busco tuas bênçãos, Ó Protetor, para que ponhas teus pés
> No centro do lótus de oito pétalas em meu coração,
> Para que eu manifeste, nesta vida,
> Os caminhos do corpo-ilusório, da clara-luz e da união.

Essas palavras revelam, realmente, que penetrar o canal central da roda-canal do coração, a gota indestrutível e o vento indestrutível (os três iogas que serão explicados a seguir) são meditações no

Phurchog Ngawang Jampa

corpo-isolado. Elas conduzem às meditações na fala-isolada e na mente-isolada, que, por sua vez, nos levam às meditações do corpo-ilusório, da clara-luz e da união. Todas essas meditações serão explicadas neste livro.

Penetrar e concentrar-se na gota indestrutível, no coração, é um poderoso método para alcançar as realizações do estágio de conclusão e, por essa razão, Buda Vajradhara louva esse método no *Tantra Ambhidana*, onde ele diz:

> Aqueles que meditam na gota
> Que sempre reside no coração,
> Com concentração estritamente focada e sem mudar,
> Irão, definitivamente, alcançar realizações.

Mahasiddha Ghantapa também nos encorajou a fazer essa meditação. Por essa razão, nossa prática Vajrayana incomum começa com a meditação no canal central da roda-canal do coração.

No livro *Clara-luz de Êxtase* expliquei apenas a tradição comum, não a nossa tradição incomum. Isso é semelhante à ação de um pai que não deixa exposta, à vista de todos, sua herança familiar mais preciosa, mas que permite unicamente que seus parentes e amigos mais próximos a vejam. Isso também indica que, quando estamos empenhados em uma prática importante como a do Mahamudra Vajrayana, não é suficiente simplesmente ler as instruções em um livro – precisamos confiar sinceramente em um Guia Espiritual qualificado, que pode nos explicar cada aspecto da prática a partir de sua própria experiência.

A transmissão, ensinamentos e linhagem desta instrução não são possuídos por nenhuma outra tradição. Podemos ver, na lista de Gurus-linhagem, que todos eles são seguidores de Je Tsongkhapa. Togden Jampel Gyatso, Mahasiddha Dharmavajra, Gyalwa Ensapa e seus muitos discípulos alcançaram, todos eles, o Mahamudra que é a União-do-Não-Mais-Aprender, ou Budeidade, em três anos, alegremente e sem nenhuma dificuldade. Eles ingressaram no caminho, progrediram ao longo dele e o concluíram em três anos. Nos tempos antigos, praticantes como Milarepa trabalharam arduamente antes de entrarem em retiro. Milarepa vivenciou muitas dificuldades e, após entrar em retiro, passou um longo tempo em locais muito isolados, mas ele era um praticante muito paciente e determinado, como um homem feito de ferro. Seu coração era como um coração de ferro. Em virtude disso, ele obteve elevadas realizações; caso contrário, Milarepa teria achado tudo muito difícil. Por que Milarepa teve de trabalhar tão arduamente e por tão longo tempo, ao passo que lamas posteriores, como Mahasiddha Dharmavajra e Gyalwa Ensapa, foram capazes de alcançar a plena iluminação tão rápida e facilmente? A única razão é que os lamas posteriores receberam estas instruções especiais de Je Tsongkhapa, que são muito simples e muito abençoadas. Para eles, qualquer problema era facilmente solucionado, e era-lhes muito fácil fazer progressos e alcançar a Budeidade rapidamente. É dito que milhares de discípulos de Je Tsongkhapa alcançaram o corpo-vajra imortal sem terem de se envolver em adversidades, ao contrário de Milarepa. Todos eles praticaram muito alegre e suavemente, devido às qualidades especiais desta prática.

Qualquer meditação especial para reunir e dissolver os ventos no canal central é denominada "meditação no esforço vital". Neste contexto, "vital" refere-se aos nossos ventos interiores, e "esforço" refere-se ao esforço específico que faz com que esses ventos se reúnam e dissolvam no canal central. Há quatro tipos de meditação no esforço vital:

(1) Meditação no esforço vital do corpo-isolado;
(2) Meditação no esforço vital da fala-isolada;
(3) Meditação no esforço vital da mente-isolada;
(4) Meditação no esforço vital que não é nenhum desses três.

De acordo com o sistema de Guhyasamaja, para fazer a prática do esforço vital do corpo-isolado, devemos meditar em uma gota sutil dentro do canal central, na ponta do órgão sexual, fazendo assim com que os ventos se reúnam e dissolvam no canal central. Contudo, de acordo com a prática incomum do Mahamudra Vajrayana da tradição de Je Tsongkhapa, devemos meditar em uma gota sutil dentro do canal central no coração. É este sistema que será explicado agora.

A EXPLICAÇÃO PROPRIAMENTE DITA

Há duas instruções para a prática incomum do Mahamudra Vajrayana:

1. Uma introdução ao canal central, gotas e ventos;
2. A prática propriamente dita.

UMA INTRODUÇÃO AO CANAL CENTRAL, GOTAS E VENTOS

Se não tivermos uma compreensão sobre o canal central, as gotas e os ventos, não haverá maneira de conseguirmos penetrá-los. Portanto, em primeiro lugar, devemos tentar compreender claramente esses objetos básicos de conhecimento para, então, podermos praticar o ioga do canal central, o ioga da gota e o ioga do vento.

Sempre que praticamos os iogas do canal central, da gota e do vento, estamos também a praticar a meditação tummo, pois esses iogas são métodos para trazer os ventos interiores para o canal central. Se trouxermos nossos ventos interiores para o canal central, nosso calor interior irá aumentar naturalmente dentro do canal central e isso fará com que êxtase surja naturalmente. Visto que esses três iogas funcionam para aumentar o calor interior, eles indiretamente são meditações tummo. Direta ou indiretamente, todas as meditações do estágio de conclusão são meditações tummo.

Qualquer meditação do estágio de conclusão está relacionada ao canal central. A meditação no canal central é a vida da prática do Tantra Ioga Supremo. A meditação no canal central satisfaz todos os desejos dos praticantes do Tantra Ioga Supremo e lhes concede satisfação ilimitada, razão pela qual o grande iogue tibetano Longdol Lama disse que ela é como uma vaca-que-satisfaz-os-desejos, pois concede um fluxo ininterrupto de nutrientes. No entanto, para receber esses benefícios da meditação no canal central, precisamos meditar com pura motivação de bodhichitta.

Em geral, precisamos de uma compreensão sobre os três canais principais (o canal central, o canal direito e o canal esquerdo) e das seis rodas-canais principais. O canal central é como a haste principal de um guarda-chuva, passando pelo centro de cada uma das rodas-canais, e os canais direito e esquerdo seguem-no de ambos os lados. O canal central é azul-pálido por fora e tem quatro atributos: (1) é reto como o tronco de uma bananeira; (2) por dentro é vermelho-oleoso, como sangue puro; (3) é muito claro e transparente, como uma chama de vela; e (4) é muito macio e flexível, como uma pétala de lótus. O canal central está localizado exatamente no meio entre as metades esquerda e direita do corpo, mais próximo das costas do que da frente. Imediatamente na frente da coluna, está o canal da vida, que é muito grosso, e, em frente a ele, está o canal central. Ele começa no ponto entre as sobrancelhas, de onde ascende formando um arco até a coroa da cabeça e, então, desce em linha reta até a ponta do órgão sexual.

De ambos os lados do canal central, estão os canais direito e esquerdo, sem nenhum espaço entre eles. O canal direito é vermelho e o esquerdo é branco. O canal direito começa na ponta da narina direita e, o canal esquerdo, na ponta da narina esquerda. A partir daí, ambos ascendem formando um arco até a coroa da cabeça, por ambos os lados do canal central. Da coroa da cabeça até o umbigo, esses três canais principais são retos e adjacentes entre si. À medida que o canal esquerdo continua descendo abaixo do nível do umbigo, ele faz uma pequena curva à direita, separando-se levemente do canal central e voltando a se reunir com ele na ponta do órgão sexual. Ali, ele cumpre a função de reter e soltar esperma, sangue e urina. À medida que o canal direito continua abaixo do nível do umbigo, ele faz uma pequena curva à esquerda e termina na ponta do ânus, onde cumpre a função de reter e soltar fezes e assim por diante.

Os canais direito e esquerdo enrolam-se em torno do canal central em vários pontos, formando os chamados "nós do canal".

Os quatro lugares onde esses nós ocorrem são, em ordem ascendente: a roda-canal do umbigo, a roda-canal do coração, a roda-canal da garganta e a roda-canal da coroa. Em cada um desses pontos, exceto no coração, há um nó duplo formado por uma única volta do canal direito e uma única volta do esquerdo. Assim que os canais direito e esquerdo sobem até esses pontos, eles se enrolam no canal central, cruzando-o na frente e, depois, dando uma volta ao seu redor. Então, eles continuam para cima até o nó seguinte. Ao nível do coração, a mesma coisa acontece; só que, aqui, há um nó sêxtuplo formado por três voltas superpostas de cada um dos dois canais laterais.

Visto que a tradição incomum do Mahamudra Vajrayana é mais simples que a tradição comum, é suficiente ter simplesmente uma compreensão sobre a aparência dos três canais. Depois, precisamos ter uma compreensão sobre as gotas, particularmente da gota indestrutível. Neste contexto, "gota" é a essência do sangue e do esperma. Como acabamos de explicar, no chacra do coração há um nó sêxtuplo formado pelo enrolar dos canais direito e esquerdo em torno do canal central, apertando-o. Esse é o nó mais difícil de afrouxar, mas, quando ele for afrouxado, desenvolveremos um grande poder. Visto que o canal central, na altura do coração, está comprimido por esse nó sêxtuplo, ele fica bloqueado, como um tubo de bambu. Dentro do canal central, no centro desse nó, há um vacúolo muito pequeno e, dentro dele, há uma gota denominada "a gota indestrutível". Ela é do tamanho de uma pequena ervilha, com a metade superior branca e a metade inferior vermelha. A substância da metade branca é a essência muito clara do esperma, e a substância da metade vermelha é a essência muito clara do sangue. Essa gota, que é muito pura e sutil, é a própria essência de todas as gotas. Todas as gotas comuns vermelhas e brancas do nosso corpo vêm originariamente dessa gota.

A gota indestrutível assemelha-se a uma pequena ervilha que foi cortada ao meio, levemente escavada e, então, unida novamente. Ela é denominada "gota indestrutível" porque as duas metades dessa gota nunca se separam até a morte. Quando morremos, todos os ventos interiores se dissolvem dentro da gota indestrutível e isso faz com que a gota se abra. Quando as duas metades se separam, a nossa consciência imediatamente deixa o nosso corpo e parte para a próxima vida.

Dentro da gota indestrutível, está o vento e mente indestrutíveis, que é a união do vento muito sutil e da mente muito sutil. Esse vento muito sutil é o nosso corpo que verdadeiramente nos pertence (nosso corpo *próprio*), ou corpo residente-contínuo; e a mente muito sutil é a nossa mente verdadeira (nossa mente *própria*), ou mente residente-contínua. A união desses dois é denominada "o vento e mente indestrutíveis". Essa união nunca foi desfeita desde tempos sem início, e ela nunca será desfeita no futuro. O potencial que a combinação de nosso corpo muito sutil e de nossa mente muito sutil tem para se comunicar é a nossa fala muito sutil, a nossa verdadeira fala. No futuro, ela irá se tornar a fala de um Buda. Em resumo, dentro da gota indestrutível estão os nossos verdadeiros corpo, fala e mente.

Como já foi explicado, o vento indestrutível é o vento interior muito sutil. Ventos interiores *são corpo*, e eles funcionam como montarias para as mentes. Há três tipos de vento interior: denso, sutil e muito sutil. Eles serão explicados em detalhes a seguir, na seção sobre recitação vajra.

Os praticantes de Vajrayogini sempre visualizam o vento e mente indestrutíveis no aspecto de uma letra BAM no coração. Eles consideram essa letra BAM como a síntese de todas as 37 Dakinis do mandala de corpo e, também, como a sabedoria onisciente do seu Guia Espiritual. Por manterem sempre esse reconhecimento, os praticantes de Vajrayogini acham muito fácil fazer progressos quando chega o momento de praticar a meditação do Mahamudra Vajrayana, visto que já haviam se familiarizado com uma prática semelhante.

Devemos examinar a aparência do canal central, a aparência e localização da gota indestrutível e, então, nos familiarizar com isso. Depois, podemos nos empenhar na prática propriamente dita das três meditações no esforço vital do corpo-isolado.

A PRÁTICA PROPRIAMENTE DITA

Esta explicação tem três partes:

1. As práticas preliminares;
2. A meditação propriamente dita;
3. Os resultados da prática dessa meditação.

AS PRÁTICAS PRELIMINARES

Quando nos empenhamos na prática propriamente dita, devemos sempre fazer, em cada sessão, as práticas preliminares incomuns antes de praticarmos a meditação propriamente dita no canal central, na gota e no vento. Qual a razão disso? Podemos compreender a relação entre essas práticas preliminares e a meditação propriamente dita se considerarmos a analogia de um pintor de *thangkas*. Um pintor de thangkas começa fazendo um esboço e, depois, ele preenche esse esboço, de modo a concluir a pintura. De modo semelhante, as práticas preliminares incomuns são como desenhar o esboço de uma pintura, e a meditação do estágio de conclusão é como concluir a pintura. Os praticantes de Vajrayogini, por exemplo, começam gerando a si próprios como Vajrayogini e visualizando seu ambiente, prazeres, corpo, fala e mente como a Terra Pura, prazeres, corpo, fala e mente de Vajrayogini. Com base nesse esboço, eles então concluem a pintura por meio de meditar nos canais, gotas e ventos e demais etapas de conclusão. Desse modo, o desenvolvimento propriamente dito do ambiente, prazeres, corpo, fala e mente de Vajrayogini são novamente criados. Sem esse primeiro passo (o esboço), o segundo passo (a conclusão) é impossível.

Como prática preliminar, podemos utilizar a sadhana *Oferenda ao Guia Espiritual* ou a sadhana mais breve, *Grande Libertação*. Em geral, de acordo com a inigualável Tradição Virtuosa, *Oferenda ao Guia Espiritual* é utilizada como a prática preliminar para a meditação do Mahamudra Vajrayana. Ela pode ser praticada em associação com Heruka, Vajrayogini ou outros Yidams. A sadhana *Grande Libertação* é, especificamente, para praticantes de Heruka e Vajrayogini praticarem o Mahamudra Vajrayana. Os praticantes de Heruka podem praticar a sadhana *Grande Libertação do Pai*, e os praticantes de Vajrayogini podem praticar a sadhana *Grande Libertação da Mãe*. Além da autogeração, ambas as sadhanas também incluem as práticas preliminares comuns de acumular mérito, purificar negatividades e receber as bênçãos de todos os Budas através do nosso Guia Espiritual. Essas sadhanas, juntamente com uma breve explicação, podem ser encontradas no Apêndice II.

A MEDITAÇÃO PROPRIAMENTE DITA

Este tópico tem três partes:

1. A meditação no canal central – o ioga do canal central;
2. A meditação na gota indestrutível – o ioga da gota;
3. A meditação no vento e mente indestrutíveis – o ioga do vento.

Isso será explicado agora a partir do ponto de vista de um praticante de Vajrayogini.

A MEDITAÇÃO NO CANAL CENTRAL – O IOGA DO CANAL CENTRAL

Após ter concluído as práticas preliminares de acordo com a sadhana *Grande Libertação*, desde *buscar refúgio* até dissolver Guru Vajradhara em sua mente no aspecto de uma letra BAM branco-avermelhada no seu coração, você deve agora praticar a meditação propriamente dita como segue. Com a sua mente, que está no aspecto de uma letra BAM em seu coração, você deve examinar a aparência do canal central. Você deve contemplar:

Meu canal central está localizado exatamente no meio entre as metades esquerda e direita do meu corpo, mais próximo das costas do que da frente. Imediatamente na frente da coluna, está o canal da vida, que é muito grosso, e, em frente a ele, está o canal central. Ele começa no ponto entre minhas sobrancelhas, de onde ascende formando um arco até a coroa de minha cabeça e, então, desce em linha reta até a ponta do meu órgão sexual. Ele é azul-pálido por fora e vermelho-oleoso por dentro. Ele é claro e transparente, muito macio e flexível.

Nas primeiras vezes em que praticar essa meditação, você pode, se desejar, visualizar o canal central bem largo e, então, pouco a pouco, visualizá-lo cada vez mais fino até que, por fim, você seja capaz de visualizá-lo da largura de um canudo para beber. Você deve contemplar repetidamente desse modo, até perceber uma imagem genérica do seu canal central principal. Sua mente então deve se focar no canal central na altura do seu coração. Você deve sentir que sua mente está dentro do canal central na altura do coração e, então, meditar estritamente focado nesse canal central no coração. Você deve fazer muitas sessões dessa meditação durante meses ou anos. Em cada sessão, você deve repetir todas as etapas, desde a contemplação inicial até a concentração final no canal central no coração. O objeto principal dessa meditação é o canal central no coração, mas a concentração precisa ter duas características: (1) é uma concentração que percebe o canal central na altura do coração e que mantém essa percepção, e (2) é uma concentração que sente como se sua mente estivesse dentro do canal central.

Essa meditação é denominada "o ioga do canal central". Por praticarmos continuamente essa meditação, conseguiremos reunir e dissolver nossos ventos no canal central. No entanto, há muitos níveis para essa dissolução e, para obter profunda experiência, precisamos progredir para a segunda meditação: a meditação na gota indestrutível.

Panchen Palden Yeshe

A MEDITAÇÃO NA GOTA INDESTRUTÍVEL – O IOGA DA GOTA

Tendo concluído as práticas preliminares como antes e dissolvido Guru Vajradhara em sua mente no aspecto de uma letra BAM branco-avermelhada, você deve examinar e compreender onde a gota indestrutível está localizada e qual a sua aparência. Você deve contemplar:

> Dentro do meu canal central na altura do coração, há um vacúolo muito pequeno. Dentro dele, está a minha gota indestrutível. Ela é do tamanho de uma pequena ervilha, com a metade superior branca e a metade inferior vermelha. Ela é como uma ervilha que foi cortada ao meio, levemente escavada e, então, unida novamente. Ela é a verdadeira essência de todas as gotas e é muito pura e sutil. Apesar de ser a substância do sangue e do esperma, ela possui uma natureza muito clara, como uma minúscula bola de cristal que irradia luz.

Você deve contemplar repetidamente desse modo, até perceber uma imagem genérica clara da sua gota indestrutível e de sua localização. Quando perceber essa imagem e localização claramente, você deve sentir que sua mente está dentro da gota indestrutível e, então, concentrar-se de modo estritamente focado nessa gota pelo maior tempo possível. O objeto principal dessa meditação é a gota indestrutível, mas a concentração precisa ter duas características: (1) é uma concentração que percebe a gota indestrutível e sua localização e que mantém essa percepção, e (2) é uma concentração que sente como se sua mente estivesse dentro dessa gota.

Essa meditação é denominada "o ioga da gota". É provável que precisemos praticá-la por muitos meses ou anos. Ela irá fazer com que experienciemos uma dissolução ainda mais profunda dos ventos no canal central do que a obtida pela primeira meditação. No entanto, até que alcancemos a clara-luz-exemplo última, ainda precisaremos aprimorar nossa experiência dessa dissolução. Por essa razão, e para estabelecer a base para a meditação do esforço vital da fala-isolada, precisamos progredir para a terceira meditação: a meditação no vento e mente indestrutíveis.

A MEDITAÇÃO NO VENTO E MENTE INDESTRUTÍVEIS – O IOGA DO VENTO

O objeto principal dessa meditação é a união do vento e mente indestrutíveis, união essa que visualizamos no aspecto de uma letra BAM. Tendo dissolvido Guru Vajradhara em sua mente no seu coração, você deve tentar perceber claramente o objeto dessa meditação por meio de contemplar o seguinte:

Dentro do meu canal central no meu coração, está minha gota indestrutível.

Recorde então a localização, tamanho, formato, cor e natureza da gota, e contemple:

Dentro da gota indestrutível, está meu vento e mente indestrutíveis no aspecto de uma minúscula letra BAM do tamanho de uma semente de mostarda. Essa letra BAM é branco-avermelhada e irradia raios de luz de cinco cores. Sua natureza é meu Guru, que é a síntese de todos os Budas; sua substância é meu vento e minha mente própria *indestrutíveis; e seu formato é o da letra BAM, simbolizando a mente de Vajrayogini.*

Você deve considerar a gota indestrutível como uma casa, e a sua mente verdadeira – que está no aspecto de uma letra BAM – como uma pessoa que habita essa casa. Você deve contemplar repetidamente desse modo, até perceber tudo simultaneamente: a minúscula letra BAM, a gota indestrutível e a localização da gota. Depois, sem se esquecer da gota e de sua localização, concentre-se principalmente na letra BAM dentro da gota e, reconhecendo-a como sua mente verdadeira, medite estritamente focado nela por algum tempo. Essa concentração deve possuir três características: (1) é uma concentração que percebe a minúscula letra BAM e mantém essa percepção, (2) é uma concentração que reconhece a letra BAM como sua mente verdadeira, e (3) é uma concentração que não se esquece da gota indestrutível e de sua localização.

Se treinarmos repetidamente nessa meditação, obteremos uma experiência dos nossos ventos dissolvendo-se no canal central que é mais profunda do que a obtida pela meditação anterior, e alcançaremos a realização propriamente dita do corpo-isolado do estágio de conclusão.

Se for um praticante de Heruka, você deve praticar essas três meditações exatamente como foi explicado, exceto que, para as suas práticas preliminares, você deve utilizar a sadhana *Grande Libertação do Pai* e, em vez de visualizar a letra BAM, você deve visualizar a letra HUM, que é da natureza da mente de Heruka. No entanto, quer seja um praticante de Vajrayogini ou um praticante de Heruka, você deve visualizar a letra como sendo branco--avermelhada. Isso simboliza as bodhichittas vermelhas e brancas e nos recorda para experienciar êxtase.

OS RESULTADOS DA PRÁTICA DESSA MEDITAÇÃO

Se praticarmos as meditações acima sincera e continuamente, por fim experienciaremos nossos ventos interiores entrando, permanecendo e dissolvendo-se no nosso canal central. Se, como resultado de nossa meditação, o movimento da respiração através de nossas narinas tornar-se sutil, simultâneo e de igual intensidade, isso será um sinal de que nossos ventos entraram em nosso canal central. Depois, se, como resultado de nossa meditação, o movimento da respiração por ambas as narinas cessar e, ao mesmo tempo, os movimentos abdominais e dos olhos também cessarem, isso será um sinal de que nossos ventos estão permanecendo em nosso canal central. Depois disso, como resultado de nossa meditação, experienciaremos gradualmente os sinais de nossos ventos dissolvendo-se em nosso canal central.

Ao todo, há sete ventos diferentes que se dissolvem sequencialmente em nosso canal central. São eles: o vento do elemento terra, o vento do elemento água, o vento do elemento fogo, o vento do elemento vento, o vento-montaria da mente da aparência branca, o vento-montaria da mente do vermelho crescente, e o vento-montaria da mente da quase-conquista negra. Os quatro primeiros ventos são ventos densos, e os três últimos são ventos sutis. À medida que cada um desses sete ventos se dissolve no canal central, experienciamos um sinal diferente.

As partes sólidas do nosso corpo (como os nossos ossos, dentes e unhas) são o nosso elemento terra, e o vento que atua como suporte ao aumento do nosso elemento terra é o nosso vento do elemento terra. As partes fluidas do nosso corpo (como o nosso sangue, esperma e saliva) são o nosso elemento água, e o vento que atua como suporte ao aumento do nosso elemento água é o nosso vento do elemento água. O calor interior do nosso corpo é o nosso elemento fogo, e o vento interior que atua como suporte ao aumento do nosso elemento fogo é o nosso vento do elemento fogo. O nosso vento do elemento terra, vento do elemento água e vento do elemento fogo são o nosso *elemento vento*, e o vento que atua como suporte ao aumento desses ventos é o nosso vento do elemento vento.

Uma vez tendo obtido sinais corretos de que nossos ventos estão permanecendo dentro do nosso canal central, se, após meditação continuada, percebermos a *aparência miragem*, esse será o sinal de que o nosso vento do elemento terra dissolveu-se em nosso canal central. Depois disso, se, por força de meditação, percebermos a *aparência fumaça*, isso será o sinal de que o nosso vento do elemento água dissolveu-se. Depois disso, se, por força de meditação, percebermos a *aparência vaga-lumes cintilantes*, isso será o sinal de que o nosso vento do elemento fogo dissolveu-se. Depois disso, se, por força de meditação, percebermos a *aparência chama de vela*, isso será o sinal de que o nosso vento do elemento vento começou a se dissolver.

Esses quatro sinais são sinais interiores. Normalmente, durante o processo da morte, percebemos esses quatro sinais naturalmente, e experienciamos também os sinais exteriores correspondentes. Os sinais exteriores da dissolução do nosso vento do elemento terra são que o nosso corpo torna-se delgado e seu tônus gradualmente diminui. Os sinais exteriores da dissolução do nosso vento do elemento água são que a nossa saliva, sangue e demais fluidos corporais secam. O sinal exterior da dissolução do nosso vento do elemento fogo é que o calor do nosso corpo diminui. O sinal exterior do início da dissolução do nosso vento do elemento vento é que o vigor dos nossos movimentos físicos é imensamente reduzido.

Uma vez tendo obtido o quarto sinal interior, a *aparência chama de vela*, se, por força de meditação, percebermos uma aparência semelhante a um espaço vazio branco, esse será o sinal de que o nosso vento do elemento vento dissolveu-se por completo. Se, depois disso, percebermos uma aparência semelhante a um espaço vazio vermelho, isso será o sinal de que o vento-montaria da mente da aparência branca dissolveu-se. Depois disso, se percebermos uma aparência semelhante a um espaço vazio negro, isso será o sinal de que o vento-montaria da mente do vermelho crescente dissolveu-se. Depois disso, se percebermos uma aparência semelhante a um espaço vazio permeado por uma luz clara, isso será o sinal de que o vento-montaria da mente da quase-conquista negra dissolveu-se. Uma descrição detalhada desses oito sinais pode ser encontrada no livro *Clara-Luz de Êxtase*.

A mente que experiencia a primeira dessas quatro últimas aparências é denominada "a mente da aparência branca"; a mente que experiencia a segunda é denominada "a mente do vermelho crescente"; a mente que experiencia a terceira é denominada "a mente da quase-conquista negra"; e a mente que experiencia a quarta é denominada "a mente de clara-luz".

Por força dos ventos dissolvendo-se no canal central, o calor interior no canal central aumenta e, devido a isso, as gotas brancas ou vermelhas derretem e fluem pelo canal central. Como resultado, o praticante experiencia grande êxtase e alcança a realização propriamente dita da clara-luz do corpo-isolado. Este é o resultado destas três meditações.

COMO PRATICAR O CORPO-ISOLADO DO ESTÁGIO DE CONCLUSÃO DURANTE O INTERVALO ENTRE AS MEDITAÇÕES

Essa prática é um método poderoso para acumular tanto a coleção de mérito quanto a coleção de sabedoria, assim como para superar a aparência comum e a concepção comum, de modo que nos tornemos capazes de alcançar rapidamente o Corpo-Forma e o Corpo-Verdade de um Buda. Para praticar o corpo-isolado durante o intervalo entre as meditações, precisamos interromper a aparência comum e a concepção comum por meio de ver ou perceber todos os fenômenos que aparecem para nós como manifestações do êxtase e vacuidade ou, então, no aspecto de Deidades. Esse é o treino em disciplina moral superior de acordo com o Tantra Ioga Supremo. Ao nos empenharmos nessa prática, conseguiremos transformar nossas atividades normais – como trabalhar, fazer compras, cozinhar, comer, beber, dançar, divertir-se, beijar e o ato sexual – em um método poderoso para acumular mérito e sabedoria.

Se carecermos de um conhecimento perfeito da vacuidade ou da experiência do êxtase do estágio de geração ou do estágio de conclusão, acharemos difícil ver ou perceber todos os fenômenos que aparecem para nós como manifestações do êxtase e vacuidade. No entanto, podemos compreender de que modo todos os fenômenos são manifestações do êxtase e vacuidade considerando a seguinte explicação.

No *Sutra Essência da Sabedoria* (o *Sutra Coração*), está dito:

Forma é vazia; vacuidade é forma.

"Forma é vazia" significa que *forma* carece de existência verdadeira – a natureza última da forma é a mera vacuidade da forma. "Vacuidade é forma" significa que essa mesma vacuidade [a vacuidade da forma] aparece como forma e que, portanto, forma é uma manifestação de sua própria vacuidade. Sempre que uma forma aparece para nós, precisamos ter total convicção de que essa forma é uma manifestação da vacuidade, e que, além de sua vacuidade, não há forma existindo do seu próprio lado.

A natureza última da forma é a vacuidade da forma. De todas as muitas partes ou aspectos da forma, somente sua vacuidade é verdadeira. Um relógio de pulso, por exemplo, tem muitas partes, mas dentre o conjunto de todas as partes do relógio, somente sua vacuidade é verdadeira e real. Podemos segurar um relógio de pulso em nossas mãos, mas, se o examinarmos mais atentamente para encontrar o relógio "real", não conseguiremos encontrar relógio algum. Quando tentamos apontar o relógio, tudo o que conseguimos fazer é apenas apontar as partes do relógio. As partes do relógio não são o relógio ele próprio; mas, para além dessas partes, não há relógio. Essa *inencontrabilidade* é a verdadeira natureza do relógio. Se o relógio fosse verdadeiramente existente, ele teria sua própria existência independente de outros fenômenos e seria, então, mentalmente possível remover todos os fenômenos que não são o relógio e, mesmo assim, ficar com o relógio propriamente dito. O fato de que isso não é possível indica que o relógio carece, ou é vazio, de existência verdadeira. A carência de existência verdadeira do relógio é a natureza real, ou última, do relógio. Visto que a vacuidade do relógio é a natureza real do relógio, o relógio não existe separadamente de sua vacuidade. O relógio e sua vacuidade são dois aspectos de uma única entidade, assim como uma moeda de ouro e o ouro do qual a moeda é feita. A natureza real do relógio é apenas a sua vacuidade, mas essa vacuidade aparece para nós no aspecto de um relógio.

Se um monge com poderes miraculosos se manifestasse como um tigre, todos veriam um tigre e não um monge. No entanto, o tigre é, em realidade, uma manifestação do monge. O tigre não existe separadamente do monge; o tigre é o monge, ele próprio, aparecendo sob um aspecto diferente. Essa analogia, tomada das escrituras, ajuda-nos a compreender de que modo as coisas são manifestações da vacuidade. Se acharmos difícil acreditar em emanações mágicas, podemos então considerar um ator. Se um ator masculino colocar uma peruca e vestir roupas femininas, ele

Khedrub Ngawang Dorje

aparecerá aos outros como uma mulher. A mulher que as pessoas veem é, simplesmente, o ator disfarçado; poderíamos dizer que essa mulher é uma manifestação do ator. De modo semelhante, formas são como a vacuidade disfarçada. Embora as formas apareçam como tendo suas próprias características e como que existindo do seu próprio lado, se as examinarmos com mais atenção encontraremos apenas vacuidade. Essa vacuidade é sua real natureza, mas ela aparece como forma. Formas são, portanto, manifestações da vacuidade.

Se formas não fossem manifestações da vacuidade, as formas seriam verdadeiras, e quando um ser superior posicionasse sua mente de modo estritamente focado na natureza última da forma, forma apareceria então para sua mente. No entanto, quando os seres superiores meditam na vacuidade, formas não aparecem. Por quê? A razão é que formas não são verdadeiras, mas objetos falsos. Formas são, simplesmente, manifestações da vacuidade.

Algumas pessoas podem pensar que os ensinamentos sobre os canais, gotas e ventos são muito avançados, mas a minha opinião é que os ensinamentos sobre vacuidade e bodhichitta são muito mais avançados. Não é tão difícil focar a mente em uma gota no coração ou meditar no fogo interior. Essas práticas não têm grande significado em si mesmas; elas se tornam práticas profundas somente quando são feitas com a motivação de bodhichitta e associadas com uma realização da vacuidade. Portanto, precisamos fazer um esforço especial para compreender a vacuidade. Se formos inteligentes, devemos estudar textos extensos sobre o Caminho do Meio – tais como *Oceano de Néctar* – mas, se isso parecer uma tarefa muito difícil, devemos estudar o livro *Novo Coração de Sabedoria* ou o capítulo nono do livro de Shantideva *Guia do Estilo de Vida do Bodhisattva* (da maneira como se encontra explicado em *Contemplações Significativas*), ou o capítulo "Treinar a Bodhichitta Última" do livro *Budismo Moderno*. Precisamos também colocar esforço em acumular mérito, purificar obstruções cármicas e receber as bênçãos do nosso Guia Espiritual. Se fizermos todas essas coisas, não encontraremos dificuldade para realizar a vacuidade. A coisa mais importante é ter fé em nosso professor e nos ensinamentos de Buda. Mesmo que nosso professor explique a vacuidade muito claramente, se não tivermos fé nele ou em seus ensinamentos, não os compreenderemos; nossa mente ficará cheia de dúvidas e confusão. Por outro lado, se tivermos fé e criarmos todas as demais condições necessárias, é totalmente certo que alcançaremos uma realização profunda da vacuidade.

Em *Os Três Principais Aspectos do Caminho*, Je Tsongkhapa diz:

> Além disso, quando o extremo da existência é dissipado
>   pela aparência
> E o extremo da não-existência é dissipado pela vacuidade,
> E vocês compreenderem como a vacuidade é percebida
>   como causa e efeito,
> Vocês não serão mais cativados por visões extremas.

O terceiro verso revela que todos os fenômenos, tais como causas e efeitos, são manifestações da vacuidade. Todas as coisas funcionais são tanto causas quanto efeitos. Uma semente, por exemplo, é uma causa porque dá origem a um broto, e é um efeito porque é produzida a partir de outras causas – por exemplo, a planta que lhe deu origem. Visto que uma semente depende de causas, ela é vazia de existência inerente, ou existência independente. Essa vacuidade é a real natureza da semente. Quando uma semente aparece para nós, na verdade é a vacuidade da semente aparecendo para nós no aspecto de uma semente. Além da vacuidade da semente, não há semente. Se uma semente existisse além, ou independente, de sua vacuidade, ela seria inerentemente existente, mas uma semente inerentemente existente é algo absolutamente impossível. Talvez encontremos um unicórnio ou um coelho com chifres se procurarmos por eles por tempo suficiente, mas nunca encontraremos uma semente inerentemente existente! A real natureza de uma semente é apenas vacuidade; nem mesmo um átomo da semente existe do seu próprio lado. Chandrakirti explica isso com grande riqueza de detalhes em *Guia ao Caminho do Meio*, onde ele revela o absurdo de se postular uma causa ou efeito inerentemente existentes.

Outro ponto que precisamos compreender é que a natureza convencional e a natureza última de um objeto são a mesma entidade. Esse é o significado da seguinte afirmação no *Sutra Essência da Sabedoria*:

> Vacuidade não é algo além de forma; forma também não é algo que não vacuidade.

Uma semente e sua vacuidade, por exemplo, são a mesma entidade; mas, devido a nossa familiaridade com o aferramento à existência verdadeira, sempre que uma semente aparece para nós, ela aparece como completamente diferente de sua vacuidade. Em vez de perceber a semente como a mesma entidade que sua vacuidade, percebemos equivocadamente a semente – como se ela e sua *existência inerente* fossem a mesma entidade. Precisamos superar nossa tendência inata de conceber as duas verdades como entidades diferentes, de modo que, em vez de concordarmos com a aparência de existência inerente, passemos a considerar todos os fenômenos como manifestações da vacuidade. Je Tsongkhapa disse:

> Embora muitos objetos convencionais diferentes apareçam para nós, na verdade, é a ausência de existência inerente desses objetos que está aparecendo para nós sob diferentes aspectos.

Para praticantes qualificados, durante sua meditação em trazer a morte para o caminho do Corpo-Verdade, todas as suas aparências dos objetos convencionais reúnem-se e dissolvem-se na vacuidade. Eles sentem que experienciam um êxtase profundo misturado com a vacuidade, como se a vacuidade e sua mente de êxtase tivessem se tornado uma única entidade. Eles meditam repetidamente nesse reconhecimento até obterem uma contínua-lembrança especial, de modo que nunca se esquecem da vacuidade e de sua mente como uma única entidade. Uma vez obtida essa experiência, eles percebem simultaneamente quaisquer objetos que apareçam para eles (tais como formas, por exemplo) como manifestações tanto da vacuidade quanto de sua mente de êxtase. Porque eles têm um profundo reconhecimento da vacuidade e da sua mente de êxtase como sendo a mesma natureza, eles podem ver ou perceber todos os fenômenos que aparecem para suas mentes como manifestações de seu êxtase, e essa maneira especial de ver ou perceber os fenômenos faz com que sua experiência de êxtase aumente imensamente, do mesmo modo que o fogo aumenta se adicionarmos mais combustível a ele.

Podemos também considerar o que Buda diz muitas vezes em seus ensinamentos – que todos os fenômenos são como um sonho. Isso significa que, assim como as coisas que aparecem em um sonho não são verdadeiramente existentes, mas são meros aspectos da mente onírica, todos os fenômenos carecem de existência verdadeira e são meros aspectos da mente. Os fenômenos não existem fora da mente, pois os fenômenos são meras aparências para a mente. Se os fenômenos existissem fora da mente, eles existiriam inerentemente; mas esse não é o caso. Todos os fenômenos existem como meros aspectos da mente, ou como meras manifestações da mente. *Mera aparência à mente*, *mero aspecto da mente* e *mera manifestação da mente* são sinônimos.

Buda também diz nos Sutras:

Objetos exteriores não existem.
A mente aparece como várias coisas,
Tais como corpos, prazeres e lugares;
Eu explico isso como *"apenas a mente"*.

Neste contexto, "apenas a mente" significa que tudo é, apenas, uma manifestação da mente – como coisas em um sonho. Se nossa mente se torna repleta de êxtase, todos os fenômenos que aparecem à nossa mente são meras manifestações da nossa mente de êxtase; para além disso, eles não existem de modo algum. De modo geral, o Tantra Ioga Supremo está fundamentado na visão Madhyamika-Prasangika, mas, diferentemente dos eruditos Prasangika [do caminho] do Sutra, muitos Prasangikas tântricos também aceitam a visão Chittamatra de que formas são da natureza da mente.

Para praticar o corpo-isolado do estágio de conclusão, primeiro geramos um êxtase especial por meio de dissolver nossos ventos interiores no nosso canal central através das meditações no canal central, na gota e no vento, explicadas anteriormente. Depois, meditamos na vacuidade com essa mente de êxtase, enquanto uma parte da nossa mente mantém um reconhecimento especial de que nossa mente de êxtase e vacuidade tornou-se indivisível, como o Corpo-Verdade propriamente dito, ou Dharmakaya. Uma vez que tenhamos obtido essa experiência em meditação, devemos, quando estivermos no intervalo entre as meditações, ver ou perceber todos os fenômenos que aparecem à nossa mente como manifestações da nossa mente de êxtase e vacuidade. Por manter essa visão dia e noite, iremos interromper as aparências comuns e concepções comuns e poderemos desfrutar de objetos de desejo para aumentar nosso êxtase.

Podemos ver também todos os fenômenos como manifestações de Deidades. Podemos ver todos os *agregados forma* como manifestações de Buda Vairochana, todos os *agregados sensação* como manifestações de Buda Ratnasambhava, todos *os agregados discriminação* como manifestações de Buda Amitabha, todos os *agregados fatores de composição* como manifestações de Buda Amoghasiddhi, e todos os *agregados consciência* como manifestações de Buda Akshobya. Podemos ver todos os quatro elementos como manifestações das Quatro Mães: todos os *elementos terra* como manifestações de Lochana, todos os *elementos água* como manifestações de Mamaki, todos os *elementos fogo* como manifestações de Benzarahi, e todos os *elementos vento* como manifestações de Tara. Em particular, visualizamos *todas as formas* existentes no mundo todo sob o aspecto de Deusas Rupavajra, *todos os sons* sob o aspecto de Deusas Shaptavajra, *todos os odores* sob o aspecto de Deusas Gändhavajra, *todos os sabores* sob o aspecto de Deusas Rasavajra, *todos os objetos táteis* sob o aspecto de Deusas Parshavajra, e todos os *demais fenômenos* sob o aspecto de Deusas Dharmadhatuvajra; e desfrutamos dessas Deusas e de suas oferendas de modo a aumentar nosso êxtase.

Uma Deusa Rupavajra é uma Deidade feminina de cor branca, nascida da sabedoria onisciente que é indivisível da vacuidade da forma, e segura um espelho que reflete o universo inteiro. Uma Deusa Shaptavajra é uma Deidade feminina de cor azul, nascida da sabedoria onisciente que é indivisível da vacuidade do som, e segura uma flauta que produz espontaneamente belas melodias. Uma Deusa Gändhavajra é uma Deidade feminina de cor amarela, nascida da sabedoria onisciente que é indivisível da vacuidade do odor, e segura um belo recipiente adornado com joias repleto com perfumes especiais cuja fragrância permeia o mundo inteiro. Uma Deusa Rasavajra é uma Deidade feminina de cor vermelha, nascida da sabedoria onisciente que é indivisível da vacuidade do sabor, e segura um recipiente precioso repleto de néctar que possui as três qualidades (é um néctar-medicinal que cura todas as doenças; um néctar-vital que supera a morte; e um néctar-sabedoria que destrói as delusões). Uma Deusa Parshavajra é uma Deidade feminina de cor verde, nascida da sabedoria onisciente que é indivisível da vacuidade do tato, e segura preciosas vestimentas. Uma Deusa Dharmadhatuvajra é uma Deidade feminina de cor branca, nascida da sabedoria onisciente que é indivisível da vacuidade de todos os demais fenômenos, e segura uma fonte-fenômenos, simbolizando a vacuidade.

Cada Deusa concede os cinco tipos de êxtase: êxtase surgido de ver seu belo corpo, êxtase surgido de ouvir seus sons melodiosos, êxtase surgido de cheirar sua agradável fragrância, êxtase surgido de provar seu beijo, e êxtase surgido de sentir a maciez de sua pele. Geramos esses cinco tipos de êxtase e, então, meditamos na vacuidade, simbolizada pela fonte-fenômenos. Devemos fazer essa prática de aquisição subsequente e a prática do equilíbrio meditativo alternadamente, até nos tornarmos um Buda tântrico.

Fala-Isolada e Mente-Isolada

FALA-ISOLADA

Este tópico será explicado em três partes:

1. Definição e etimologia de *fala-isolada*;
2. Classes da fala-isolada;
3. Como praticar a fala-isolada.

DEFINIÇÃO E ETIMOLOGIA DE *FALA-ISOLADA*

A definição de *fala-isolada* é: um ioga do estágio de conclusão anterior à mente isolada e que serve para isolar o vento muito sutil, que é a raiz da fala, dos ventos comuns.

A fala depende do vento ascendente movedor, que está localizado principalmente na garganta e cuja função é nos capacitar a falar. Assim como todos os ventos densos, o vento ascendente movedor desenvolve-se a partir do vento muito sutil; portanto, a raiz verdadeira da fala é o vento muito sutil. O ioga da fala-isolada serve para purificar o vento muito sutil por meio de isolá-lo dos movimentos dos ventos comuns.

Ngulchu Dharmabhadra

CLASSES DA FALA-ISOLADA

Há cinco tipos de fala-isolada:

1. Primeiro vazio da fala-isolada;
2. Segundo vazio da fala-isolada;
3. Terceiro vazio da fala-isolada;
4. Quarto vazio da fala-isolada;
5. Fala-isolada que não é nenhuma dessas quatro.

Todos os iogas da aquisição subsequente da fala-isolada estão incluídos no quinto tipo.

O *primeiro vazio* é a mente da aparência branca; o *segundo vazio*, a mente do vermelho crescente; o *terceiro vazio*, a mente da quase-conquista negra; e o *quarto vazio*, a mente de clara-luz. No entanto, se algo é um dos quatro vazios, ele não é, necessariamente, um dos quatro vazios da fala-isolada. Por exemplo, a mente da aparência branca que se desenvolve na dependência da meditação na gota indestrutível anterior à fala-isolada é um dos quatro vazios, mas não é a fala-isolada. Para que algo seja a fala-isolada, precisa ter surgido por força do afrouxamento dos nós da roda-canal do coração. Um exemplo de fala-isolada é a mente da aparência branca desenvolvida por força do afrouxamento dos nós no canal do coração por meio da recitação vajra, ou por outros métodos que têm uma função semelhante à recitação vajra.

De acordo com o Mantra Secreto, é muito importante controlar os ventos. Todos os praticantes puros de Dharma sabem o quão importante é controlar a mente, mas não podemos realmente controlar nossa mente sem controlar nossos ventos. Enquanto ventos impuros fluírem pelos nossos canais, continuaremos a desenvolver pensamentos negativos. Compreendendo como os nossos estados mentais dependem da pureza ou impureza dos nossos ventos, os praticantes do Mantra Secreto se esforçam para controlar seus ventos. Para uma mente funcionar, ela necessita de um vento que lhe dê o poder para mover-se para o seu objeto. Assim, enquanto o vento impuro que age como a montaria para a ignorância do agarramento ao em-si fluir pelos nossos canais, desenvolveremos ignorância do agarramento ao em-si, mas, se conseguirmos dominar esse vento, nosso agarramento ao em-si não terá poder algum de se aferrar aos objetos; ele não fará com que desenvolvamos delusões e não será capaz de atuar como a causa do samsara.

Reconhecendo a necessidade de controlar os ventos, os iogues tântricos consideram o ioga do vento como muito importante. Direta ou indiretamente, todos os iogas do estágio de conclusão são iogas do vento, pois todos eles são métodos para trazer os ventos para o canal central. No *Tantra Rosário de Vajra*, Vajradhara diz que, se os iogues meditarem no vento, eles alcançarão rapidamente as aquisições, e no *Tantra Pequeno Sambara*, ele diz:

Aqueles que não conhecem o ioga dos ventos,
Ou não meditam nele,
Serão afligidos por vários sofrimentos
E permanecerão no samsara.

De todos os ventos, o mais importante é o vento muito sutil. Ele é a base tanto do samsara quanto da Budeidade. Se falharmos em controlar o vento muito sutil, ele será a causa de renascimento no samsara, mas, se o controlarmos, ele então irá se tornar a causa substancial do corpo-ilusório e do Corpo-Forma de um Buda. *Controlar o vento muito sutil* significa interromper os ventos comuns que se desenvolvem dele.

Para compreender como o vento muito sutil é o fundamento tanto do renascimento samsárico quanto da libertação do samsara, precisamos considerar o processo da morte, o estado intermediário e o renascimento. Quando morremos, os ventos dissolvem-se no canal central e experienciamos a mente muito sutil da clara-luz da morte. Quando a mente muito sutil da clara-luz está manifesta, o vento muito sutil também está, ao mesmo tempo, manifesto. O momento da morte propriamente dito ocorre quando a clara-luz da morte cessa. No momento seguinte, se formos renascer como um ser humano, ingressamos então no estado intermediário, ou *bardo*, de um ser humano. Permanecemos no estado intermediário até vermos nossos futuros pais tendo uma relação sexual e, então, entramos no útero de nossa futura mãe. Assim que fazemos isso, o ser do estado intermediário morre e experiencia a clara-luz da morte. O momento em que essa clara-luz da morte cessa e a mente da quase-conquista negra da ordem reversa se manifesta representa o início da próxima vida. Simultaneamente, o vento-montaria da quase-conquista negra desenvolve-se diretamente. Então, os ventos-montarias do vermelho crescente e da aparência branca desenvolvem-se gradualmente. No caso dos seres comuns, porque o vento-montaria da clara-luz da morte do ser do estado intermediário é impuro, o vento-montaria da quase-conquista negra (que se manifesta assim que o ser do estado intermediário entra no útero) também é impuro. Visto que a fonte é impura, todos os ventos que se desenvolvem dela também são impuros. Na dependência desses ventos impuros, os seres comuns desenvolvem pensamentos conceituais perturbados, como o agarramento ao em-si.

Se, por outro lado, uma pessoa purificou e controlou seu vento muito sutil, todos os ventos que surgem dele também serão puros. Se o vento-montaria da clara-luz da morte do estado intermediário for puro, o vento-montaria da quase-conquista negra – e todos os ventos que se desenvolvem dele – também serão puros. Tais seres alcançarão elevadas realizações naturalmente. Porque somente ventos puros fluirão por seus canais, será impossível para esses seres desenvolverem concepções negativas, e mentes virtuosas surgirão facilmente.

COMO PRATICAR A FALA-ISOLADA

Este tópico tem três partes:

1. Meditação na gota indestrutível;
2. Meditação no vento e mente indestrutíveis;
3. Meditação na recitação vajra.

A terceira parte – a meditação na recitação vajra – diz respeito à prática propriamente dita da fala-isolada. No entanto, primeiro precisamos assentar o fundamento para a recitação vajra por meio de nos familiarizarmos com as meditações da gota indestrutível e do vento e mente indestrutíveis. Essas duas meditações tornam o afrouxamento dos nós do canal do coração mais fácil para nós, mas o método propriamente dito para afrouxar diretamente esses nós é a meditação na recitação vajra. Sem afrouxar os nós da roda-canal do coração, não podemos obter as realizações propriamente ditas da fala-isolada. As duas primeiras meditações listadas aqui já foram explicadas e, portanto, prosseguiremos agora com uma explicação da terceira meditação, a meditação na recitação vajra.

MEDITAÇÃO NA RECITAÇÃO VAJRA

A recitação vajra é um ioga do vento que tem duas funções principais: (1) afrouxar e desatar os nós do canal no coração, e (2) unir os ventos com mantra, interrompendo, assim, o movimento comum dos ventos e transformando o vento muito sutil em um vento-sabedoria. A recitação vajra será agora explicada a partir dos três tópicos seguintes:

1. Definição e etimologia de *recitação vajra*;
2. Classes da recitação vajra;
3. Como praticar a recitação vajra.

DEFINIÇÃO E ETIMOLOGIA DE *RECITAÇÃO VAJRA*

A definição de *recitação vajra* é: um ioga no qual vento e mantra estão unidos e que é a recitação última de uma pessoa no estágio de conclusão. Esta definição tem duas partes. A primeira parte descreve a função da recitação vajra, que é unir os ventos com mantra, de modo que vento e mantra não possam ser diferenciados; e a segunda parte indica que a recitação vajra é recitação de mantra última. Em geral, há três tipos de recitação de mantra: recitação verbal, recitação mental e recitação vajra. A recitação vajra não é recitação verbal nem recitação mental, mas recitação do vento.

A etimologia da recitação vajra é a seguinte: "*vajra*" significa "indestrutível" e refere-se à união indestrutível de vento e mantra, e "recitação" indica que a recitação vajra é uma prática de recitação de mantra.

CLASSES DA RECITAÇÃO VAJRA

Há dois tipos de recitação vajra:

1. Recitação vajra nos ventos-raiz;
2. Recitação vajra nos ventos secundários.

Visto que há cinco ventos-raiz e cinco ventos secundários, podemos dividir a recitação vajra, por sua vez, em dez tipos.

COMO PRATICAR A RECITAÇÃO VAJRA

Este tópico será explicado em três partes:

1. Uma explicação dos ventos;
2. Uma explicação sobre mantra;
3. A meditação propriamente dita na recitação vajra.

UMA EXPLICAÇÃO DOS VENTOS

Vento é definido como um dos quatro elementos, que é leve e se move. Os ventos podem ser divididos em: ventos exteriores e ventos interiores, e em ventos densos e ventos sutis. O vento exterior denso é o vento que experienciamos num dia ventoso. O vento exterior sutil é muito mais difícil de ser percebido. Ele é a energia que faz com que as plantas cresçam e existe até mesmo dentro de rochas e montanhas. É com o auxílio dos ventos sutis que as plantas extraem água, produzem novas folhas, e assim por diante.

Esses ventos são a força vital das plantas. De fato, em alguns textos tântricos, os ventos são denominados "vida" ou "força vital". Assim, embora seja incorreto dizer que as plantas são vivas no sentido de estarem associadas a uma consciência, podemos dizer que elas são vivas nesse outro sentido.

Os ventos interiores são os ventos no continuum de uma pessoa, que fluem através dos canais de seu corpo. A principal função dos ventos interiores é mover a mente para o seu objeto. A função da mente é apreender objetos, mas ela não pode se mover para um objeto ou estabelecer uma conexão com ele sem um vento que lhe sirva de montaria. A mente é, algumas vezes, comparada a uma pessoa coxa que pode enxergar, e o vento, a uma pessoa cega que pode andar. As mentes podem funcionar apenas quando operam em conjunto com os ventos interiores.

Existem muitos tipos diferentes de ventos fluindo pelos canais do corpo, mas todos estão incluídos nos cinco ventos-raiz e nos cinco ventos secundários. Os cinco ventos-raiz são:

(1) o vento de sustentação vital;
(2) o vento descendente de esvaziamento;
(3) o vento ascendente movedor;
(4) o vento que-permanece-por-igual;
(5) o vento que-permeia.

O vento de sustentação vital é denominado "vento Akshobya" porque, quando for completamente purificado, ele irá se transformar na natureza de Akshobya. No momento presente, o nosso vento de sustentação vital é como a semente do Corpo-Forma de Akshobya, mas ele não é Akshobya ele próprio. A função principal do vento de sustentação vital é sustentar a vida, mantendo a conexão entre o corpo e a mente. Quanto mais forte for o vento de sustentação vital, mais tempo viveremos. Outra função deste vento é sustentar o elemento água do nosso corpo e fazer com que ele aumente. O vento de sustentação vital é branco e sua localização principal é no coração. Quando exalamos, ele sai por ambas as narinas, fluindo suavemente para baixo.

O vento descendente de esvaziamento é a semente do Corpo-Forma de Ratnasambhava e está associado com o elemento terra. Ele é amarelo e cumpre a função de soltar urina, fezes, esperma e sangue menstrual. Suas localizações principais são o ânus e o órgão sexual e, quando exalamos, ele sai horizontalmente por ambas as narinas, fluindo fortemente para frente.

O vento ascendente movedor é a semente do Corpo-Forma de Amitabha e está associado com o elemento fogo. Ele é vermelho e cumpre a função de nos tornar capazes de ingerir comida e bebida, falar, tossir, e assim por diante. Sua localização principal é na garganta e, quando exalamos, ele sai pela narina direita, fluindo violentamente para cima.

O vento que-permanece-por-igual é a semente do Corpo-Forma de Amoghasiddhi e está associado com o elemento vento. Ele é amarelo-esverdeado e cumpre a função de fazer arder o fogo interior e de possibilitar a digestão da comida e da bebida, separando os nutrientes da matéria não aproveitável. Sua localização principal é no umbigo e, quando exalamos, ele sai pela narina esquerda, movendo-se para a esquerda e para a direita a partir da borda da narina.

O vento que-permeia é a semente do Corpo-Forma de Vairochana e está associado com o elemento espaço. Ele é azul-pálido e, como o seu nome sugere, ele permeia todo o corpo, particularmente as 360 articulações. Sua função é tornar o corpo capaz de se movimentar. Sem esse vento, ficaríamos completamente imóveis, como uma pedra. Esse vento não flui pelas narinas, exceto no momento da morte.

De um modo geral, em qualquer momento dado, um dos ventos está sempre fluindo mais fortemente pelas narinas do que os outros. Por exemplo, se o vento de sustentação vital estiver fluindo fortemente, os demais ventos (exceto o vento que-permeia) estarão fluindo suavemente. A menos que observemos de maneira muito cuidadosa nossa respiração, será difícil notar os diferentes movimentos dos quatro ventos, mas, com toda certeza, eles fluem pelas nossas narinas sempre que respiramos.

Os cinco ventos secundários são:

Yangchen Drubpay Dorje

(1) o vento movedor;
(2) o vento intensamente movedor;
(3) o vento perfeitamente movedor;
(4) o vento fortemente movedor;
(5) o vento definitivamente movedor.

Os cinco ventos secundários são assim denominados porque eles se ramificam do vento de sustentação vital, que reside no centro do coração. A localização principal desses ventos é em quatro hastes--canais da roda-canal do coração, de onde fluem pelos nossos canais para as cinco portas das faculdades sensoriais. Os cinco ventos secundários são também denominados "os cinco ventos das faculdades sensoriais" porque sua função é possibilitar o desenvolvimento das percepções sensoriais.

O primeiro vento, o vento movedor, flui do coração pela porta dos olhos, permitindo que a percepção visual se mova para o seu objeto, as formas visuais. Sem o vento movedor, a percepção visual seria incapaz de entrar em contato com as formas visuais. A razão pela qual não podemos ver quando estamos dormindo é que o vento movedor retirou-se da porta da faculdade sensorial visual e retornou para sua sede, no coração.

O vento intensamente movedor flui do coração para os ouvidos, permitindo que a percepção auditiva se mova para os sons. O vento perfeitamente movedor flui do coração para as narinas, permitindo que a percepção olfativa se mova para os odores. O vento fortemente movedor flui do coração para a língua, permitindo que a percepção gustativa se mova para os sabores. O vento definitivamente movedor flui do coração para todo o corpo, permitindo que a percepção tátil se mova para os objetos táteis.

O vento descendente de esvaziamento, o vento ascendente movedor, o vento que-permanece-por-igual, o vento que-permeia e os cinco ventos secundários são, todos eles, ventos interiores densos. O vento de sustentação vital possui três níveis: denso, sutil e muito sutil. A maioria dos ventos-montaria dos pensamentos conceituais são ventos de sustentação vital densos; os ventos-montaria das mentes da aparência branca, vermelho crescente e quase-conquista negra são ventos de sustentação vital sutis; e o vento-montaria da mente de clara-luz é um vento de sustentação vital muito sutil.

O vento de sustentação vital tem uma atuação muito ampla. Se um vento de sustentação vital poluído se manifesta, pensamentos conceituais negativos se desenvolvem, mas, se o vento de sustentação vital for purificado, os pensamentos conceituais negativos serão pacificados. Todas as meditações utilizam a percepção mental, e o vento-montaria da percepção mental é o vento de sustentação vital, necessariamente.

Cada um dos cinco ventos das faculdades sensoriais e o vento de sustentação vital denso possuem duas partes: um vento que desenvolve o tipo específico de percepção e um vento que move a percepção para o seu objeto. Esses doze ventos normalmente fluem pelos canais direito e esquerdo e são os principais objetos a serem purificados pela recitação vajra. Se quisermos superar distrações, é muito importante fazer com que esses doze ventos entrem, permaneçam e se dissolvam dentro do canal central.

UMA EXPLICAÇÃO SOBRE MANTRA

Há muitas Deidades do Tantra Ioga Supremo, e cada Deidade tem uma quantidade diferente de mantras, tais como o mantra-raiz, o mantra-essência, o mantra-essência-aproximador, o mantra-ação e os mantras do séquito de Deidades. Na prática de Heruka, o mantra-raiz, o mantra-essência, o mantra-essência-aproximador e os mantras das Deidades-armadura são particularmente importantes, e são conhecidos como "os quatro aspectos dos Preciosos". Todos os grandes Mahasiddhas consideraram esses mantras como muito preciosos. O mantra tri-OM de Vajrayogini é outro mantra especialmente poderoso, porque contém os mantras raiz, essência e essência-aproximador reunidos em um só. Recebemos grandes benefícios ao recitar os mantras de Heruka e de Vajrayogini. É dito inclusive que, se escrevermos esses mantras com tinta de ouro em um papel e o mantivermos junto do nosso corpo, não seremos prejudicados por humanos ou espíritos.

Todos os mantras estão contidos nestas três letras: OM AH HUM. Este breve mantra é o mantra de todos os Budas. Todos os Budas estão contidos nestes três grupos: corpo-vajra, fala-vajra e mente-vajra. O mantra do corpo-vajra é OM, o mantra da fala-vajra é AH, e o mantra da mente-vajra é HUM. Se recitarmos essas três letras, receberemos as bênçãos de todos os mantras e de todos os Budas. Se esse mantra for recitado com forte fé, ele será muito poderoso. Há três maneiras de recitar OM AH HUM: verbalmente, mentalmente e por meio da recitação vajra. A recitação mental é superior à recitação verbal, mas a recitação vajra é a recitação suprema.

A fonte das três letras OM AH HUM, e a de todos os mantras em geral, são as dezesseis vogais sânscritas e as 34 consoantes sânscritas. As dezesseis vogais são:

A, AA, I, II, U, UU, RI, RII, LI, LII, E, AI, O, AU, AM, AH

As 34 consoantes estão divididas em sete grupos, como segue:

KA, KHA, GA, GHA, NGA,
CHA, CHHA, JA, JHA, NYA,
DA, THA, TA, DHA, NA,
DrA, THrA, TrA, DHrA, NA,
BA, PHA, PA, BHA, MA,
YA, RA, LA, WA,
SHA, KA, SA, HA, KYA

Quando abençoamos a oferenda interior nas sadhanas de Heruka e de Vajrayogini, visualizamos essas vogais e consoantes acima da cuia de crânio e imaginamos que elas se fundem e se transformam nas letras OM AH HUM. Isso demonstra que as três letras, em particular, e todos os mantras, em geral, provêm das vogais e consoantes.

Quando pronunciamos as vogais e consoantes em voz alta, elas são da natureza do som, mas, antes de serem pronunciadas, o que elas são? Antes de se tornarem fala, as cinquenta letras são da natureza dos ventos interiores dentro dos canais do nosso corpo. Quando esses ventos alcançam nossa garganta e encontram outras condições, eles se transformam nos sons das cinquenta letras. Quando escrevemos as letras, elas aparecem para nós no aspecto de formas visuais, mas, na verdade, as letras não são formas visuais, mas *sons expressivos*. De modo semelhante, todos os mantras também são, originariamente, da natureza do vento, mas eles podem ser expressos verbalmente como som ou colocados por escrito – como *forma*. Há quatro tipos de mantra: mantras que são mente, mantras que são vento, mantras que são som, e mantras que são forma. O mantra definitivo, ou mantra último, é a mente de *êxtase e vacuidade indivisíveis* de todos os Budas, que é tanto mente quanto mantra; os mantras que existem em nossos canais antes que os pronunciemos ou que os coloquemos por escrito são mantras que são vento; um mantra pronunciado é um mantra que é som; e um mantra escrito é um mantra que é forma.

A palavra "mantra" significa literalmente "proteção da mente". Visto que a mente de êxtase e vacuidade é a proteção mental última, essa mente é mantra. Um exemplo de mantra último é a sabedoria de êxtase e vacuidade de Heruka, que é o mantra-último de Heruka. Quando essa sabedoria aparece como um mantra-raiz, ela é denominada "o mantra-raiz de Heruka". Antes do mantra-raiz de Heruka ser pronunciado, ele permanece como a natureza do vento dentro dos canais, quando, então, ele é tanto mantra quanto vento. Quando o mantra-raiz é pronunciado, ele se torna um *mantra que é som*, e quando é colocado por escrito, ele se torna um *mantra que é forma*.

As letras escritas de um mantra são a representação visível do mantra pronunciado. Sem o som do mantra, não haveria o mantra escrito; e o som do mantra desenvolve-se a partir do vento. Se não houvesse ventos fluindo pelos canais, não haveria fala, e, portanto, não haveria *mantras que são som*. A natureza interior dos mantras é, portanto, vento. Visto que os mantras são constituídos a partir das dezesseis vogais e 34 consoantes, a natureza interior dessas letras também é vento. Quando os cinquenta ventos que são a natureza interior das cinquenta letras são purificados, todos os ventos são purificados. O colar de cinquenta crânios que Vajrayogini usa simboliza os cinquenta ventos purificados: as cinquenta vogais e consoantes interiores de Vajrayogini purificadas aparecem no aspecto de um colar de crânios humanos.

Em resumo, o vento muito sutil é a raiz da fala e a raiz do mantra. Do vento muito sutil, os ventos densos se desenvolvem, e, dos ventos densos, o som do mantra se desenvolve. Sem vento, não há mantra. Alguns eruditos levantaram a seguinte questão: "Qual é a natureza real das escrituras?". Essa é uma questão muito difícil de ser respondida se levarmos em conta apenas os ensinamentos de Sutra. Se dissermos que as escrituras são mente, então teremos de explicar como as escrituras podem ser comunicadas aos outros; mas, se dissermos que as escrituras são som ou forma visível, precisaremos explicar como a *matéria* pode expressar significados. De que modo um som, que é desprovido de percepção ou consciência, pode se tornar um objeto-possuidor? Esses problemas podem ser facilmente resolvidos se considerarmos os ensinamentos de Tantra Ioga Supremo sobre os ventos. A natureza interior das escrituras é vento, e o vento está associado à percepção ou consciência. Quando as escrituras são recitadas, elas se tornam som, e quando são colocadas por escrito, elas se tornam forma.

O propósito desta discussão sobre ventos e mantras é dissipar a má compreensão de que os mantras são apenas som ou apenas forma. Para realizar o objetivo da recitação vajra – que é unificar nossos ventos com mantra – precisamos compreender que a natureza interior dos mantras é vento.

A MEDITAÇÃO PROPRIAMENTE DITA NA RECITAÇÃO VAJRA

Podemos meditar na recitação vajra a qualquer momento, mas a melhor hora é ao amanhecer, quando nossa mente está descansada e revigorada. O amanhecer simboliza a clara-luz; portanto, meditar na recitação vajra ao amanhecer é auspicioso para a rápida aquisição da realização da clara-luz. A postura física para fazer a recitação vajra é a postura dos sete pontos de Vairochana; o objeto de meditação é o vento interior; e o local onde focamos nossa mente é, principalmente, o coração. A recitação vajra é denominada "esforço vital na gota de luz" porque o objeto principal da recitação vajra é o vento muito sutil, dotado com raios de luz de cinco cores.

Se já tivermos obtido alguma familiaridade em meditar na gota indestrutível e no vento e mente indestrutíveis no coração, como explicado acima, podemos dar início à prática da recitação vajra. Focamos nosso vento e mente indestrutíveis no aspecto de uma minúscula letra BAM branco-avermelhada dentro da gota indestrutível, dentro do canal central no coração. Do *nada* da letra BAM, imaginamos que o nosso vento de sustentação vital sobe suavemente pelo nosso canal central, como uma fumaça branca de incenso. À medida que sobe, o vento de sustentação vital faz o som HUM. Devemos sentir que o vento, ele próprio, faz esse som, e que a nossa mente está simplesmente ouvindo-o. Gradualmente, o vento de sustentação vital alcança a roda-canal da garganta. Mantemos o vento na roda-canal da garganta por alguns instantes, ainda fazendo o som HUM, e então permitimos que desça lentamente. À medida que desce, ele faz o som OM. Por fim, ele alcança o centro da roda-canal do coração e dissolve-se na gota indestrutível. Ele permanece ali por um breve período, fazendo o som AH. Depois, o vento de sustentação vital sobe novamente para a garganta, fazendo o som HUM; desce, fazendo o som OM; e permanece no coração, fazendo o som AH. Devemos repetir esse ciclo diversas vezes. Por fim, concentramo-nos estritamente focados somente no vento a permanecer no coração e no som AH.

Quando tivermos obtido alguma familiaridade com essa meditação, fazemos a seguinte modificação, como segue. Começamos como foi explicado antes, mas, quando o vento subir, em vez de permanecer na garganta, permitimos que ele continue sem interrupção até a coroa, o tempo todo fazendo o som HUM. O vento de sustentação vital permanece na coroa muito brevemente e, então, desce lentamente de volta ao coração, fazendo o som OM. Então, ele permanece no coração por um algum tempo, fazendo o som AH. Repetimos esse ciclo diversas vezes. Por fim, concentramo-nos somente no vento a permanecer no coração e no som AH.

Quando tivermos obtido alguma familiaridade com essa segunda meditação, imaginamos que o vento de sustentação vital sobe do vento indestrutível e percorre todo o caminho até as nossas narinas, sem se deter na garganta ou na coroa, e que, à medida que sobe, ele faz o som HUM. O vento de sustentação vital permanece nas narinas muito brevemente e, depois, retorna lentamente ao coração, fazendo o som OM, e então permanece no coração fazendo o som AH. Repetimos esse ciclo diversas vezes, finalizando-o por meio de nos concentrarmos de modo estritamente focado no som do AH no coração.

Quando tivermos obtido alguma familiaridade com essa terceira meditação, imaginamos que o vento sobe a partir do coração, passa diretamente pelos chakras da garganta e da coroa, sai pelas narinas e alcança o coração de todos os Budas, visualizados no espaço diante de nós. O vento de sustentação vital faz, o tempo todo, o som HUM. O vento então recebe as bênçãos de todos os Budas e retorna, através de nossas narinas, para o nosso coração, fazendo o som OM. O vento, abençoado, dissolve-se na gota indestrutível e faz o som AH. Repetimos esse ciclo diversas vezes, o tempo todo ouvindo o som-mantra do vento.

Quando tivermos obtido alguma familiaridade com essa meditação, passamos para a quinta meditação. Começamos essa meditação como antes. O vento de sustentação vital sobe e sai pelas narinas, fazendo o som HUM. Imaginamos então que o vento exalado mistura-se com os ventos exteriores de incontáveis mundos. A mistura de ventos interiores e ventos exteriores faz o som HUM. Todos os ventos reúnem-se, tornando-se mais e mais sutis, entram por nossas narinas e descem até o nosso coração, fazendo o som OM. Então, eles permanecem em nosso coração, fazendo o som AH. Enquanto o ar é exalado, inalado e permanece em nosso coração, devemos nos manter

Khedrub Tendzin Tsondru

continuamente conscientes dos sons OM AH HUM. Por fim, todos os ventos internos e externos tornam-se OM AH HUM.

A recitação vajra também pode ser feita com os outros quatro ventos-raiz e com os cinco ventos secundários. Ao fazer isso, unificaremos todos os nossos ventos interiores com mantra. Desse modo, os ventos impuros irão cessar gradualmente e somente ventos puros irão fluir pelos nossos canais. Um efeito secundário disso é que obteremos clarividência e poderes miraculosos. No sistema do Mantra Secreto, clarividência e poderes miraculosos são obtidos principalmente através do ioga do vento. Por exemplo, podemos obter clarividência visual por meio da recitação vajra do vento movedor, o vento que flui pela porta dos olhos e que sustenta a percepção visual. Por unificar esse vento com mantra, o vento torna-se puro e, visto que ventos puros sustentam somente mentes puras, apenas aparências puras irão aparecer para a nossa percepção visual. Veremos Terras Puras e outras formas que seres comuns não podem ver.

No momento presente, nosso vento movedor é impuro; por essa razão, vemos somente formas impuras. A única razão pela qual não podemos ver Terras Puras ou seres puros (e, também, a única razão pela qual até mesmo nossos professores aparecem para nós como comuns) é que nossos ventos são impuros. Quando purificamos nossos ventos, as mentes montadas nesses ventos também se tornam puras, e quando o objeto-possuidor é puro, seus objetos também são puros. Os objetos existem somente em relação aos sujeitos, razão pela qual a pureza do objeto percebido depende da pureza do sujeito percebedor. Em *Ornamento de Claras Realizações*, Maitreya diz que a habilidade para ver Terras Búdicas depende da pureza da nossa mente. Quando nossa mente se torna pura, então, de nossa perspectiva, tudo é puro. Quando um ser humano praticante alcança a iluminação, o local onde ele (ou ela) vive torna-se sua Terra Pura. Ele não precisa viajar a lugar algum para alcançar a Budeidade. Pessoas comuns verão apenas um lugar comum e impuro, mas, da perspectiva desse praticante, é uma Terra Pura. Pureza e impureza dependem da mente. Não podemos limpar nossa mente usando sabão e água, mas podemos purificá-la purificando nossos ventos através da recitação vajra. Seremos, então, capazes de ver muitos objetos sutis que não podem ser vistos por outros.

A função principal da recitação vajra é afrouxar os nós do canal no nosso coração. Quando esses nós são afrouxados, os nós do umbigo, garganta e assim por diante naturalmente se afrouxam. Para facilitar o afrouxamento desses outros nós, é muito útil fazer também a recitação vajra misturando o vento de sustentação vital e o vento descendente de esvaziamento. Como podemos fazer isso? Primeiro, tentamos obter uma imagem genérica da gota indestrutível no coração. Dentro da gota, está a mente e vento muito sutis no aspecto de uma letra BAM. Imaginamos que todos os ventos de sustentação vital da parte superior do nosso corpo reúnem-se interiormente, entram em nosso canal central através da roda-canal da coroa e descem pelo canal central, fazendo o som OM. Esses ventos são brancos e são da natureza do som OM. Simultaneamente, imaginamos que todos os ventos descendentes de esvaziamento da parte inferior do nosso corpo entram em nosso canal central através da porta do órgão sexual e sobem, fazendo o som OM. Esses ventos são amarelos e também são da natureza do som OM. O vento de sustentação vital desce da coroa, e o vento descendente de esvaziamento sobe do órgão sexual, até que, por fim, os dois ventos alcançam o coração e dissolvem-se na gota indestrutível. Eles permanecem na gota, fazendo o som AH. Permanecemos com essa experiência por bastante tempo. Imaginamos então que o vento de sustentação vital sobe novamente para a coroa, enquanto o vento descendente de esvaziamento desce para o órgão sexual – ambos os ventos fazendo o som HUM. O vento de sustentação vital alcança o centro exato da roda-canal da coroa e, ao mesmo tempo, o vento descendente de esvaziamento alcança o centro da roda-canal do órgão sexual. Eles então revertem a direção e fluem mais uma vez de volta ao coração, fazendo o som OM. Eles permanecem no coração por algum tempo, fazendo o som AH. O tempo que passamos permanecendo no coração deve ser maior do que o tempo que passamos durante a ascenção e a descida.

Durante esta meditação, quando o vento descendente de esvaziamento passa pela roda-canal do umbigo ou quando o vento de sustentação vital passa pela roda-canal da garganta, devemos imaginar que são muito penetrantes e que passam pelas rodas-canais sem obstrução e com força considerável. Os ventos são da natureza de luz e som, mas eles se movem pelas rodas-canais vigorosamente, limpando-os facilmente de obstruções. Imaginamos que os ventos estão liberando os nós das rodas-canais do órgão sexual, do lugar secreto, do umbigo, do coração, da garganta e da coroa, como se estivéssemos desobstruindo os bloqueios de um caule de bambu.

Se nos concentrarmos continuamente na recitação vajra dessa maneira, os nós da roda-canal do coração serão afrouxados. Como resultado, o vento de sustentação vital e o vento descendente de esvaziamento irão se dissolver no canal central no coração e experienciaremos os oito sinais mais claramente do que antes. Os quatro vazios (os quatro últimos sinais dos oito sinais de dissolução) obtidos por força de liberar os nós do canal do coração pela recitação vajra são as realizações propriamente ditas da fala-isolada. Por meio dessa prática, o vento muito sutil, que é a raiz da fala, é separado do movimento comum dos ventos e é, assim, transformado em um vento-sabedoria. A clara-luz percebida nesse momento é a clara-luz propriamente dita. A clara-luz percebida por força do corpo-isolado é uma clara-luz artificial, ou *fac-símile* – ela não é a clara-luz verdadeira.

Por praticar a recitação vajra de misturar o vento de sustentação vital e o vento descendente de esvaziamento, alcançaremos as realizações propriamente ditas da fala-isolada e transformaremos a mente de clara-luz em êxtase espontâneo. Se transformarmos nossa mente muito sutil em êxtase espontâneo e aprendermos a utilizá-lo para meditar na vacuidade, definitivamente alcançaremos a Budeidade nesta vida. Este é o benefício último da recitação vajra.

Os benefícios temporários da recitação vajra incluem as aquisições pacificadoras, crescentes, controladoras e iradas. Além disso, porque estamos recitando o mantra de todos os Budas, as bênçãos de todos os Budas entram em nosso corpo; e porque os ventos que fluem por nossos canais são transformados na natureza do mantra, alcançamos poderes miraculosos. Quando completarmos a prática da recitação vajra, até mesmo os ventos exteriores aparecerão como as três letras do mantra OM AH HUM. Poderemos então misturar nossos ventos interiores com os ventos exteriores e reuni--los todos em nosso coração. Obteremos poder sobre os ventos exteriores e demais elementos exteriores, como fogo, água e terra, de modo que não poderemos ser prejudicados por esses elementos. Ao obter poder sobre o elemento vento, podemos voar pelo céu, e ao obter poder sobre o elemento fogo, ficamos protegidos contra qualquer dano causado por fogo. É dito que, uma vez que tenhamos alcançado a realização da fala-isolada, podemos concluir a prática da recitação vajra em seis meses.

MENTE-ISOLADA

Este tópico será explicado em três partes:

1. Definição e etimologia de *mente-isolada*;
2. Classes da mente-isolada;
3. Como praticar a mente-isolada.

DEFINIÇÃO E ETIMOLOGIA DE *MENTE-ISOLADA*

A definição de *mente-isolada* é: um ioga do estágio de conclusão anterior à aquisição do corpo-ilusório, ioga este desenvolvido principalmente por força de soltar completamente os nós do canal do coração e que serve para isolar a mente muito sutil dos movimentos comuns da mente. Outra função da mente-isolada é purificar diretamente a morte comum, o estado intermediário comum e o renascimento comum, e atuar como a causa direta da aquisição do corpo-ilusório. A causa substancial do corpo-ilusório é o vento-montaria da mente-isolada; a mente-isolada, ela própria, é a causa substancial da mente de uma pessoa que possui o corpo-ilusório. Sem a realização da mente-isolada, é impossível obter o corpo-ilusório, e, sem o corpo-ilusório, é impossível obter o Corpo-Forma de um Buda.

A mente-isolada é a condição suprema para a aquisição da Budeidade porque, quem quer que obtenha a mente-isolada alcançará, definitivamente, a iluminação, sem ter nunca mais a necessidade de se submeter à morte comum. Há dois momentos em que a mente-isolada pode ser alcançada: antes da morte e no momento da morte. Os iogues que alcançam a mente-isolada alcançam o corpo-ilusório em pouco tempo e, por fim, alcançam definitivamente a iluminação nessa mesma vida. Alguns iogues do estágio de conclusão não alcançam a mente-isolada enquanto estão vivos, mas o fazem no momento da morte, através de transformar a clara-luz da morte na sabedoria da mente-isolada. Quando a clara-luz da morte cessa, em vez de ingressarem no estado intermediário comum, esses iogues ou ioguines surgem na forma do corpo-ilusório e, então, prosseguem para alcançar a iluminação. É dito que eles alcançam a iluminação no estado intermediário, mas, na verdade, o estado intermediário propriamente dito já havia sido purificado.

A mente da mente-isolada é a causa substancial da mente de um Buda, e o vento-montaria da mente-isolada é a causa substancial do corpo de um Buda. A sabedoria da mente-isolada é tanto uma coleção de mérito quanto uma coleção de sabedoria. Um iogue pode concluir ambas as coleções simplesmente meditando na sabedoria da mente-isolada. Ele pode meditar na mente-isolada 24 horas por dia, seja enquanto está acordado seja enquanto está dormindo. Uma pessoa como essa não tem necessidade de se envolver em práticas exteriores para acumular mérito, como fazer oferendas de mandala ou prostrações, mas pode passar o dia inteiro dormindo, se ele (ou ela) assim desejar.

A mente-isolada é assim denominada porque é um ioga no qual a mente muito sutil é separada, ou isolada, dos movimentos comuns da mente.

CLASSES DA MENTE-ISOLADA

Há cinco tipos de mente isolada:

1. Mente-isolada da aparência branca;
2. Mente-isolada do vermelho crescente;
3. Mente-isolada da quase-conquista negra;
4. Mente-isolada da clara-luz;
5. Mente-isolada que não é nenhuma dessas quatro.

Todos os iogas da aquisição subsequente da mente-isolada estão incluídos no quinto tipo.

Em geral, a aparência branca é denominada "vazio" porque é uma percepção mental sutil que é vazia de mentes e ventos densos. O vermelho crescente é denominado "muito vazio" porque é vazio da aparência branca e de seu vento-montaria. A quase-conquista negra é denominada "grande vazio" porque é vazia do vermelho crescente e de seu vento-montaria. A clara-luz é denominada "totalmente vazio" porque é vazia da quase-conquista negra e de seu vento-montaria, assim como de todas as mentes e ventos mais densos.

Os quatro vazios possuem muitos níveis, tais como os quatro vazios do tempo-básico e os quatro vazios do tempo-caminho. Os quatro vazios do tempo-básico desenvolvem-se nos seres comuns durante o processo da morte, e *fac-símiles* deles desenvolvem-se durante o sono. Os quatro vazios do tempo-básico (os verdadeiros e os *fac-símiles*) são causas de renascimento no samsara. Embora as pessoas comuns experienciem os quatro vazios, elas não os identificam e, por essa razão, não podem transformá-los em caminhos espirituais.

Os quatro vazios do tempo-caminho incluem os quatro vazios do corpo-isolado, os quatro vazios da fala-isolada e os quatro vazios da mente-isolada. Assim como os quatro vazios que se desenvolvem durante o sono, os quatro vazios do corpo-isolado não são os quatro vazios verdadeiros, mas *fac-símiles*. Os quatro vazios da fala-isolada são quatro vazios efetivos, mas, comparados com os quatro vazios da mente-isolada, eles não são muito qualificados. A experiência mais clara dos quatro vazios ocorre quando todos os ventos se dissolvem na gota indestrutível, o que é possível somente quando os nós do canal do coração se afrouxam totalmente. Isso acontece naturalmente, por força do carma, durante o processo da morte; mas um iogue que esteja no nível da mente-isolada experiencia, por força de meditação, uma dissolução dos ventos tão completa quanto a que ocorre durante o processo da morte, e, consequentemente, tem um experiência igualmente clara dos quatro vazios. A única diferença é que o iogue (ou ioguine) mantém contínua-lembrança ao longo das dissoluções (exceto durante o profundo "desmaio" experienciado na parte inferior da quase-conquista negra) e, quando os quatro vazios se manifestam, ele (ou ela) os transforma na natureza de êxtase espontâneo e os utiliza para meditar na vacuidade. Desse modo, os quatro vazios tornam-se o meio para superar a morte comum. Uma pessoa como essa está liberta da morte porque, quando sair do 4º vazio da mente-isolada última, alcançará um corpo-ilusório. A partir de então, o corpo-ilusório passará a ser o seu verdadeiro corpo, e esse corpo nunca morrerá.

É importante compreender precisamente os quatro vazios. *Primeiro vazio* e *aparência branca* são sinônimos; *segundo vazio* e *vermelho crescente* são sinônimos; *terceiro vazio* e *quase-conquista negra* são sinônimos; e *4º vazio* e *clara-luz* são sinônimos. A definição de aparência branca é: uma percepção mental que está manifesta entre a dissolução dos ventos densos no canal central e seu ressurgimento e que percebe uma aparência semelhante a um espaço vazio permeado por uma luz branca, semelhante à luz da lua. Há dois tipos de aparência branca: aparência branca do tempo-básico (que inclui a aparência branca do processo da morte e a aparência branca do sono) e a aparência branca do tempo-caminho (que inclui a aparência branca do corpo-isolado, da fala-isolada, da mente-isolada e a aparência branca posterior à mente-isolada). Até que tenhamos alcançado a iluminação, continuaremos a desenvolver a mente da aparência branca.

Quando os ventos densos se dissolvem no canal central durante o processo da morte, a mente da aparência branca torna-se manifesta e permanece até que seu vento-montaria se dissolva e a mente do vermelho crescente surja. Imediatamente após a clara-luz da morte, desenvolvemos a mente da quase-conquista negra da ordem reversa e, então, a mente do vermelho-crescente da ordem reversa. Depois, quando os ventos se tornam ligeiramente mais densos, a mente do vermelho crescente cessa e desenvolvemos a mente da aparência branca da ordem reversa. Essa mente sutil de um ser do estado intermediário cessa quando os ventos densos ressurgem.

A definição do vermelho crescente é: uma percepção mental que está manifesta entre a dissolução dos ventos densos no canal central e seu ressurgimento e que percebe uma aparência semelhante a um espaço vazio permeado por uma luz vermelha, semelhante à luz do pôr do sol. A definição da quase-conquista negra é: uma percepção mental que está manifesta entre a dissolução dos ventos densos no canal central e seu ressurgimento e que percebe uma aparência semelhante a um espaço vazio permeado por escuridão. A definição de clara-luz é: uma percepção mental que está manifesta entre a dissolução do vento-montaria da quase-conquista negra no canal central e seu ressurgimento e que percebe uma aparência semelhante a um espaço vazio permeado por uma luz clara, semelhante à luz da aurora. Enganadas pelo nome, algumas pessoas pensam que a clara-luz é um tipo de luz, mas isso é completamente errado. Na realidade, a natureza da clara-luz é ser uma percepção e, assim como todas as percepções, ela é um objeto-possuidor. Por exemplo, o objeto da clara-luz-exemplo é a vacuidade.

Embora experienciemos os quatro vazios quando estamos dormindo, é difícil tomarmos conhecimento da existência deles porque, sempre que se manifestam, nossa contínua-lembrança para de funcionar e não conseguimos reconhecê-los. Os praticantes do estágio de conclusão conhecem os quatro vazios através de sua própria experiência e não precisam confiar em raciocínios, mas, antes desse estágio, somente podemos estabelecer a existência dos quatro vazios na dependência de razões lógicas. Podemos inferir a existência de mentes sutis por meio de contemplar nossas mentes densas presentes neste momento. Todas as nossas mentes estão incluídas nas percepções sensoriais e percepções mentais. As percepções sensoriais são, necessariamente, mentes densas. A percepção mental pode ser densa, sutil ou muito sutil. A clara-luz é uma percepção mental muito sutil; a quase-conquista negra, o vermelho crescente e a aparência branca são percepções mentais sutis; e os pensamentos conceituais que temos quando estamos acordados são percepções mentais densas. A mente densa possui muitos níveis, que dependem do vigor do movimento de seus ventos-montaria. Por exemplo, desenvolvemos forte raiva quando há um movimento forte do vento-montaria da raiva; desenvolvemos raiva mediana quando há um movimento mediano do vento; e desenvolvemos uma raiva fraca quando há um movimento fraco do vento. Devemos tentar identificar esses três níveis da mente conceitual à medida que surgem. Visto que as mentes densas surgem das mentes sutis (e sabemos, através da nossa própria experiência, que há três níveis de mente densa), podemos inferir que há três níveis correspondentes de mente sutil. Os pensamentos conceituais que dependem de movimentos fortes dos ventos indicam a existência do nível mais denso da mente sutil – a mente da aparência branca. Os pensamentos conceituais que dependem de movimentos medianos dos ventos indicam a mente do vermelho crescente. Os pensamentos conceituais que dependem de movimentos fracos dos ventos indicam a mente da quase-conquista negra. A mente da aparência branca é a fonte do nível mais denso de pensamento conceitual, o vermelho crescente é a fonte do nível mediano de pensamento conceitual, e a quase-conquista negra é a fonte do nível mais sutil de pensamento conceitual. Se não houvesse três níveis de mente sutil, não haveria três níveis de mente densa. Portanto, assim como podemos inferir a causa (fogo) por observar o efeito (fumaça), podemos assim inferir a causa (os três níveis da mente sutil) por observar o efeito (os três níveis da mente densa).

Existem 33 concepções indicativas da mente da aparência branca, quarenta concepções indicativas da mente do vermelho crescente, e sete concepções indicativas da mente da quase-conquista negra. Essas oitenta concepções indicativas, que estão listadas no livro *Clara-Luz de Êxtase*, são razões conclusivas que indicam a existência dos três primeiros vazios. Até que possamos fazer com que os ventos se dissolvam no canal central por força de meditação, precisaremos confiar nessas razões conclusivas para compreender esses três vazios.

COMO PRATICAR A MENTE-ISOLADA

Há dois métodos para obter a experiência da mente-isolada: um método exterior e um método interior. O método exterior é confiar em um mudra-ação, ou consorte, e o método interior é meditar no processo de absorção. Há duas maneiras de meditar no processo de absorção: a absorção da destruição subsequente e a absorção de manter o corpo totalmente. Para praticar a primeira, imaginamos que o recipiente (o universo) e o conteúdo (seus habitantes) se convertem em luz, que, então, se reúne e se dissolve em nosso corpo, o qual, por sua vez, se dissolve na mente e vento indestrutíveis em nosso coração. Meditamos então na união de êxtase e vacuidade. Para praticar a *absorção de manter o corpo totalmente*, imaginamos que nosso corpo se converte em luz a partir de baixo e de cima e, então, dissolve-se na mente e vento indestrutíveis em nosso coração. Meditamos então em êxtase e vacuidade. Essas duas práticas são, algumas vezes, denominadas "as absorções das duas concentrações". Ao combinar essas duas absorções com [a prática de] confiar em um mudra-ação, os nós do canal do coração serão totalmente afrouxados e obteremos realizações qualificadas da mente-isolada.

Há dois níveis de realização da mente-isolada: a mera realização da mente-isolada e a realização última da mente-isolada. Obtemos a mera realização da mente-isolada quando os quatro vazios se manifestam por força do afrouxamento completo dos nós do canal do coração por meio da prática dos métodos explicados acima. Essa realização ainda precisa ser aprimorada, pois, embora alguns ventos tenham se dissolvido na gota indestrutível no coração, ainda há alguns ventos que não se dissolveram. Dentre os dez ventos, é particularmente difícil fazer com que o vento que-permeia se reúna e se dissolva no canal central, especialmente na roda-canal do coração. Para realizar isso, precisamos meditar na recitação vajra do vento que-permeia. Quando o vento que-permeia se reúne totalmente na gota indestrutível, nesse momento não há ventos densos fluindo nos canais do nosso corpo, e ficamos somente com mentes sutis. Quando morremos, isso acontece naturalmente por força do carma, mas, para alcançarmos a realização última da mente-isolada por força de meditação, precisamos fazer com que o vento que-permeia se dissolva na gota indestrutível por meio de nos empenharmos na recitação vajra do vento que-permeia.

Para fazer essa recitação vajra, começamos por visualizar os 72 mil canais do nosso corpo. Embora não possamos vê-los claramente, devemos tentar obter uma imagem genérica aproximada deles. Imaginamos que as raízes de todos os canais se irradiam da gota indestrutível no coração, do mesmo modo que as varetas de um guarda-chuva se irradiam de sua haste, e que as extremidades exteriores dos canais estão entre a pele e a carne de todo o nosso corpo. Os canais são como raios irradiando para todos os lugares a partir da gota indestrutível, que é como um sol. Tendo visualizado os 72 mil canais desse modo, imaginamos que todos os ventos que-permeiam são atraídos para o interior através dos canais, ao mesmo tempo em que fazem o som OM. Eles se reúnem e se dissolvem na gota indestrutível no coração, fazendo o som AH, e então retornam aos seus lugares originários nos canais, fazendo o som HUM. Repetimos esse ciclo diversas vezes, transformando o vento que-permeia na natureza do mantra OM AH HUM. À medida que nos familiarizarmos com essa prática, o vento que-permeia irá reunir-se e dissolver-se gradualmente na gota indestrutível, e alcançaremos a clara-luz-última da mente-isolada, a realização mais elevada da mente-isolada. Essa clara-luz

Je Phabongkhapa Trinlay Gyatso

é tão sutil quanto a clara-luz da morte. Quando uma mente sutil como essa desenvolve-se numa pessoa comum, ela não tem outra escolha a não ser morrer; porém, quando um iogue da mente-isolada desenvolve uma mente sutil como essa, em vez de morrer, ele (ou ela) alcança a realização da imortalidade.

Para alcançar a realização última da mente-isolada, precisamos confiar em um mudra-ação. Para praticantes qualificados da mente-isolada, confiar em um mudra-ação é um método poderoso para soltar completamente os nós do canal do coração e, assim, transformar os quatro vazios na natureza de grande êxtase espontâneo. Fazer isso somente através de meditação é difícil e consome muito tempo.

Alguns praticantes avançados optam por não utilizar um mudra-ação, preferindo esperar até o momento da morte, quando então os nós do canal são completamente afrouxados por força do carma e os ventos que-permeiam dissolvem-se naturalmente na gota indestrutível. Por manterem contínua-lembrança ao longo de todo o processo da morte, esses praticantes transformam a clara-luz da morte na clara-luz última da mente-isolada. Ao fazerem isso, eles purificam a morte comum. Quando a clara-luz cessa, em vez de ingressarem no estado intermediário propriamente dito, eles alcançam o corpo-ilusório. Os iogues que alcançam a clara-luz última da mente-isolada por meio de confiarem em um mudra-ação alcançam definitivamente a iluminação nessa mesma vida; e os iogues que alcançam essa realização no momento da morte alcançam o corpo-ilusório e a plena iluminação no estado intermediário.

Corpo-Ilusório, Clara-Luz e União

CORPO-ILUSÓRIO

Este tópico será explicado em três partes:

1. Definição e etimologia de *corpo-ilusório*;
2. Classes de corpo-ilusório;
3. Como alcançar o corpo-ilusório.

DEFINIÇÃO E ETIMOLOGIA DE *CORPO-ILUSÓRIO*

A definição de *corpo-ilusório* é: um corpo-divino real surgido de sua causa substancial – o mero vento-montaria da clara-luz.

O corpo-ilusório tem essa denominação porque, assim como a ilusão produzida por um mágico, ele possui braços, pernas e assim por diante, mas é insubstancial e não é formado de carne e sangue.

CLASSES DE CORPO-ILUSÓRIO

Há dois tipos de corpo-ilusório:

1. Corpo-ilusório impuro;
2. Corpo-ilusório puro.

A definição de corpo-ilusório impuro é: um corpo-divino real surgido de sua causa substancial, o mero vento-montaria da clara-luz-exemplo última da mente isolada. *Corpo-ilusório impuro e corpo-ilusório da terceira etapa das cinco etapas* são sinônimos. A definição de corpo-ilusório puro é: um corpo-divino real surgido de sua causa substancial, o mero vento-montaria da clara-luz-significativa.

O corpo-ilusório impuro tem quinze características:

1. A característica da causa;
2. A característica do momento;
3. A característica da localização;
4. A característica da natureza;
5. A característica da cor;
6. A característica da forma;
7. A característica de ser visto;
8. A característica de luz infinita;
9. A característica de desfrute;
10. A característica de motivação;
11. A característica de boas qualidades;
12. A característica de analogias;
13. A característica de nomes;
14. A característica de palavras definitivas;
15. A característica relativa da duração.

A CARACTERÍSTICA DA CAUSA

A causa substancial do nosso corpo denso é o espermatozoide e o óvulo de nossos pais, e a causa substancial do corpo-ilusório impuro é o vento muito sutil que é o vento-montaria da clara-luz-exemplo última. O corpo-sonho, o corpo do estado intermediário e o corpo-ilusório surgem, todos eles, do vento muito sutil; mas, ao passo que os dois primeiros surgem do vento muito sutil comum, o corpo-ilusório surge do vento muito sutil puro.

A CARACTERÍSTICA DO MOMENTO

O corpo-ilusório é obtido no momento em que a clara-luz-exemplo última da mente-isolada cessa e alcançamos a mente da quase--conquista negra da ordem reversa.

A CARACTERÍSTICA DA LOCALIZAÇÃO

Se alcançarmos o corpo-ilusório antes da morte, ele surgirá inicialmente dentro da gota indestrutível no coração. Depois disso, ele pode viajar para qualquer lugar, do mesmo modo que o corpo-sonho.

A CARACTERÍSTICA DA NATUREZA

A natureza do corpo-ilusório é vento. O corpo-ilusório é da natureza de luz-sabedoria, clara e desobstruída.

A CARACTERÍSTICA DA COR

O corpo-ilusório é branco.

A CARACTERÍSTICA DA FORMA

A forma do corpo-ilusório é a forma do Yidam do iogue. Quando um praticante de Heruka alcança o corpo-ilusório, a forma do seu corpo-ilusório é a forma de Heruka. Simultaneamente, o iogue (ou ioguine) alcança o mandala, o séquito e os prazeres reais de Heruka.

A CARACTERÍSTICA DE SER VISTO

Assim como um corpo do estado intermediário pode ser visto por seres do estado intermediário, mas não por outros seres, o corpo--ilusório pode ser visto apenas por aqueles que têm um corpo--ilusório.

A CARACTERÍSTICA DE LUZ INFINITA

Uma pessoa que tenha alcançado o corpo-ilusório pode irradiar infinita luz de seu corpo, capaz de iluminar o universo inteiro.

A CARACTERÍSTICA DE DESFRUTE

Uma pessoa que tenha alcançado o corpo-ilusório experiencia unicamente prazeres puros. Visto que purificou suas cinco percepções sensoriais e carma impuro, essa pessoa desfruta unicamente de formas, sons, odores, sabores e objetos táteis puros. Uma pessoa como essa alcançou a Terra Dakini exterior.

A CARACTERÍSTICA DE MOTIVAÇÃO

Antes de ingressar no equilíbrio meditativo da mente-isolada-última, que está focado unicamente na vacuidade, o meditador desenvolve a motivação para surgir sob a forma de um corpo-ilusório assim que o equilíbrio meditativo cesse. O corpo-ilusório surge por força dessa motivação e pelo grande esforço feito durante um longo tempo.

A CARACTERÍSTICA DE BOAS QUALIDADES

O corpo-ilusório tem os sinais maiores e as indicações menores. Alguém que tenha alcançado o corpo-ilusório pode comunicar-se ou relacionar-se diretamente com os Budas e receber iniciações deles. Ele pode facilmente obter quaisquer recursos e prazeres que desejar, simplesmente extraindo-os do espaço à sua frente.

A CARACTERÍSTICA DE ANALOGIAS

Há doze analogias que nos ajudam a compreender o corpo-ilusório. O corpo-ilusório é como: uma ilusão; o reflexo da Lua na água; a sombra do corpo; uma miragem; um sonho; um eco; uma cidade de seres do estado intermediário; uma manifestação; um arco-íris; um clarão de relâmpago; uma bolha de água; e um reflexo no espelho. Essas analogias estão explicadas no livro *Clara-Luz de Êxtase*.

A CARACTERÍSTICA DE NOMES

Para nos ajudar a compreender a natureza do corpo-ilusório, Buda Vajradhara deu vários nomes ao corpo-ilusório, tais como *self abençoado*, *verdade convencional*, e *corpo-vajra*. Ele denominou o corpo-ilusório "*self abençoado*" porque ele é a base de designação, ou de imputação, para o *self* sutil. A base de designação do *self* sutil é a mente e vento muito sutis, e o corpo-ilusório é o vento muito sutil transformado em um corpo-divino. Por que Buda chama o corpo-ilusório de *verdade convencional*? Ele é denominado "*convencional*" porque é uma verdade convencional, e não uma verdade última, e é também denominado "verdade" porque é um corpo real, e não um corpo-divino fabricado. Buda denominou o corpo-ilusório "*corpo-vajra*" porque ele é indestrutível, e uma pessoa que tenha alcançado o corpo-vajra não experienciará a morte.

A CARACTERÍSTICA DE PALAVRAS DEFINITIVAS

Neste contexto, o termo "palavras definitivas" refere-se à etimologia de *corpo-ilusório*. O corpo-ilusório é assim denominado porque se assemelha à ilusão produzida por um mágico. Assim como um homem criado por um mágico tem a mesma forma e aspecto de um homem real, mas não é constituído de carne e sangue, o corpo-ilusório também se assemelha superficialmente a um corpo sólido, mas é desenvolvido a partir do vento interior, e não do espermatozoide e do óvulo vindos de um pai e de uma mãe.

A CARACTERÍSTICA DA DURAÇÃO

O corpo-ilusório impuro é alcançado pela primeira vez no instante imediatamente após a cessação da clara-luz-exemplo última da mente-isolada, e permanece até a aquisição da clara-luz-significativa, quando então desaparece, assim como um arco-íris dissolve-se no céu. Quando a clara-luz-significativa cessa, alcançamos o corpo-ilusório puro, que permanece até a iluminação.

Quando classificado em termos de sua base, há dois tipos de corpo-ilusório impuro: o corpo-ilusório impuro que está relacionado aos agregados antigos (isto é, um corpo-ilusório alcançado antes da morte), e o corpo-ilusório impuro que não está relacionado aos agregados antigos (isto é, um corpo-ilusório alcançado após a morte). Exemplos do primeiro tipo são os corpos-ilusórios alcançados por Nagarjuna, Gyalwa Ensapa e Mahasiddha Dharmavajra antes deles morrerem, que eram como joias secretas contidas dentro do corpo denso desses elevados iogues. O corpo-ilusório deles estava relacionado ao seu corpo denso de uma maneira muito semelhante à qual o nosso corpo-sonho está relacionado ao nosso corpo físico. Podemos ter certeza de que o nosso corpo-sonho está relacionado ao nosso corpo denso porque podemos observar experiências do corpo-sonho amadurecendo em nosso corpo denso – por exemplo, quando acordamos suando e com o nosso coração acelerado após um pesadelo. O corpo-ilusório alcançado por meio de transformar a clara-luz da morte na clara-luz-última da mente-isolada não está relacionado com os agregados antigos, pois uma pessoa assim não mais possui agregados densos.

COMO ALCANÇAR O CORPO-ILUSÓRIO

Para alcançar o corpo-ilusório, precisamos separar o corpo-sutil do corpo denso por força de meditação. Em geral, os corpos sutil e denso dos seres comuns separam-se somente durante o sono ou na morte. Quando sonhamos, nosso corpo denso permanece em nossa cama, mas o nosso corpo-sonho viaja para diversos lugares oníricos, e, quando morremos, o corpo denso fica para trás, mas o corpo sutil vai para a próxima vida. A diferença entre dormir e morrer é que, quando sonhamos, a conexão entre os corpos denso e sutil é mantida, ao passo que, quando morremos, essa conexão é totalmente rompida.

Exceto essas duas ocasiões, a maioria das pessoas não pode separar seu corpo denso do seu corpo sutil. Em contrapartida, meditadores podem separar seus corpos denso e sutil por força de meditação, e podem fazer com que seu corpo sutil surja numa forma completa, com todos os membros. Mesmo agora, enquanto estamos acordados, temos um corpo sutil, mas é somente durante os sonhos e o estado intermediário que esse corpo sutil se manifesta num aspecto completo, com todos os membros.

Assim como há dois tipos de mente (mentes temporárias densas e a mente sutil residente-contínua que vai de uma vida para outra), também há dois tipos de corpo: o corpo temporário denso e o corpo muito sutil residente-contínuo. Como foi mencionado anteriormente, nosso corpo denso desenvolveu-se originariamente do espermatozoide e do óvulo de nossos pais, foi formado no útero de nossa mãe e irá, por fim, se desintegrar na morte. Embora consideremos nosso corpo denso como nosso corpo [que verdadeiramente nos pertence], na verdade ele pertence a outros. Este corpo não foi produzido por nós e não podemos levá-lo conosco quando morremos. Nosso corpo denso é como uma hospedaria, na qual nossa mente permanece por um breve período, e aferrar-se a esse corpo é como um hóspede que se aferra à hospedaria onde está alojado. Embora nos aferremos muito firmemente ao nosso corpo humano atual, amanhã pode ser que já o tenhamos perdido e nos mudado para o corpo de um animal! Nosso corpo denso é muito temporário e traz pouca segurança.

Nosso corpo muito sutil, por outro lado, nunca irá se desintegrar. O corpo muito sutil é o vento muito sutil, que tem existido desde tempos sem início e que continuará a existir mesmo após termos alcançado a Budeidade, quando então ele irá se transformar no Corpo-de-Deleite. No momento presente, nosso corpo muito sutil assume diversas formas. Quando estamos sonhando, nosso vento muito sutil assume a forma do nosso corpo-sonho, e, no estado intermediário, assume a forma do nosso corpo do estado intermediário. Quando alcançamos o corpo-ilusório, nosso vento muito sutil assume a forma da nossa Deidade pessoal.

Nossa base real de designação é o nosso corpo e mente muito sutis, os quais são a única base estável e, também, a única base que podemos denominar que é nossa verdadeiramente. Nosso corpo e mente densos são bases temporárias. Visto que há dois tipos de base para designar o *self* – uma base temporária e uma base última – há dois tipos de *self*: um *self* denso e um *self* sutil. O *self* que é designado, ou imputado, à mente e vento muito sutis é o *self* sutil. Somente aqueles que receberam ensinamentos tântricos têm conhecimento desse *self*. A distinção entre corpos, mentes e *selves* densos e sutis não é feita nos ensinamentos de Sutra; por essa razão, até mesmo Bodhisattvas [do Caminho] do Sutra não têm conhecimento do *self* sutil.

A morte ocorre quando o corpo e a mente se separam. Visto que o corpo e a mente muito sutis nunca se separam, o *self* sutil nunca morre. Somente o *self* denso pode morrer. Assim, de um ponto de vista, não há razão alguma para temer a morte, pois nosso *self* real nunca morrerá. Nosso *self* denso irá morrer, mas se não nos aferrarmos muito fortemente a ele, não ficaremos com medo quando morrermos. Considerando isto, podemos ser tentados a pensar: "Se meu *self* sutil é imortal, por que devemos praticar o Dharma?". A resposta é que precisamos praticar o Dharma porque nosso *self* sutil carrega as marcas de todas as nossas ações positivas e negativas. Se agimos de modo negativo, nosso *self* sutil descerá para os reinos inferiores, mas, se executamos somente ações puras, nosso *self* sutil irá para uma Terra Pura. Portanto, precisamos praticar o Dharma. Se não praticarmos o Dharma, não poderemos superar nosso aferramento ao nosso corpo denso e, por essa razão, não poderemos superar o medo da morte. É precisamente porque temos um *self* sutil que sobrevive à morte que precisamos ser cuidadosos, de modo a agirmos positivamente. Se as marcas das nossas ações fossem deixadas apenas em nosso *self* denso, nossas ações não teriam consequência alguma para nós para além desta vida; porém, este não é o caso.

Há duas maneiras de separar nosso corpo sutil do nosso corpo denso por força de meditação. A primeira é por força da respiração--vaso e ejetando vigorosamente nossa mente do nosso corpo, assim como é feito na prática de transferência de consciência. Quando as pessoas que alcançaram domínio nessa prática estão na iminência de morrer, elas podem transferir diretamente sua mente para uma Terra Pura e evitar, assim, ter de passar pelo processo da morte comum. Uma variação da prática de transferência de consciência envolve transferir nossa mente para um corpo recentemente morto e reanimá-lo. Essa prática não é muito difícil e chegou a ser bastante difundida. No livro *Introdução ao Budismo*, por exemplo, eu conto a história de como Tarma Dode, filho do mestre tibetano Marpa, transferiu sua consciência para o corpo de um pombo e, então, voou para a Índia.

Se praticarmos um desses dois tipos de transferência de consciência, poderemos separar nosso corpo sutil do nosso corpo denso, mas isso não irá nos ajudar a alcançar o corpo-ilusório. Para alcançar o corpo-ilusório, precisamos praticar um método muito mais profundo para separar nossos corpos denso e sutil. Precisamos separar nossos corpos denso e sutil dissolvendo por completo, por força de meditação, todos os nossos ventos interiores na gota indestrutível no coração. Quando todos os ventos tiverem se dissolvido na gota indestrutível durante o processo da morte e tivermos experienciado a clara-luz da morte, a gota indestrutível abre-se e o corpo sutil deixa o corpo denso, transformando-se no corpo de um ser do estado intermediário. De modo semelhante, quando formos bem-sucedidos em dissolver por completo todos os nossos ventos na gota indestrutível por força de meditação, nosso corpo sutil irá então, após termos experienciado a clara-luz-exemplo última da mente-isolada, se separar do nosso corpo denso e se transformar no corpo-ilusório.

A maioria dos iogas do estágio de conclusão descritos acima (particularmente, a recitação vajra e os demais *esforços-vitais* no coração) servem indiretamente para separar o corpo sutil do corpo denso, pois eles ajudam a reunir e dissolver os ventos no canal

Vajradhara Trijang Rinpoche

central. Quando, por força da meditação na mente-isolada, formos bem-sucedidos em trazer todos os nossos ventos para o canal central e dissolvê-los na gota indestrutível, os corpos denso e sutil irão se separar naturalmente e alcançaremos o corpo-ilusório. Assim, os iogas da mente-isolada são os métodos diretos para separar o corpo sutil do corpo denso.

CLARA-LUZ

Este tópico será explicado em três partes:

1. Definição e etimologia de *clara-luz-significativa*;
2. Classes de clara-luz-significativa;
3. Como alcançar a clara-luz-significativa.

DEFINIÇÃO E ETIMOLOGIA DE *CLARA-LUZ-SIGNIFICATIVA*

A definição de clara-luz-significativa é: uma clara-luz que é da natureza do êxtase espontâneo e que realiza a vacuidade diretamente.

A clara-luz-significativa é, necessariamente, uma mente incontaminada, e, de acordo com o Tantra Ioga Supremo, uma mente incontaminada precisa ser uma mente de clara-luz. Até mesmo as mentes sutis (como as mentes da aparência branca, do vermelho crescente e da quase-conquista negra) são contaminadas por aparências duais e, por essa razão, não é preciso dizer que todas as mentes densas são mentes contaminadas. Quando desenvolvemos a mente da quase-conquista negra, por exemplo, há uma aparência de um vazio negro, mas esse vazio aparece como verdadeiramente existente. De modo semelhante, quando os seres comuns experienciam a clara-luz, há uma aparência semelhante a um espaço vazio, mas esse espaço vazio aparece como verdadeiramente existente. Todas as mentes de clara-luz antes da aquisição da clara-luz--significativa têm aparência dual. Até mesmo a clara-luz-exemplo última da mente-isolada possui aparência dual, pois ela realiza a vacuidade por meio de uma imagem genérica em vez de fazê-lo diretamente, e, portanto, a aparência da vacuidade encontra-se misturada com a aparência da imagem genérica da vacuidade. De todas as mentes conceituais, a clara-luz-exemplo última da mente isolada é a mais sutil.

Para nos ajudar a compreender as aparências duais, podemos considerar o seguinte. Suponha que eu esteja lendo um livro enquanto um rádio está ligado no quarto. Enquanto minha concentração for imperfeita, haverá duas aparências para a minha mente: a aparência do livro e a aparência do som; mas, se minha concentração melhorar, a aparência do som irá enfraquecer gradualmente até desaparecer por completo, e apenas o livro aparecerá para a minha mente. De modo semelhante, as mentes dos seres comuns têm duas aparências: uma aparência do objeto e uma aparência da existência inerente do objeto. Isto é verdadeiro inclusive quando meditamos na vacuidade: não há apenas uma aparência da vacuidade para a nossa mente, mas há também a aparência de uma vacuidade inerentemente existente. No entanto, por nos concentrarmos na vacuidade por um longo tempo, a aparência da existência inerente diminuirá gradualmente até, por fim, percebermos somente vacuidade. Nossa mente estará, então, livre de aparências duais porque apenas uma coisa aparece para ela – a mera carência de existência inerente. Até que superemos as aparências duais e vejamos diretamente a vacuidade, seremos incapazes de abandonar o agarramento à existência verdadeira. A mente que está livre de aparências duais é uma sabedoria incontaminada.

Há duas etimologias de *clara-luz-significativa*: uma, do ponto de vista do objeto, e outra, do ponto de vista do objeto-possuidor. Do ponto de vista do objeto, a clara-luz-significativa é assim denominada porque realiza diretamente a vacuidade, o significado último dos fenômenos. Do ponto de vista do objeto-possuidor, a clara-luz-significativa é aquela que é ilustrada pela clara-luz--exemplo: é o significado da ilustração. A clara-luz-exemplo é definida como uma mente de clara-luz que realiza a vacuidade por meio de uma imagem genérica. Ela tem quatro tipos: clara--luz-exemplo no momento do corpo-isolado, clara-luz-exemplo no momento da fala-isolada, clara-luz-exemplo no momento da mente-isolada, e clara-luz-exemplo no momento do corpo-ilusório impuro. Uma pessoa que tenha alcançado qualquer um desses tipos de clara-luz-exemplo pode usar essa experiência como um *exemplo* para ajudá-la a compreender a clara-luz-significativa.

A clara-luz-significativa é um percebedor direto ióguico. Por meditar repetidamente na vacuidade com a clara-luz-exemplo, a aparência da imagem genérica da vacuidade torna-se gradualmente mais fraca, e a aparência da vacuidade ela própria torna-se mais e mais clara. Por fim, a imagem genérica desaparece inteiramente, e a mente vê, ou percebe, a vacuidade diretamente. Essa mente é um percebedor direto ióguico. A mente que realiza a vacuidade com uma imagem genérica pode ser usada como uma razão conclusiva para estabelecer a existência de um percebedor direto ióguico que realiza a vacuidade diretamente. Assim, a clara-luz-exemplo é uma razão conclusiva que estabelece a existência da clara-luz-significativa.

Visto que as mentes da aparência branca, do vermelho crescente, da quase-conquista negra e de clara-luz não são nem mesmo mencionadas nos Sutras, um Bodhisattva que pratica somente o Veículo da Perfeição não poderá alcançar a clara-luz-significativa. Esse Bodhisattva pode alcançar o décimo solo Bodhisattva do sistema do Sutra, mas, de acordo com o sistema do Mantra Secreto, ele (ou ela) ainda estará no nível do Caminho da Preparação, permanecendo ainda um ser comum. Ele realizou diretamente a vacuidade apenas com a mente densa e, por isso, seu equilíbrio meditativo na vacuidade não tem o poder de superar as obstruções sutis à onisciência. Somente uma realização direta da vacuidade com a mente muito sutil tem o poder para fazer isso.

Visto que um Bodhisattva do décimo solo [do Caminho] do Sutra tem um carma muito puro, ele (ou ela) pode ver diretamente os Budas diante de si. Esses Budas explicam então a esse Bodhisattva que os caminhos que ele tem seguido até agora não têm o poder de levar à Budeidade e que, portanto, ele precisa ingressar no Caminho do Tantra Ioga Supremo. Agindo como o Guia Espiritual desse Bodhisattva, esses Budas irão conceder-lhe, à meia-noite, a terceira iniciação: a iniciação mudra-sabedoria. Por meio de receber essa iniciação – e com o auxílio de um mudra-ação dado a ele por seu Guia Espiritual – o Bodhisattva irá reunir e dissolver seus ventos no canal central e desenvolver os oito sinais, desde a aparência miragem até a clara-luz. Quando a mente de clara-luz se desenvolver, o Bodhisattva meditará então na vacuidade pelo resto da noite e, ao amanhecer, alcançará a clara-luz-significativa. Ao sair do equilíbrio meditativo, o Bodhisattva alcança simultaneamente o corpo-ilusório puro e, depois disto, ele alcança a união-que--precisa-aprender.

Durante o dia, o Bodhisattva irá praticar um dos três tipos de prazer explicados adiante. À meia-noite, ele receberá instruções sobre a União-do-Não-Mais-Aprender e, por meio de confiar em um mudra-ação, desenvolverá os oito sinais. Próximo do amanhecer, o Bodhisattva entrará na concentração semelhante-a-um--vajra do Caminho da Meditação, o antídoto direto às obstruções muito sutis à onisciência. Com o raiar do dia, ele abandonará as aparências duais muito sutis e suas marcas, que, juntas, constituem as obstruções muito sutis à onisciência, e alcançará a Budeidade, a União-do-Não-Mais-Aprender, que é o estado que possui as sete preeminentes qualidades de abraço.

Esse Bodhisattva alcança a clara-luz-significativa sem ter de meditar no estágio de geração, corpo-isolado, fala-isolada, mente--isolada ou no corpo-ilusório. Isso é possível porque ele já alcançou o décimo solo [do Caminho] do Sutra, tendo acumulado mérito por incontáveis éons por seguir o Caminho do Sutra. De acordo com o Tantra, esse é o método para alcançar a iluminação demonstrado por Buda Shakyamuni em Bodh Gaya. As explicações dadas no Mantra Secreto são a intenção final de Buda. De todos os sistemas budistas, o sistema Madhyamika-Prasangika é supremo, e a interpretação suprema do sistema Madhyamika-Prasangika é aquela que é dada no Tantra Ioga Supremo.

A clara-luz-significativa é indispensável, porque uma realização da vacuidade com uma mente densa não tem o poder de remover as obstruções à onisciência; uma mente densa tampouco pode atuar como a causa substancial do Corpo-Verdade. A clara-luz-significativa é também necessária para a aquisição do Corpo-de-Deleite. O mais elevado tipo de corpo-forma explicado nos Sutras é um corpo que é da natureza da mente. Esse tipo de corpo é alcançado por praticantes Hinayana Destruidores de Inimigos, quando morrem e renascem em uma das cinco moradas puras acima do reino da forma, e é alcançado também por Bodhisattvas superiores. De acordo com os Sutras, Bodhisattvas superiores não têm corpos contaminados, mas corpos incontaminados que são da natureza da mente. De acordo com o Mantra Secreto, no entanto, esses corpos que são da natureza da mente não podem atuar como a causa substancial do Corpo-de-Deleite de Buda. A causa substancial direta do Corpo-de-Deleite é, necessariamente, o corpo-ilusório puro que se desenvolve do vento muito sutil que é o vento-montaria da clara-luz-significativa. Em resumo, sem a clara-luz-significativa, é impossível alcançar o Corpo-Verdade (porque não podemos eliminar as obstruções à onisciência) e é impossível alcançar o Corpo-Forma (porque não podemos obter sua causa substancial direta, o corpo-ilusório puro).

CLASSES DE CLARA-LUZ-SIGNIFICATIVA

Em geral, há três tipos de clara-luz-significativa:

1. Clara-luz-significativa da quarta etapa;
2. Clara-luz-significativa da união-que-precisa-aprender;
3. Clara-luz-significativa da União-do-Não-Mais-Aprender.

A definição de clara-luz-significativa da quarta etapa é: uma clara-luz-significativa surgida da dissolução do corpo-ilusório impuro na clara-luz. A clara-luz-significativa da quarta etapa é, necessariamente, um Caminho da Visão, e, quando a alcançamos, tornamo-nos um ser superior. A clara-luz-significativa da quarta etapa somente pode se manifestar uma vez que o corpo-ilusório da terceira etapa se dissolva. Por que o corpo-ilusório impuro tem de cessar?

A natureza do corpo-ilusório da terceira etapa é um vento contaminado, pois sua causa substancial (o vento-montaria da clara-luz--exemplo última da mente isolada) é um vento contaminado. Essa é a razão pela qual a clara-luz-exemplo última, ela própria, é uma mente contaminada. Para alcançar a clara-luz-significativa, uma pessoa que já tenha alcançado o corpo-ilusório impuro medita na vacuidade com a mente de clara-luz. Quando as aparências duais diminuem e essa pessoa realiza diretamente a vacuidade, sua mente de clara-luz transforma-se na sabedoria incontaminada da clara-luz--significativa. Ao mesmo tempo, o vento-montaria da mente de clara--luz dessa pessoa transforma-se em um vento incontaminado. Visto que o corpo-ilusório impuro depende de um vento contaminado – e o vento-montaria da clara-luz-significativa é, necessariamente, incontaminado – o corpo-ilusório impuro precisa cessar antes da clara-luz-significativa se manifestar.

Do ponto de vista de sua natureza, não há classes de clara-luz--significativa, pois todas as mentes de clara-luz-significativa são sabedorias incontaminadas que realizam a vacuidade. Do ponto de vista do *momento* e *função*, no entanto, a clara-luz-significativa é denominada "pacificação externa" e "pacificação interna". Ela é denominada "pacificação externa" porque o momento externo de sua aquisição inicial é o amanhecer, após a cessação das três aparências. A aparência branca cessará durante o período diurno; a aparência do vermelho crescente, durante o anoitecer; e a aparência da quase-conquista negra, durante a noite. Depois destas três aparências terem cessado, a clara-luz-significativa é alcançada ao amanhecer. Visto que podemos alcançar outras mentes de clara--luz a qualquer momento, tais como a clara-luz-exemplo, podemos nos perguntar: por que temos de esperar até o amanhecer para alcançar a clara-luz-significativa? Isto é algo que somente pode ser compreendido por aqueles que já obtiveram alguma experiência. A clara-luz-significativa é também denominada "pacificação interna" porque é alcançada após a cessação das três aparências internas: a aparência branca, do vermelho crescente e da quase--conquista negra.

COMO ALCANÇAR A CLARA-LUZ-SIGNIFICATIVA

Para alcançar a clara-luz-significativa, um iogue com um corpo-ilusório impuro confia nos métodos exterior e interior mencionados anteriormente para dissolver seu corpo-ilusório impuro na clara-luz e, então, medita repetidamente na vacuidade com a clara-luz-exemplo última. Por fim, até mesmo as mais sutis aparências duais cessarão na meditação, e a mente perceberá diretamente a vacuidade. A mente conceitual da clara-luz-exemplo última transforma-se, então, na mente não conceitual da clara-luz-significativa, e o iogue alcança o Caminho da Visão e torna-se um ser superior.

De acordo com os Sutras, o Caminho da Visão atua como o antídoto direto contra as delusões intelectualmente formadas, mas não tem o poder para abandonar as delusões inatas. No entanto, o Caminho da Visão do Tantra Ioga Supremo abandona tanto as delusões intelectualmente formadas quanto as delusões inatas. Isto mostra a superioridade da realização tântrica da vacuidade. É dito que o mérito e as realizações de um iogue com o corpo-ilusório impuro são quase idênticos aos de um Bodhisattva [do Caminho] do Sutra no décimo solo.

UNIÃO

Este tópico será explicado em três partes:

1. Definição e etimologia de *união*;
2. Classes de união;
3. Como alcançar a união.

DEFINIÇÃO E ETIMOLOGIA DE *UNIÃO*

A definição de *união* é: um ioga no qual o corpo-ilusório puro e as boas qualidades de abandono são unificados.

União é assim denominada porque é a união de um corpo especial (o corpo-ilusório puro); e é um abandono especial – a verdadeira cessação das delusões inatas.

CLASSES DE UNIÃO

Há dois tipos de união:

1. União de abandono;
2. União de realização.

Um exemplo do primeiro (a união de abandono) é a união que existe quando o corpo-ilusório puro é alcançado pela primeira vez. Quando um iogue alcança o corpo-ilusório puro pela primeira vez, ele tem em seu continuum o abandono das delusões-obstruções. Isso é denominado "a união comum", e é obtida no momento em que a clara-luz-significativa do Caminho da Visão cessa e a mente da quase-conquista negra se manifesta. Simultaneamente, o iogue abandona as delusões-obstruções. Tendo alcançado essa união, quando o iogue entra novamente na clara-luz, ele alcança então a união de realização: a união da clara-luz-significativa e do corpo--ilusório puro. Essa clara-luz-significativa é o primeiro nível do Caminho da Meditação e age como o antídoto direto contra as obstruções grande-grande à onisciência.

Outra maneira de classificar *união* é: a união-que-precisa-aprender e a União-do-Não-Mais-Aprender. Todas as *uniões* compreendidas entre a união de realização e a Budeidade são uniões-que-precisam--aprender e, também, Caminhos da Meditação, que estão incluídos nos nove níveis do Caminho da Meditação. *União-do-Não-Mais--Aprender, União do Corpo-Forma de um Buda* e *mente onisciente* são sinônimos.

COMO ALCANÇAR A UNIÃO

Quando um iogue (ou uma ioguine) que acabou de alcançar a clara-luz-significativa está prestes a sair do equilíbrio meditativo na clara-luz, há um leve movimento de vento e, então, a clara-luz cessa e a quase-conquista negra da ordem reversa se desenvolve. Simultaneamente, o iogue (ou ioguine) alcança o corpo-ilusório puro, abandona as delusões-obstruções e alcança a união de abandono. O vento-montaria da clara-luz-significativa atua como a causa substancial do corpo-ilusório puro, e a clara-luz-significativa, ela própria, atua como a causa contribuinte. Quando o iogue alcança essa união, ele (ou ela) abandonou todas as delusões-obstruções, as quais incluem todas as concepções comuns.

COMO PROGREDIR DAS ETAPAS INFERIORES PARA AS ETAPAS SUPERIORES

Uma explicação detalhada deste tópico já foi dada nas explicações individuais de cada uma das seis etapas. O que se segue é apenas um resumo.

Para progredir da primeira etapa (corpo-isolado) para a segunda etapa (fala-isolada), o praticante se empenha numa prática especial de meditação, como a recitação vajra, para afrouxar os nós do canal do coração. Uma vez que esses nós estejam parcialmente afrouxados, o praticante terá progredido para a fala-isolada quando os ventos entrarem e se dissolverem no canal central, na altura do coração, e o primeiro vazio tiver se desenvolvido. Para avançar da segunda para a terceira etapa (mente-isolada), o iogue (ou ioguine) pratica os métodos exterior e interior para afrouxar completamente os nós do canal do coração. Quando isso tiver sido realizado e o primeiro vazio se manifestar através de qualquer vento dissolvendo-se na gota indestrutível, o iogue avança então para a mente-isolada. Para progredir da terceira para a quarta etapa (a etapa do corpo-ilusório), o iogue medita na vacuidade com uma mente de clara-luz até ele alcançar a clara-luz-exemplo última. Quando a clara-luz-exemplo última cessa, seu vento-montaria transforma-se no corpo-ilusório impuro. Para progredir da quarta para a quinta etapa (a clara-luz-significativa), o iogue medita repetidamente na vacuidade com a mente de clara-luz-exemplo última até ele realizar diretamente a vacuidade com sua mente muito sutil. A sexta etapa (união) é alcançada tão logo a clara-luz-significativa do Caminho da Visão cesse. Neste ponto, o iogue alcança simultaneamente o corpo-ilusório puro e o abandono das delusões-obstruções. Por fim, para avançar da sexta etapa para a União-do-Não-Mais-Aprender, o iogue tem de abandonar os nove níveis de obstruções à onisciência, por meio de praticar os três tipos de prazer: prazeres com elaborações, prazeres sem elaborações, e prazeres completamente sem elaborações.

Neste contexto, "prazeres" significa desfrutar os cinco objetos de desejo interiores e exteriores para aprimorar a experiência da união de realização. Podemos nos perguntar por que uma pessoa, que tenha alcançado a união de realização, necessita desfrutar objetos de desejo. A resposta é: para aumentar sua experiência de êxtase espontâneo. O êxtase espontâneo depende das bodhichittas – as gotas brancas ou vermelhas – e as bodhichittas são aumentadas por meio de desfrutar objetos de desejo.

Os cinco objetos de desejo interiores são as formas, sons, odores, sabores e toque atraentes do mudra-ação, ou consorte. Os cinco objetos de desejo exteriores são formas, sons, odores, sabores e objetos táteis exteriores atraentes. Um iogue no estágio de união que desfruta os cinco objetos de desejo interiores e exteriores de maneira elaborada, como em um casamento da realeza, está praticando *prazeres com elaborações*. Um iogue no estágio de união que pratica com uma consorte, ou mudra-ação, mas que não desfruta de maneira elaborada de objetos de desejo exteriores, está praticando *prazeres sem elaborações*. Um iogue no estágio de união que pratica somente com um mudra-sabedoria, sem depender de um mudra-ação ou de objetos de desejo exteriores elaborados, está praticando *prazeres completamente sem elaborações*. Iogues (ou ioguines) como estes tendem a viver como mendigos e enfatizam, principalmente, a clara-luz do sono.

Por praticar qualquer um desses três tipos de prazer, o iogue aprimora sua experiência da clara-luz-significativa e abandona gradualmente os nove níveis de obstruções à onisciência, desde as obstruções *grande-grande* até as obstruções *pequena-pequena*. A clara-luz-significativa que abandona as obstruções *pequena-pequena* à onisciência é denominada "a clara-luz final do Caminho do Aprender", ou "a concentração semelhante-a-um-vajra do Caminho da Meditação". Essa mente, que é a última mente de um ser senciente, atua como o antídoto direto às aparências duais mais sutis. No momento seguinte, o praticante terá abandonado por completo as obstruções à onisciência e terá alcançado a União-do-Não-Mais--Aprender, o estágio de Budeidade.

Neste ponto, a mente de clara-luz-significativa do praticante transforma-se na sabedoria onisciente, e seu corpo-ilusório puro transforma-se no Corpo-de-Deleite que possui as sete preeminentes qualidades de abraço. O Caminho-do-Não-Mais-Aprender é o caminho-resultante. Embora seja um caminho, ele não tem um destino, no sentido de conduzir a qualquer outro aperfeiçoamento interior – não há nada mais a ser aperfeiçoado!

Os iogas do estágio de conclusão podem ser classificados em dois: estágio de conclusão dos três isolamentos e estágio de conclusão das duas verdades. O *estágio de conclusão dos três isolamentos* abrange o corpo-isolado, a fala-isolada e a mente-isolada. O estágio de conclusão das duas verdades está dividido em: estágio de conclusão das duas verdades individuais e estágio de conclusão da indivisibilidade das duas verdades. Em relação ao *estágio de conclusão das duas verdades individuais*, o corpo-ilusório da quarta etapa das seis etapas é denominado "verdade convencional" porque é uma verdade convencional, e a clara-luz-significativa da quinta etapa das seis etapas é denominada "verdade última" porque seu objeto principal é a verdade última. O *estágio de conclusão da indivisibilidade das duas verdades* refere-se à união-que-precisa--aprender principal (a união de realização), que é a união da clara--luz-significativa e do corpo-ilusório puro. A clara-luz-significativa e o corpo-ilusório puro de uma pessoa são a mesma natureza. A natureza do corpo-ilusório puro é o vento-montaria da clara-luz--significativa, que é da mesma natureza que a clara-luz-significativa.

Os Resultados Finais

OS RESULTADOS FINAIS DO ESTÁGIO DE CONCLUSÃO

De acordo com *Luz Clara das Cinco Etapas*, de Chandrakirti, há três resultados de se meditar no estágio de conclusão: o resultado supremo, o resultado mediano e o resultado mínimo. O resultado supremo é a Budeidade; o resultado mediano, as oito grandes aquisições; e o resultado mínimo é a aquisição das ações pacificadoras, crescentes, controladoras e iradas. O objetivo principal do estágio de conclusão é a aquisição da Budeidade, mas o efeito secundário de se meditar no estágio de conclusão é que alcançaremos as oito grandes aquisições e as quatro ações naturalmente, sem que precisemos nos empenhar em qualquer prática à parte.

A base para alcançar os três resultados é estabelecida assim que começamos a praticar as meditações do estágio de geração. Por exemplo, uma vez que tenhamos recebido uma iniciação do Tantra Ioga Supremo, se, motivados por fé, fizermos uma meditação do estágio de geração, receberemos alguns benefícios – nossa meditação não terá sido em vão. No entanto, assim como não podemos ter a expectativa de colher uma safra imediatamente após termos plantado as sementes, também nao podemos ter a expectativa de experienciar imediatamente o efeito pleno da nossa meditação. Mesmo assim, com absoluta certeza, receberemos algumas bênçãos e nosso mérito e sabedoria aumentarão. Por recebermos bênçãos, nossas fortes delusões e visões errôneas serão pacificadas. Isso é uma aquisição pacificadora. O aumento do nosso mérito, sabedoria e do poder

Dorjechang Kelsang Gyatso Rinpoche

potencial para alcançar experiência espiritual são aquisições crescentes. Através da pacificação das concepções negativas e do aumento do mérito e da sabedoria, obteremos o poder para impedir obstáculos e não seremos prejudicados por humanos ou por não-humanos. Isso é uma aquisição controladora. Por fim, pelo forte orgulho divino de ser a Deidade, alcançaremos aquisições iradas gradualmente.

As quatro aquisições possuem muitos níveis, mas os níveis iniciais não são difíceis de alcançar. Inclusive agora, temos alguma experiência deles. Por exemplo, o fato de que agora achamos fácil acreditar em vidas futuras, na lei do carma, na existência de Budas e assim por diante, indica que conseguimos pacificar nossas delusões e visões errôneas até certo grau.

A causa direta da aquisição da Budeidade é a união-que-precisa--aprender. É dito nas escrituras que uma pessoa que tenha alcançado a união-que-precisa-aprender alcançará a Budeidade dentro de seis meses, mas isso é apenas uma referência aproximada. Alguns iogues precisam de mais tempo, ao passo que outros alcançam a iluminação em menos de seis meses. Em qualquer um dos casos, após praticar os três tipos de prazer por cerca de seis meses, o iogue (ou ioguine) receberá sinais específicos. À meia-noite, na dependência dos métodos exterior ou interior, o iogue (ou ioguine) manifestará a clara-luz significativa. Ele irá meditar nessa clara-luz durante toda a noite e, ao amanhecer, sua clara-luz-significativa irá se tornar o antídoto direto contra as obstruções muito sutis à onisciência. No momento seguinte, essas obstruções serão abandonadas completamente, e o iogue irá se tornar um Buda com os quatro corpos de um Buda: os dois Corpos-Forma (o Corpo--de-Deleite e o Corpo-Emanação) e os dois Corpos-Verdade (o Corpo-Verdade-Sabedoria e o Corpo-Verdade-Natureza). Todos os quatro corpos são alcançados simultaneamente.

Há duas definições para Corpo-de-Deleite: uma, de acordo com os Sutras, e outra, de acordo com o Tantra Ioga Supremo. A definição de acordo com os Sutras é: um Corpo-Forma último que possui as cinco certezas. Uma dessas certezas é a *certeza de lugar*, o que significa que o Corpo-de-Deleite reside continuamente na

Terra Pura de Akanishta. Essa definição não é aceita no Tantra porque, de acordo com o Mantra Secreto, é possível (e, de fato, frequente) alcançar a Budeidade nas moradas do reino do desejo. Quando um ser humano do reino do desejo alcança a Budeidade, a localização inicial do seu Corpo-de-Deleite é nas moradas do reino do desejo, e não em Akanishta.

De acordo com o Tantra Ioga Supremo, a definição de Corpo-de-Deleite é: um Corpo-Forma sutil de um Buda que possui as sete preeminentes qualidades de abraço. As sete preeminentes qualidades são:

(1) Um Corpo-Forma dotado com os sinais maiores e as indicações menores;
(2) Estar unido em abraço com uma consorte de sabedoria-conhecimento;
(3) Uma mente que permanece num estado de grande êxtase;
(4) Esse êxtase realiza a ausência de existência inerente;
(5) Uma compaixão que abandonou o extremo da paz;
(6) Um continuum ininterrupto de corpo;
(7) Incessantes feitos iluminados.

Há três tipos de Corpo-de-Deleite:

(1) Um Corpo-de-Deleite que é obtido inicialmente no reino do desejo;
(2) Um Corpo-de-Deleite que é obtido inicialmente no reino da forma;
(3) Um Corpo-de-Deleite que é obtido inicialmente em uma Terra Búdica.

A definição de Corpo-Emanação é: um Corpo-Forma denso de um Buda, que pode ser visto por seres comuns. Como os Corpos-Emanação são obtidos? Um Bodhisattva no *estágio de união* tem duas tarefas espirituais: tornar-se um Buda através de praticar os três tipos de prazer e beneficiar os outros extensivamente, por meio de manifestar incontáveis Corpos-Emanação. Quando o Bodhisattva alcança a iluminação, seu corpo efetivo (isto é, seu corpo-ilusório) transforma-se no Corpo-de-Deleite, e todas as suas emanações tornam-se Corpos-Emanação. Anteriormente, essas emanações eram emanações de um Bodhisattva, mas, agora, elas se tornam emanações de um Buda.

Há dois tipos de Corpo-Emanação:

(1) Corpo-Emanação Supremo;
(2) Corpo-Emanação Comum.

O primeiro tipo pode ser visto somente por aqueles que têm carma puro, e o segundo pode ser visto por qualquer ser.

A definição de Corpo-Verdade é: a mente de um Buda, ou a natureza última da mente de um Buda. Há dois tipos de Corpo--Verdade:

(1) Corpo-Verdade-Sabedoria;
(2) Corpo-Verdade-Natureza.

O Corpo-Verdade-Sabedoria é a mente de um Buda, que é uma mente que é livre das duas obstruções. A natureza última, ou vacuidade, dessa mente é o Corpo-Verdade-Natureza. Porque a vacuidade de uma mente é da mesma natureza que a mente ela própria, quando a mente de uma pessoa se liberta das duas obstruções, a vacuidade da sua mente também é libertada das duas obstruções. A vacuidade da mente de Buda é dotada de duas purezas: pureza de impurezas adventícias e pureza natural. "Impurezas adventícias" são as duas obstruções, que são *adventícias* porque não são propriedades, ou características, intrínsecas à mente. "Pureza natural" significa a mera ausência de existência inerente da mente. Ninguém, exceto os Budas, pode ver o Corpo-Verdade de um Buda, pois esse corpo é um corpo muito sutil. De modo semelhante, os Corpos-de-Deleite não podem ser vistos por seres comuns, pois esses corpos são Corpos-Forma sutis.

Ao contrário do nosso corpo e mente, todos os quatro corpos de um Buda são a mesma entidade, ou natureza. O que quer que seja realizado pela mente de um Buda, é também realizado por seu corpo, e quaisquer ações executadas por seu corpo são também executadas por sua mente. As boas qualidades de um Buda são inconcebíveis. No entanto, podemos começar a compreendê-las ao contemplar a seguinte explicação.

Os Budas possuem dez forças. A definição de *força de um Buda* é: uma realização última que é totalmente vitoriosa sobre todas as condições discordantes, tais como as duas obstruções.

As dez forças são:

(1) A força de conhecer fonte e não-fonte;
(2) A força de conhecer o pleno amadurecimento das ações;
(3) A força de conhecer os diversos desejos;
(4) A força de conhecer os diversos elementos;
(5) A força de conhecer poderes supremos e não supremos;
(6) A força de conhecer todos os caminhos que conduzem a todos os lugares;
(7) A força de conhecer as estabilizações mentais, as concentrações de perfeita libertação, as concentrações, as absorções, e assim por diante.
(8) A força de conhecer lembranças de vidas anteriores;
(9) A força de conhecer morte e nascimento;
(10) A força de conhecer a cessação das contaminações.

As dez forças serão agora explicadas brevemente.

A FORÇA DE CONHECER FONTE E NÃO-FONTE

Qualquer causa a partir da qual um efeito é definitivamente produzido é denominada "a fonte" desse efeito. Por exemplo, uma semente a partir da qual um broto é produzido é a fonte desse broto. Assim, todas as causas são as fontes de seus efeitos; por exemplo: ações virtuosas são a fonte de felicidade, e ações não virtuosas são a fonte de sofrimento. Por outro lado, sementes de trigo, por exemplo, não são a fonte de arroz; ações não virtuosas não são a fonte de felicidade; e ações virtuosas não são a fonte de sofrimento. Porque os seres comuns não conhecem as fontes de felicidade, eles se envolvem em ações que aumentam seu sofrimento em vez de aumentar sua felicidade; e, porque não conhecem as fontes de sofrimento, eles continuamente criam para si próprios as causas de sofrimento, embora não tenham o desejo de sofrer. Portanto, é essencial conhecer o que é uma fonte e o que não é uma fonte. Somente um Buda pode conhecer diretamente tudo o que é uma fonte e tudo o que é uma não-fonte.

A FORÇA DE CONHECER
O PLENO AMADURECIMENTO DAS AÇÕES

Existem incontáveis ações, tais como: ações virtuosas, ações não virtuosas, ações que são uma mescla de virtude e não-virtude, e ações incontaminadas que abandonaram não-virtude. De modo semelhante, há uma grande variedade de efeitos das ações, tais como: efeitos plenamente amadurecidos, efeitos ambientais, efeitos similares à causa, e corpos da natureza da mente que são efeitos de ações incontaminadas. Somente um Buda pode compreender diretamente todas as ações densas e sutis e os seus efeitos.

A FORÇA DE CONHECER OS DIVERSOS DESEJOS

Os seres vivos têm muitos desejos: desejos que surgem por força das delusões (tais como apego e ódio), desejos que surgem por força de mentes virtuosas (tais como fé e compaixão), desejos que surgem por força de marcas na mente, e muitos outros. Se considerarmos apenas um único ser vivo, veremos que ele tem incontáveis desejos. Alguns desejos são inferiores; outros, medianos; e outros, superiores. Visto que o desejo é um fenômeno interior, mental, é difícil para um ser comum conhecer os desejos dos outros. Somente um Buda conhece todos os desejos dos seres vivos diretamente.

A FORÇA DE CONHECER OS DIVERSOS ELEMENTOS

Há muitas classes de elementos, tais como: as seis faculdades (como a faculdade sensorial visual, e assim por diante), os seis objetos (como formas, e assim por diante), e as seis consciências (como a consciência visual, e assim por diante). Além disso, todos os diferentes tipos de vacuidade também são elementos. Assim, há incontáveis classes de elementos densos e sutis, e somente um Buda pode conhecer todos eles diretamente.

A FORÇA DE CONHECER PODERES SUPREMOS E NÃO SUPREMOS

Ambos os poderes, supremos e não supremos, podem ser classificados do ponto de vista de *pessoas* ou do ponto de vista de *mentes*. Do ponto de vista de *pessoas*, algumas têm poderes muito aguçados, outras têm poderes medianos, e outras têm poderes fracos. Do ponto de vista das *mentes*, aquelas como *fé* e *sabedoria* são poderes supremos, porque elas são os poderes que impedem as delusões, ao passo que as conceitualizações (tais como a atenção imprópria) são poderes inferiores, porque são os poderes que geram delusões.

De outro ponto de vista, há 22 tipos de poder:

(1) Faculdade sensorial visual;
(2) Faculdade sensorial auditiva;
(3) Faculdade sensorial olfativa;
(4) Faculdade sensorial gustativa;
(5) Faculdade sensorial tátil;
(6) Faculdade mental;
(7) O poder vital;
(8) Poder masculino;
(9) Poder feminino;
(10) O poder da sensação agradável;
(11) O poder da felicidade mental;
(12) O poder da sensação desagradável;

(13) O poder da infelicidade mental;
(14) O poder da sensação neutra;
(15) O poder da fé;
(16) O poder do esforço;
(17) O poder da contínua-lembrança;
(18) O poder da concentração;
(19) O poder da sabedoria;
(20) O poder que causa o conhecimento de tudo;
(21) O poder que conhece tudo;
(22) O poder que possui todo o conhecimento.

Os seis primeiros são poderes que produzem suas próprias consciências; o sétimo é o poder que mantém a vida; o oitavo é o poder que determina uma pessoa como homem; o nono é o poder que determina uma pessoa como mulher; o décimo, que é uma sensação corporal, e o 11º, que é uma sensação mental, são os poderes que geram o apego nos seres comuns; o 12º, que é uma sensação corporal, e o 13º, que é uma sensação mental, são os poderes que geram o ódio nos seres comuns; o 14º é o poder que gera a confusão nos seres comuns; do 15º ao 19º, são os poderes que geram o Caminho da Visão; o 20º, que é o Caminho da Visão, é o poder que gera o Caminho da Meditação; o 21º, que é o Caminho da Meditação, é o poder que gera o Caminho do Não-Mais-Aprender; e o último, que é o Caminho do Não-Mais-Aprender, é o poder que gera o nirvana sem remanescente. Somente um Buda pode conhecer diretamente todos os poderes, assim como a capacidade que esses poderes têm de sustentar um ao outro.

A FORÇA DE CONHECER TODOS OS CAMINHOS QUE CONDUZEM A TODOS OS LUGARES

Em geral, há dois tipos de caminho: caminhos exteriores e caminhos interiores. Os caminhos que dizem respeito ao praticante espiritual são caminhos interiores, e esses caminhos são mais difíceis de compreender. Os caminhos interiores podem ser de dois tipos:

corretos ou incorretos. Caminhos interiores corretos conduzem à libertação ou à iluminação. Alguns, como os Cinco Caminhos Mahayana, conduzem à grande iluminação, ou Budeidade; e outros, como os Cinco Caminhos Hinayana, conduzem à iluminação de um Realizador Solitário ou à iluminação de um Ouvinte. Caminhos interiores incorretos, por outro lado, não conduzem à libertação, mas levam ao samsara. Alguns, como as dez ações não virtuosas, levam aos reinos do inferno, aos reinos dos fantasmas famintos ou aos reinos dos animais; e outros, como as ações virtuosas contaminadas, levam aos reinos dos deuses ou aos reinos humanos. Visto que há muitos caminhos diferentes, somente um Buda pode conhecer todos diretamente.

A FORÇA DE CONHECER AS ESTABILIZAÇÕES MENTAIS, AS CONCENTRAÇÕES DE PERFEITA LIBERTAÇÃO, AS CONCENTRAÇÕES, AS ABSORÇÕES, E ASSIM POR DIANTE

Há muitos tipos diferentes de iogues e ioguines por todos os ilimitados mundos, e cada iogue ou ioguine alcançou concentrações meditativas diferentes, tais como as quatro estabilizações mentais, as oito concentrações de perfeita libertação, as diversas concentrações que são tranquilos-permanecer, e as absorções das nove permanências sucessivas. Visto que há incontáveis concentrações diferentes, algumas das quais são mundanas e outras, supramundanas, somente um Buda pode conhecer todas diretamente.

A FORÇA DE CONHECER LEMBRANÇAS DE VIDAS ANTERIORES

Enquanto os seres vivos tiverem confusão, eles permanecerão no samsara. No passado, os incontáveis seres samsáricos – incluindo nós mesmos – já tivemos incontáveis renascimentos em incontáveis locais diferentes de nascimento, assumindo, em cada renascimento, um corpo diferente, com características, posses e amigos diferentes, e assim por diante. Somente um Buda pode conhecer tudo isso diretamente.

A FORÇA DE CONHECER MORTE E NASCIMENTO

Porque os reinos de todos os mundos são tão extensos quanto o espaço, os seres vivos que habitam nesses reinos são incontáveis. Todos e cada um dos seres vivos experienciam morte e renascimento descontrolados – morte e nascimento seguindo-se um ao outro, sem cessar – assim como os efeitos de suas ações acumuladas. No entanto, os seres comuns não sabem *como* ou *onde* morreram no passado, *como* ou *onde* nasceram no passado, *como* ou *onde* irão morrer nesta vida, ou *como* e *onde* irão nascer e morrer nas vidas futuras. Somente um Buda pode conhecer diretamente as muitas variedades de morte e nascimento de todos e de cada ser vivo.

A FORÇA DE CONHECER A CESSAÇÃO DAS CONTAMINAÇÕES

Há três tipos de iluminação: grande, mediana e pequena. Os Budas alcançam a grande iluminação por meio de abandonar todas as delusões juntamente com suas marcas; os Realizadores Solitários alcançam a iluminação mediana abandonando todas as delusões; e os Ouvintes alcançam a pequena iluminação também por abandonar todas as delusões. Cada uma destas três iluminações é conhecida como "uma cessação de contaminações". Somente um Buda conhece estas três iluminações diretamente e as revela aos discípulos.

Além das dez forças, os Budas também possuem quatro destemores. A definição de *destemor de um Buda* é: uma realização última e completamente firme que é inteiramente livre do medo de expor o Dharma. Há quatro tipos de destemor: o destemor de revelar o Dharma da renúncia, o destemor de revelar o Dharma de superar obstruções, o destemor de revelar o Dharma de abandonos excelentes, e o destemor de revelar o Dharma de realizações excelentes.

Os Budas também possuem quatro conhecedores corretos específicos. A definição de *conhecedor correto específico* é: uma realização última que conhece, sem erro, as entidades, classes e assim por diante de todos os fenômenos. Há quatro tipos de conhecedor correto específico: conhecedores corretos de fenômenos específicos; conhecedores corretos de significados específicos; conhecedores corretos de palavras definidas, específicas; e conhecedores corretos de confiança específica. Um exemplo do primeiro é a sabedoria de um Buda que realiza os sinais incomuns, específicos, de todos os fenômenos. Um exemplo do segundo é a sabedoria de um Buda que realiza as classes específicas de todos os fenômenos. Um exemplo do terceiro é a sabedoria de um Buda que realiza as explicações etimológicas específicas de todos os fenômenos. Um exemplo do quarto é a sabedoria de um Buda que experiencia confiança inesgotável em revelar o Dharma.

Os Budas também possuem muitas outras qualidades excelentes. Por exemplo: o grande amor de um Buda, que é definido como um amor último que concede benefício e felicidade a todos os seres vivos; a grande compaixão de um Buda, que é definida como uma compaixão última que protege completamente os seres sofredores; a grande alegria de um Buda, que é definida como uma alegria última que é supremamente alegre em conduzir todos os seres vivos ao estado de felicidade; e a grande equanimidade de um Buda, que é definida como uma realização última não misturada com apego ou ódio.

Os Budas também possuem dezoito qualidades não compartilhadas, exclusivas. A definição de uma *qualidade não compartilhada de um Buda* é: uma qualidade incomum do corpo, fala ou mente de um Buda que não é possuída por outros seres superiores. Existem dezoito qualidades não compartilhadas: seis atividades não compartilhadas, seis realizações não compartilhadas, três feitos não compartilhados, e três excelsas percepções não compartilhadas. As seis atividades não compartilhadas são: não possuir atividades de corpo equivocadas, não possuir atividades de fala equivocadas, não possuir atividades de mente equivocadas, não possuir uma mente que não está em equilíbrio meditativo, não possuir *conceitualidade*, e não possuir neutralidade. As seis realizações não compartilhadas são: não possuir degeneração da aspiração, não possuir degeneração do esforço, não possuir degeneração da contínua-lembrança, não possuir degeneração da concentração, não possuir degeneração da sabedoria, e não possuir degeneração da perfeita libertação. Os três feitos não compartilhados são: feitos físicos precedidos e seguidos por excelsa percepção, feitos verbais precedidos e seguidos por excelsa percepção, e feitos mentais precedidos e seguidos por excelsa percepção. As três excelsas percepções não compartilhadas são: excelsa percepção desobstruída que conhece todo o passado diretamente e sem obstrução, excelsa percepção desobstruída que conhece todo o futuro diretamente e sem obstrução, e excelsa percepção desobstruída que conhece todo o presente diretamente e sem obstrução.

Devemos contemplar as boas qualidades de um Buda, tais como as que foram descritas brevemente aqui, e rezar para que consigamos alcançar as mesmas boas qualidades por meio de concluir todos os solos e caminhos do Mantra Secreto.

Dedicatória

Devemos rezar:

Para realizar todos os propósitos dos seres vivos,
Que eu alcance rapidamente, por meio desta virtude,
As sete preeminentes qualidades de abraço:
Um Corpo-Forma dotado com os sinais maiores e as
　indicações menores,
Unido em abraço com uma consorte de sabedoria-
-conhecimento,
Uma mente em estado permanente de grande êxtase,
Êxtase esse que realiza a ausência de existência inerente,
Uma compaixão que abandonou o extremo da paz,
Um ininterrupto continuum de corpo
E incessantes feitos iluminados.

Que tudo seja auspicioso.

Apêndice I
O Sentido Condensado do Texto

Apêndice I
O Sentido Condensado do Texto

Solos e Caminhos Tântricos é apresentado em três partes:

1. Introdução;
2. As boas qualidades do Mantra Secreto;
3. As quatro classes de Tantra.

As boas qualidades do Mantra Secreto tem seis partes:

1. Veículo Secreto;
2. Veículo Mantra;
3. Veículo Efeito;
4. Veículo Vajra;
5. Veículo Método;
6. Veículo Tântrico.

As quatro classes de Tantra tem quatro partes:

1. Tantra Ação;
2. Tantra Performance;
3. Tantra Ioga;
4. Tantra Ioga Supremo.

Tantra Ação tem seis partes:

1. Receber iniciações, o método para amadurecer nosso continuum mental;
2. Observar os votos e compromissos;
3. Empenhar-se em um retiro-aproximador, o método para obter realizações;
4. Como alcançar as aquisições comuns e incomuns uma vez que tenhamos experiência das quatro concentrações;
5. Como progredir pelos solos e caminhos na dependência do Tantra Ação;
6. As famílias de Deidades do Tantra Ação.

Empenhar-se em um retiro-aproximador, o método para obter realizações tem quatro partes:

1. Concentração da recitação dos quatro membros;
2. Concentração da permanência no fogo;
3. Concentração da permanência no som;
4. Concentração de conceder libertação ao fim do som.

Concentração da recitação dos quatro membros tem quatro partes:

1. Realizar o *self*-base;
2. Realizar a outra-base;
3. Realizar a mente-base;
4. Realizar o som-base.

Realizar o self-base tem seis partes:

1. A Deidade da vacuidade;
2. A Deidade do som;
3. A Deidade das letras;
4. A Deidade da forma;
5. A Deidade do mudra;
6. A Deidade dos sinais.

APÊNDICE I: O SENTIDO CONDENSADO DO TEXTO

Como alcançar as aquisições comuns e incomuns uma vez que tenhamos experiência das quatro concentrações tem duas partes:

1. Alcançar as aquisições comuns;
2. Alcançar as aquisições incomuns.

Alcançar as aquisições comuns tem oito partes:

1. A aquisição das pílulas;
2. A aquisição da loção para os olhos;
3. A aquisição de ver abaixo do solo;
4. A aquisição da espada;
5. A aquisição de voar;
6. A aquisição da invisibilidade;
7. A aquisição da longevidade;
8. A aquisição da juventude.

As famílias de Deidades do Tantra Ação tem três partes:

1. A Família Tathagata;
2. A Família Lótus;
3. A Família Vajra.

Tantra Ioga Supremo tem quatro partes:

1. Os Cinco Caminhos e os Treze Solos do Tantra Ioga Supremo;
2. Os votos e compromissos tântricos;
3. O estágio de geração;
4. O estágio de conclusão.

Os Cinco Caminhos e os Treze Solos do Tantra Ioga Supremo tem duas partes:

1. Os Cinco Caminhos do Tantra Ioga Supremo;
2. Os Treze Solos do Tantra Ioga Supremo.

Os Cinco Caminhos do Tantra Ioga Supremo tem cinco partes:

1. O Caminho da Acumulação do Tantra Ioga Supremo;
2. O Caminho da Preparação do Tantra Ioga Supremo;
3. O Caminho da Visão do Tantra Ioga Supremo;
4. O Caminho da Meditação do Tantra Ioga Supremo;
5. O Caminho do Não-Mais-Aprender do Tantra Ioga Supremo.

Os Treze Solos do Tantra Ioga Supremo tem treze partes:

1. Muito Alegre;
2. Imaculado;
3. Luminoso;
4. Radiante;
5. Difícil de Superar;
6. Aproximando-se;
7. Indo Além;
8. Inamovível;
9. Boa Inteligência;
10. Nuvem do Dharma;
11. Sem Exemplos;
12. Dotado de Excelsa Percepção;
13. Que Mantém o Vajra.

Os votos e compromissos tântricos tem duas partes:

1. Os compromissos específicos de cada uma das Cinco Famílias Búdicas;
2. Os compromissos em comum, ou gerais, às Cinco Famílias Búdicas.

Os compromissos específicos de cada uma das Cinco Famílias Búdicas tem cinco partes:

1. Os seis compromissos da Família de Buda Vairochana;
2. Os quatro compromissos da Família de Buda Akshobya;

3. Os quatro compromissos da Família de Buda Ratnasambhava;
4. Os três compromissos da Família de Buda Amitabha;
5. Os dois compromissos da Família de Buda Amoghasiddhi.

Os seis compromissos da Família de Buda Vairochana tem seis partes:

1. Buscar refúgio em Buda;
2. Buscar refúgio no Dharma;
3. Buscar refúgio na Sangha;
4. Abster-se de não-virtude;
5. Praticar virtude;
6. Beneficiar os outros.

Os quatro compromissos da Família de Buda Akshobya tem quatro partes:

1. Manter um vajra para nos lembrar de enfatizar o desenvolvimento de grande êxtase por meio da meditação no canal central;
2. Manter um sino para nos lembrar de enfatizar a meditação na vacuidade;
3. Gerarmo-nos como a Deidade, ao mesmo tempo que compreendemos que todas as coisas que normalmente vemos não existem;
4. Confiar sinceramente em nosso Guia Espiritual, que nos conduz à prática da pura disciplina moral dos votos Pratimoksha, bodhisattva e tântricos.

Os quatro compromissos da Família de Buda Ratnasambhava tem quatro partes:

1. Dar ajuda material;
2. Dar Dharma;
3. Dar destemor;
4. Dar amor.

Os três compromissos da Família de Buda Amitabha tem três partes:

1. Confiar nos ensinamentos de Sutra;
2. Confiar nos ensinamentos das duas classes inferiores de Tantra;
3. Confiar nos ensinamentos das duas classes superiores de Tantra.

Os dois compromissos da Família de Buda Amoghasiddhi tem duas partes:

1. Fazer oferendas a nosso Guia Espiritual;
2. Empenharmo-nos para manter puramente todos os votos que tomamos.

Os compromissos em comum, ou gerais, às Cinco Famílias Búdicas tem quatro partes:

1. As quatorze quedas morais raízes dos votos do Mantra Secreto;
2. Os compromissos secundários;
3. As quedas morais densas dos votos do Mantra Secreto;
4. Os compromissos incomuns do Tantra-Mãe.

As quatorze quedas morais raízes dos votos do Mantra Secreto tem quatorze partes:

1. Desprezar ou usar de aspereza com nosso Guia Espiritual;
2. Mostrar menosprezo ou desrespeito pelos preceitos;
3. Criticar nossos irmãos e irmãs vajra;
4. Abandonar o amor por qualquer ser;
5. Desistir da bodhichitta aspirativa ou da bodhichitta de compromisso;
6. Desprezar o Dharma de Sutra ou de Tantra;
7. Revelar segredos a pessoas impróprias;
8. Maltratar nosso corpo;
9. Desistir da vacuidade;

10. Confiar em amigos malevolentes;
11. Não manter, por meio de lembrança, a visão da vacuidade;
12. Destruir a fé dos outros;
13. Não manter objetos de compromisso;
14. Desprezar as mulheres.

Os compromissos secundários tem três partes:

1. Os compromissos de abandono;
2. Os compromissos de confiança;
3. Os compromissos adicionais de abandono.

Os compromissos de abandono são o abandono de ações negativas, especialmente as ações de matar, roubar, ter má conduta sexual, mentir e ingerir intoxicantes.

Os compromissos de confiança são: confiar sinceramente em nosso Guia Espiritual; ser respeitoso com nossos irmãos e irmãs vajra; e observar as dez ações virtuosas.

Os compromissos adicionais de abandono são: abandonar as causas de desviar-se ou de rejeitar o Mahayana; evitar desprezar os deuses; e evitar pisar sobre objetos sagrados.

As quedas morais densas dos votos do Mantra Secreto tem onze partes:

1. Confiar em um mudra não qualificado;
2. Entrar em união sem os três reconhecimentos;
3. Mostrar substâncias secretas para uma pessoa imprópria;
4. Brigar ou discutir durante uma cerimônia de oferenda tsog;
5. Dar respostas falsas a perguntas formuladas com fé;
6. Permanecer sete dias na casa de uma pessoa que rejeita o Vajrayana;
7. Fingir ser um iogue enquanto se permanece imperfeito;
8. Revelar o sagrado Dharma àqueles que não têm fé;
9. Praticar ações de mandala sem ter concluído um retiro-aproximador;

10. Transgredir desnecessariamente, ou gratuitamente, os preceitos Pratimoksha ou bodhisattva;
11. Agir em contradição com as *Cinquenta Estrofes Sobre o Guia Espiritual.*

Os compromissos incomuns do Tantra-Mãe tem oito partes:

1. Executar todas as ações físicas primeiramente com o nosso lado esquerdo; fazer oferendas ao nosso Guia Espiritual e jamais tratá-lo de modo áspero ou abusivo;
2. Abandonar união com aqueles que não são qualificados;
3. Enquanto estiver em união, não se separar da visão da vacuidade;
4. Nunca perder o apreço pelo caminho do apego;
5. Nunca desistir dos dois tipos de mudra;
6. Empenhar-se, principalmente, no método exterior e no método interior;
7. Nunca soltar fluido seminal; confiar em comportamento puro;
8. Abandonar repulsa quando provar a bodhichitta.

O estágio de geração tem cinco partes:

1. Definição e etimologia do estágio de geração;
2. Classes do estágio de geração;
3. Como praticar a meditação propriamente dita do estágio de geração;
4. Como avaliar o êxito de ter completado o estágio de geração;
5. Como avançar do estágio de geração para o estágio de conclusão.

Classes do estágio de geração tem duas partes:

1. Estágio de geração denso;
2. Estágio de geração sutil.

Como praticar a meditação propriamente dita do estágio de geração tem duas partes:

1. Treinar a meditação do estágio de geração denso;
2. Treinar a meditação do estágio de geração sutil.

Treinar a meditação do estágio de geração denso tem duas partes:

1. Treinar orgulho divino;
2. Treinar clara aparência.

Treinar clara aparência tem duas partes:

1. Treinar clara aparência no aspecto geral;
2. Treinar clara aparência em aspectos específicos.

Como avaliar o êxito de ter completado o estágio de geração tem quatro partes:

1. Iniciantes;
2. Praticantes em quem alguma sabedoria descendeu;
3. Praticantes com algum poder relacionado à sabedoria;
4. Praticantes com total poder relacionado à sabedoria.

O estágio de conclusão tem quatro partes:

1. Definição e etimologia do estágio de conclusão;
2. Classes do estágio de conclusão;
3. Como progredir das etapas inferiores para as etapas superiores;
4. Os resultados finais do estágio de conclusão.

Classes do estágio de conclusão tem seis partes:

1. Corpo-isolado do estágio de conclusão;
2. Fala-isolada;
3. Mente-isolada;
4. Corpo-ilusório;

5. Clara-luz;
6. União.

Corpo-isolado do estágio de conclusão tem três partes:

1. Definição e etimologia do corpo-isolado do estágio de conclusão;
2. Classes do corpo-isolado do estágio de conclusão;
3. Como praticar o corpo-isolado do estágio de conclusão.

Classes do corpo-isolado do estágio de conclusão tem duas partes:

1. Corpo-isolado do estágio de conclusão que é equilíbrio meditativo;
2. Corpo-isolado do estágio de conclusão que é aquisição subsequente.

Como praticar o corpo-isolado do estágio de conclusão tem duas partes:

1. Como praticar o corpo-isolado do estágio de conclusão durante a sessão de meditação;
2. Como praticar o corpo-isolado do estágio de conclusão durante o intervalo entre as meditações.

Como praticar o corpo-isolado do estágio de conclusão durante a sessão de meditação tem duas partes:

1. Explicação preliminar;
2. A explicação propriamente dita.

A explicação propriamente dita tem duas partes:

1. Uma introdução ao canal central, gotas e ventos;
2. A prática propriamente dita.

A prática propriamente dita tem três partes:

1. As práticas preliminares;
2. A meditação propriamente dita;
3. Os resultados da prática dessa meditação.

A meditação propriamente dita tem três partes:

1. A meditação no canal central – o ioga do canal central;
2. A meditação na gota indestrutível – o ioga da gota;
3. A meditação no vento e mente indestrutíveis – o ioga do vento.

Fala-isolada tem três partes:

1. Definição e etimologia de *fala-isolada*;
2. Classes da fala-isolada;
3. Como praticar a fala-isolada.

Classes da fala-isolada tem cinco partes:

1. Primeiro vazio da fala-isolada;
2. Segundo vazio da fala-isolada;
3. Terceiro vazio da fala-isolada;
4. Quarto vazio da fala-isolada;
5. Fala-isolada que não é nenhuma dessas quatro.

Como praticar a fala-isolada tem três partes:

1. Meditação na gota indestrutível;
2. Meditação no vento e mente indestrutíveis;
3. Meditação na recitação vajra.

Meditação na recitação vajra tem três partes:

1. Definição e etimologia de *recitação vajra*;
2. Classes da recitação vajra;
3. Como praticar a recitação vajra.

Classes da recitação vajra tem duas partes:

1. Recitação vajra nos ventos-raiz;
2. Recitação vajra nos ventos secundários.

Como praticar a recitação vajra tem três partes:

1. Uma explicação dos ventos;
2. Uma explicação sobre mantra;
3. A meditação propriamente dita na recitação vajra.

Mente-isolada tem três partes:

1. Definição e etimologia de *mente-isolada*;
2. Classes da mente-isolada;
3. Como praticar a mente-isolada.

Classes da mente-isolada tem cinco partes:

1. Mente-isolada da aparência branca;
2. Mente-isolada do vermelho crescente;
3. Mente-isolada da quase-conquista negra;
4. Mente-isolada da clara-luz;
5. Mente-isolada que não é nenhuma dessas quatro.

Corpo-ilusório tem três partes:

1. Definição e etimologia de *corpo-ilusório*;
2. Classes de corpo-ilusório;
3. Como alcançar o corpo-ilusório.

Classes de corpo-ilusório tem duas partes:

1. Corpo-ilusório impuro;
2. Corpo-ilusório puro.

Corpo-ilusório impuro tem quinze partes:

1. A característica da causa;
2. A característica do momento;

3. A característica da localização;
4. A característica da natureza;
5. A característica da cor;
6. A característica da forma;
7. A característica de ser visto;
8. A característica de luz infinita;
9. A característica de desfrute;
10. A característica de motivação;
11. A característica de boas qualidades;
12. A característica de analogias;
13. A característica de nomes;
14. A característica de palavras definitivas;
15. A característica relativa da duração.

A característica de analogias tem doze partes:

1. Como uma ilusão;
2. Como o reflexo da Lua na água;
3. Como a sombra do corpo;
4. Como uma miragem;
5. Como um sonho;
6. Como um eco;
7. Como uma cidade de seres do estado intermediário;
8. Como uma manifestação;
9. Como um arco-íris;
10. Como um clarão de relâmpago;
11. Como uma bolha de água;
12. Como um reflexo no espelho.

Clara-luz tem três partes:

1. Definição e etimologia de *clara-luz-significativa*;
2. Classes de clara-luz-significativa;
3. Como alcançar a clara-luz-significativa.

Classes de clara-luz-significativa tem três partes:

1. Clara-luz-significativa da quarta etapa;
2. Clara-luz-significativa da união-que-precisa-aprender;
3. Clara-luz-significativa da União-do-Não-Mais-Aprender.

União tem três partes:

1. Definição e etimologia de *união*;
2. Classes de união;
3. Como alcançar a união.

Classes de união tem duas partes:

1. União de abandono;
2. União de realização.

Apêndice II
As Práticas Preliminares

CONTEÚDO

Prece Libertadora
Louvor a Buda Shakyamuni.......................... 243

**Manual para a Prática Diária dos Votos Bodhissatva
e Tântricos.**.. 245

Grande Libertação da Mãe
Preces Preliminares à Meditação Mahamudra
em Associação com a Prática de Vajrayogini 259

Grande Libertação do Pai
Preces Preliminares à Meditação Mahamudra
em Associação com a Prática de Heruka............... 269

Uma Explicação da Prática 279

Prece Libertadora

LOUVOR A BUDA SHAKYAMUNI

Ó Abençoado, Shakyamuni Buda,
Precioso tesouro de compaixão,
Concessor de suprema paz interior,

Tu, que amas todos os seres sem exceção,
És a fonte de bondade e felicidade,
E nos guias ao caminho libertador.

Teu corpo é uma joia-que-satisfaz-os-desejos,
Tua fala é um néctar purificador e supremo
E tua mente, refúgio para todos os seres vivos.

Com as mãos postas, me volto para ti,
Amigo supremo e imutável,
E peço do fundo do meu coração:

Por favor, concede-me a luz de tua sabedoria
Para dissipar a escuridão da minha mente
E curar o meu continuum mental.

Por favor, me nutre com tua bondade,
Para que eu possa, por minha vez, nutrir todos os seres
Com um incessante banquete de deleite.

Por meio de tua compassiva intenção,
De tuas bênçãos e feitos virtuosos
E por meu forte desejo de confiar em ti,

Que todo o sofrimento rapidamente cesse,
Que toda a felicidade e alegria aconteçam
E que o sagrado Dharma floresça para sempre.

A **Prece Libertadora** *foi escrita por Venerável Geshe Kelsang Gyatso Rinpoche e é recitada no início de ensinamentos, meditações e preces nos Centros Budistas Kadampas em todo o mundo.*

*Manual para a Prática
Diária dos Votos
Bodhisattva e Tântricos*

Introdução

Aqueles que receberam os votos bodhisattva e os votos tântricos devem saber que os compromissos desses votos são o fundamento básico sobre o qual as realizações do Mahayana e do Vajrayana irão crescer. Se negligenciarmos esses compromissos, nossa prática do Mahayana e do Vajrayana será fraca e ineficaz. Je Tsongkhapa disse:

> As duas conquistas dependem, ambas,
> De meus sagrados votos e compromissos;
> Abençoa-me, para entender isso claramente
> E conservá-los à custa da minha vida.

As duas conquistas são: as aquisições comuns (as realizações do Sutra) e as aquisições incomuns (as realizações do Tantra).

Os *Sutras Perfeição de Sabedoria* e os ensinamentos de Lamrim explicam extensivamente a prática das seis perfeições como sendo o compromisso dos votos bodhisattva. As seis perfeições são as práticas de dar, disciplina moral, paciência, esforço, concentração e sabedoria, motivadas pela mente compassiva da bodhichitta. Por nos empenharmos sinceramente na prática das seis perfeições, podemos cumprir todos os compromissos de nossos votos bodhisattva, incluindo os compromissos de abandonar as dezoito quedas raízes e as 46 quedas secundárias.

Na prática de dar amor, se sinceramente apreciarmos todos os seres vivos, não haverá base para incorrermos em nenhuma das quedas dos votos bodhisattva e tântricos, pois essas quedas são motivadas, necessariamente, pelo autoapreço.

Embora existam muitos compromissos dos votos tântricos – como abandonar muitas quedas, especialmente as quatorze quedas raízes – podemos cumprir todos os compromissos dos votos tântricos pela prática sincera dos dezenove compromissos das Cinco Famílias Búdicas. Por cumprir nossos compromissos dos votos Pratimoksha, bodhisattva e tântricos, podemos rapidamente fazer progressos no caminho à iluminação.

Devemos saber que, em verdade, nossos compromissos dos votos Pratimoksha, bodhisattva e tântricos são o único método para solucionar os nossos próprios problemas e os dos outros, e são também o único método para fazer a nós mesmos e aos outros felizes. Isso é o que realmente precisamos. Nunca devemos pensar que nossos compromissos são como um fardo pesado; ao contrário, devemos pensar, sempre, que eles são como uma joia-que-satisfaz-os-desejos que nos foi dada por Buda e que devemos mantê-los puros, mesmo à custa de nossa vida.

Geshe Kelsang Gyatso
2007

Parte Um:
A Prática dos Votos Bodhisattva

Visualizar Guru Buda Shakyamuni

No espaço a minha frente, está Buda Shakyamuni vivo, rodeado por todos os Budas e Bodhisattvas, como a lua cheia rodeada pelas estrelas.

Tomar os Votos Bodhisattva

Com forte fé, junte suas mãos na altura do coração, no gesto de prostração. Verbal ou mentalmente, recite três vezes a seguinte prece ritual, enquanto você se concentra em seu significado.

Ó Guru Buda Shakyamuni, por favor, ouve o que agora direi.
Doravante, até que eu alcance a iluminação,
Busco refúgio nas Três Joias – Buda, Dharma e Sangha –
E confesso todas e cada uma das minhas ações negativas.

Isso significa: Aplicarei esforço para purificar todas as ações negativas juntamente com suas raízes, as delusões.

Regozijo-me nas virtudes de todos os seres,

Isso significa: Regozijo-me e empenho-me na prática do estilo de vida do Bodhisattva, isto é, a prática das seis perfeições. Essa é a maneira de se praticar os votos bodhisattva.

E prometo realizar a iluminação de um Buda.

Isso significa: Prometo realizar a iluminação de um Buda a fim de libertar, permanentemente, todos os seres vivos do sofrimento.

Nessa prece ritual, você prometeu realizar a iluminação de um Buda a fim de libertar, permanentemente, todos os seres vivos do sofrimento. Essa promessa é o seu voto bodhisattva. Para cumprir sua promessa, você precisa se empenhar no estilo de vida do Bodhisattva – a prática das seis perfeições; elas são os compromissos do voto bodhisattva. Desse modo, você poderá fazer progressos no Caminho à Iluminação: desde o Caminho da Acumulação, passando pelo Caminho da Preparação, o Caminho da Visão, o Caminho da Meditação e o Caminho do Não-Mais-Aprender – que é a iluminação.

As seis perfeições são as práticas de dar, disciplina moral, paciência, esforço, concentração e sabedoria, motivadas por bodhichitta. Você deve reconhecer que as seis perfeições são a sua prática diária – elas são os compromissos de seu voto bodhisattva.

Na prática de **dar**, você deve praticar:

1. Dar ajuda material aos que estão na pobreza, incluindo dar comida aos animais;
2. Dar ajuda prática aos doentes ou fisicamente debilitados;
3. Dar proteção, sempre tentando salvar a vida dos outros, incluindo os insetos;
4. Dar amor, aprendendo a apreciar todos os seres vivos por acreditar, sempre, que a felicidade e a liberdade deles são importantes; e
5. Dar Dharma, ajudando a solucionar os problemas da raiva, apego e ignorância por meio de dar ensinamentos de Dharma ou conselhos significativos.

Na prática de **disciplina moral**, você deve abandonar quaisquer ações inadequadas, incluindo as que causam sofrimento aos outros. Por fazer isso, suas ações de corpo, fala e mente serão puras, de maneira que você irá se tornar um ser puro. Este é o fundamento básico sobre o qual todas as realizações espirituais irão crescer.

Na prática de **paciência**, você nunca deve se permitir ficar com raiva ou desencorajado, mas aceitar temporariamente quaisquer dificuldades ou danos vindos dos outros. Esta é a prática de paciência. A raiva destrói o seu mérito, ou boa fortuna, de modo que você continuamente irá experienciar muitos obstáculos, e, devido à carência de boa fortuna, será difícil satisfazer os seus desejos, em especial as suas metas espirituais. Não existe maior mal que a raiva. Com a prática da paciência, você pode realizar qualquer meta espiritual; não existe virtude maior que a paciência.

Na prática de **esforço**, você deve confiar em esforço irreversível para acumular as grandes coleções de mérito e de sabedoria, que são as principais causas para se obter o Corpo-Forma (*Rupakaya*) e o Corpo-Verdade (*Dharmakaya*) de um Buda; e, especialmente, você deve enfatizar a contemplação e a meditação sobre a vacuidade, o modo como as coisas realmente são. Por fazer isso, você pode facilmente fazer progressos no caminho à iluminação. Com esforço, você pode realizar a sua meta; com preguiça, você não pode obter resultado algum.

Na prática de **concentração**, você deve enfatizar a aquisição da concentração do tranquilo-permanecer que observa a vacuidade. Quando, pelo poder dessa concentração, você experienciar uma sabedoria especial denominada "visão superior", que realiza a vacuidade de todos os fenômenos de modo muito claro, você terá progredido, passando de um Bodhisattva do Caminho da Acumulação para ser um Bodhisattva do Caminho da Preparação.

Na prática de **sabedoria**, você precisa enfatizar o aumento do poder de sua sabedoria da visão superior por meditar, continuamente, na vacuidade de todos os fenômenos com a motivação de bodhichitta. Por meio disso, quando a sua visão superior se transformar no Caminho da Visão, que é a realização direta da vacuidade de todos os fenômenos, você terá progredido, passando de um Bodhisattva do Caminho da Preparação para ser um Bodhisattva do Caminho da Visão. No momento em que você alcançar o Caminho da Visão, você será um Bodhisattva superior, que não mais experiencia os sofrimentos do samsara. Mesmo que alguém corte o seu corpo pedaço por pedaço com uma faca, você não sentirá dor devido à realização direta do modo como as coisas realmente existem.

Tendo concluído o Caminho da Visão, você precisa, para continuar a fazer progressos, empenhar-se, continuamente, na meditação sobre a vacuidade de todos os fenômenos, com a motivação de bodhichitta. Essa meditação é denominada "o Caminho da Meditação". Quando alcançar essa etapa, você terá progredido, passando de um Bodhisattva do Caminho da Visão para ser um Bodhisattva do Caminho da Meditação.

Tendo concluído o Caminho da Meditação, quando então sua sabedoria do Caminho da Meditação se transforma na sabedoria onisciente que experiencia a cessação permanente de todas as aparências equivocadas, essa sabedoria onisciente passa a ser denominada "o Caminho do Não-Mais-Aprender", que é a iluminação propriamente dita. Quando alcançar essa etapa, você terá progredido, passando de um Bodhisattva do Caminho da Meditação a um ser iluminado, um Buda. Você terá concluído o objetivo supremo dos seres vivos.

Mais detalhes sobre os votos bodhisattva podem ser encontrados no livro *O Voto Bodhisattva*.

Parte Dois:
A Prática dos Votos Tântricos

Visualizar Guru Buda Shakyamuni

No espaço a minha frente, está Buda Shakyamuni vivo, rodeado por todos os Budas e Bodhisattvas, como a lua cheia rodeada pelas estrelas.

Tomar os Votos Tântricos

Com forte fé, junte suas mãos na altura do coração, no gesto de prostração. Verbal ou mentalmente, recite três vezes a seguinte prece ritual, enquanto você se concentra em seu significado.

Ó Guru Buda Shakyamuni, por favor, ouve o que agora direi.
Doravante, até que eu alcance a iluminação,
Manterei, para o bem de todos os seres vivos,
Os votos e compromissos, gerais e individuais, das Cinco
　Famílias Búdicas,
Resgatarei aqueles que não foram resgatados do renascimento
　inferior,
Libertarei aqueles que não foram libertados do renascimento
　samsárico,
Darei fôlego – a vida espiritual do Vajrayana – àqueles incapazes
　de praticar o Caminho Vajrayana,
E conduzirei todos os seres ao estado além da dor, o estado da
　iluminação.

*Objetos de compromisso tântricos:
oferenda interior no kapala, vajra, sino, damaru, mala*

Nessa prática ritual, você prometeu manter os dezenove compromissos dos votos do Tantra Ioga Supremo, libertar todos os seres vivos do renascimento inferior e do renascimento samsárico e conduzi-los ao Caminho Vajrayana, que rapidamente conduz todos os seres ao estado da iluminação. Essa promessa é o seu voto tântrico. Para cumprir sua promessa, você deve empenhar-se na prática dos dezenove compromissos das Cinco Famílias Búdicas. Os dezenove compromissos são:

Os seis compromissos da Família de Buda Vairochana:

1. Buscar refúgio em Buda;
2. Buscar refúgio no Dharma;
3. Buscar refúgio na Sangha;
4. Abster-se de não-virtude;
5. Praticar virtude;
6. Beneficiar os outros.

Os quatro compromissos da Família de Buda Akshobya:

1. Manter um vajra para nos lembrar de enfatizar o desenvolvimento de grande êxtase por meio da meditação no canal central;
2. Manter um sino para nos lembrar de enfatizar a meditação na vacuidade;
3. Gerar a nós mesmos como a Deidade ao mesmo tempo que compreendemos que todas as coisas que normalmente vemos não existem;
4. Confiar sinceramente em nosso Guia Espiritual, que nos conduz à prática da pura disciplina moral dos votos Pratimoksha, bodhisattva e tântricos.

Os quatro compromissos da Família de Buda Ratnasambhava:

1. Dar ajuda material;
2. Dar Dharma;
3. Dar destemor;
4. Dar amor.

Os três compromissos da Família de Buda Amitabha:

1. Confiar nos ensinamentos de Sutra;
2. Confiar nos ensinamentos das duas classes inferiores de Tantra;
3. Confiar nos ensinamentos das duas classes superiores de Tantra.

Já que o Lamrim é o corpo principal do Budadharma, se confiarmos sinceramente no Lamrim Kadam cumpriremos esses três compromissos.

Os dois compromissos da Família de Buda Amoghasiddhi:

1. Fazer oferendas a nosso Guia Espiritual;
2. Empenharmo-nos para manter puramente todos os votos que tomamos.

Como Buda Vajradhara disse, você deve relembrar esses dezenove compromissos seis vezes ao dia, todos os dias, o que significa a cada quatro horas. Isso é denominado *"Ioga em Seis Sessões"*. Para cumprir esse compromisso, você deve recitar – verbal ou mentalmente – o seguinte *ioga condensado em seis sessões*, seis vezes ao dia, todos os dias, enquanto se concentra em seu significado:

Eu busco refúgio no Guru e nas Três Joias.
Segurando vajra e sino, gero-me como a Deidade e faço oferendas.
Confio nos Dharmas de Sutra e de Tantra e abstenho-me de
    todas as ações não virtuosas.
Reunindo todos os Dharmas virtuosos, ajudo todos os seres
    vivos por meio das quatro práticas de dar.

Todos os dezenove compromissos estão incluídos nessa estrofe. As palavras *"Eu busco refúgio no Guru e nas Três Joias"* referem-se aos três primeiros compromissos da Família de Buda Vairochana: buscar refúgio em Buda, buscar refúgio no Dharma e buscar refúgio na Sangha. A palavra "Guru" refere-se ao quarto compromisso da Família de Buda Akshobya: confiar sinceramente em nosso Guia Espiritual.

As palavras *"Segurando vajra e sino, gero-me como a Deidade"* referem-se aos primeiros três compromissos da Família de Buda Akshobya: manter um vajra para nos lembrar do grande êxtase, manter um sino para nos lembrar da vacuidade e gerar a nós mesmos como a Deidade. As palavras *"e faço oferendas"* referem-se ao primeiro compromisso da Família de Buda Amoghasiddhi: fazer oferendas a nosso Guia Espiritual.

As palavras *"Confio nos Dharmas de Sutra e de Tantra"* referem-se aos três compromissos da Família de Buda Amitabha: confiar nos ensinamentos de Sutra, confiar nos ensinamentos das duas classes inferiores de Tantra e confiar nos ensinamentos das duas classes superiores de Tantra. As palavras *"e abstenho-me de todas as ações não virtuosas"* referem-se ao quarto compromisso da Família de Buda Vairochana: abster-se de não-virtude.

As palavras *"Reunindo todos os Dharmas virtuosos"* referem-se ao quinto compromisso da Família de Buda Vairochana: praticar virtude. As palavras *"ajudo todos os seres vivos"* referem-se ao sexto compromisso da Família de Buda Vairochana: beneficiar os outros. As palavras *"por meio das quatro práticas de dar"* referem-se aos quatro compromissos da Família de Buda Ratnasambhava: dar ajuda material, dar Dharma, dar destemor e dar amor.

Finalmente, a estrofe inteira refere-se ao segundo compromisso da Família de Buda Amoghasiddhi: empenharmo-nos para manter puramente todos os votos que tomamos.

Grande Libertação da Mãe

PRECES PRELIMINARES À MEDITAÇÃO MAHAMUDRA
EM ASSOCIAÇÃO COM A PRÁTICA DE VAJRAYOGINI

Grande Libertação da Mãe

Buscar refúgio

No espaço a minha frente, aparecem Guru Chakrasambara Pai e Mãe, rodeados pela assembleia de Gurus-raiz e linhagem, Yidams, Três Joias, Assistentes e Protetores.

Imagine que você e todos os seres vivos buscam refúgio, e recite três vezes:

Eu e todos os seres sencientes, os migrantes tão extensos quanto o espaço, doravante, até alcançarmos a essência da iluminação,
Buscamos refúgio nos gloriosos, sagrados Gurus,
Buscamos refúgio nos perfeitos Budas, os Abençoados,
Buscamos refúgio nos Dharmas sagrados,
Buscamos refúgio nas Sanghas superiores. (3x)

Gerar bodhichitta

Gere a bodhichitta e as quatro incomensuráveis, enquanto você recita três vezes:

Uma vez que eu tenha alcançado o estado de um perfeito Buda, libertarei todos os seres sencientes do oceano de sofrimento do samsara e os levarei ao êxtase da plena iluminação. Com esse propósito, vou praticar as etapas do caminho de Vajrayogini. (3x)

Receber bênçãos

Agora, com as palmas das mãos unidas, recite:

Eu me prostro e busco refúgio nos Gurus e nas Três Joias Preciosas.
Por favor, abençoai meu continuum mental.

Por ter assim recitado:

Os objetos de refúgio a minha frente se convertem em raios de luz branca, vermelha e azul escura. Eles se dissolvem em mim e recebo suas bênçãos de corpo, fala e mente.

GERAR A SI PRÓPRIO COMO VAJRAYOGINI

Trazer a morte para o caminho do Corpo-Verdade

Todos os mundos e seus seres convertem-se em luz e dissolvem-se em mim.
Eu também me converto em luz e dissolvo-me na vacuidade.
Eu sou o efetivo Corpo-Verdade Buda Vajrayogini.

Trazer o estado intermediário para o caminho do Corpo-de--Deleite

Em meu lugar, sobre um lótus e um assento de sol,
Minha mente aparece como uma luz vermelha com a dimensão de um cúbito[1].
Eu sou o efetivo Corpo-de-Deleite Buda Vajrayogini.

Trazer o renascimento para o caminho do Corpo-Emanação

Tudo isso se transforma por completo,
E eu surjo como o Corpo-Emanação Buda Vajrayogini,
Juntamente com minha Terra Pura.

---

1 Cúbito é uma unidade de medida de comprimento equivalente a 46 cm (N. do T.).

GURU-IOGA

Abençoar o ambiente e as substâncias de oferenda

Raios de luz, da letra BAM em meu coração,
Purificam todos os mundos e seus seres.
Tudo se torna imaculadamente puro,
Totalmente preenchido por um vasto conjunto de oferendas
Da natureza de excelsa sabedoria, e concedem êxtase incontaminado.

Visualização

No espaço a minha frente está Buda Vajradhara vivo, que é inseparável do meu Guru-raiz, rodeado por todos os Gurus da Linhagem Mahamudra, Yidams, Budas, Bodhisattvas, Dakas, Dakinis e Protetores do Dharma.

Prece dos sete membros

Com meu corpo, fala e mente, humildemente me prostro
E faço oferendas, efetivas e imaginadas.
Confesso meus erros em todos os tempos
E regozijo-me nas virtudes de todos.
Peço, permanece até o cessar do samsara
E gira a Roda do Dharma para nós.
Dedico todas as virtudes à grande iluminação.

Oferecer o mandala

OM VAJRA BHUMI AH HUM
Grande e poderoso solo dourado,
OM VAJRA REKHE AH HUM
Na fronteira, a cerca férrea rodeia o círculo exterior.
No centro, Monte Meru, o rei das montanhas,
Em torno do qual há quatro continentes:
A leste, Purvavideha, ao sul, Jambudipa,
A oeste, Aparagodaniya, ao norte, Uttarakuru.

Cada um tem dois subcontinentes:
Deha e Videha, Tsamara e Abatsamara,
Satha e Uttaramantrina, Kurava e Kaurava.
A montanha de joias, a árvore-que-concede-desejos,
A vaca-que-concede-desejos e a colheita não semeada.
A preciosa roda, a preciosa joia,
A preciosa rainha, o precioso ministro,
O precioso elefante, o precioso supremo cavalo,
O precioso general e o grande vaso-tesouro.
A deusa da beleza, a deusa das grinaldas,
A deusa da música, a deusa da dança,
A deusa das flores, a deusa do incenso,
A deusa da luz e a deusa do perfume.
O sol e a lua, o precioso guarda-sol,
O estandarte da vitória em cada direção.
No centro, os tesouros tanto de deuses quanto de homens,
Uma coleção de excelências que nada exclui.
Ofereço isso a vós, meus bondosos Guru-raiz e Gurus-linhagem,
A todos vós, sagrados e gloriosos Gurus;
Por favor, aceitai com compaixão pelos seres migrantes
E, uma vez aceito, por favor, concedei-nos vossas bênçãos.

Ó Tesouro de Compaixão, meu Refúgio e Protetor,
Ofereço a ti a montanha, continentes, objetos preciosos, vaso-
 -tesouro, sol e lua,
Os quais surgiram dos meus agregados, fontes e elementos,
Como aspectos da excelsa sabedoria de êxtase espontâneo
  e vacuidade.

Ofereço, sem nenhum sentimento de perda,
Os objetos que fazem surgir meu apego, ódio e confusão,
Meus amigos, inimigos e estranhos, nossos corpos e prazeres;
Peço, aceita-os e abençoa-me, livrando-me diretamente dos três
  venenos.

IDAM GURU RATNA MANDALAKAM NIRYATAYAMI

Preces de pedidos aos Gurus da Linhagem Mahamudra

Ó Conquistador Vajradhara, Manjushri,
Je Tsongkhapa Losang Dragpa, Togden Jampel Gyatso,
Baso Chokyi Gyaltsen, Mahasiddha Dharmavajra,
Ensapa Losang Dondrub e Khedrub Sangye Yeshe,
Peço a vós, por favor, concedei-me vossas bênçãos
Para que eu extirpe o encrave do agarramento ao em-si em meu continuum mental,
Treine em amor, compaixão e bodhichitta
E realize, rapidamente, o Mahamudra que é a União do Não--Mais-Aprender.

Ó Venerável Losang Chogyen, Mahasiddha Gendun Gyaltsen,
Drungpa Tsondru Gyaltsen, Konchog Gyaltsen,
Panchen Losang Yeshe, Losang Trinlay,
Drubwang Losang Namgyal e Kachen Yeshe Gyaltsen,
Peço a vós, por favor, concedei-me vossas bênçãos
Para que eu extirpe o encrave do agarramento ao em-si em meu continuum mental,
Treine em amor, compaixão e bodhichitta
E realize, rapidamente, o Mahamudra que é a União do Não--Mais-Aprender.

Ó Phurchog Ngawang Jampa, Panchen Palden Yeshe,
Khedrub Ngawang Dorje, Ngulchu Dharmabhadra,
Yangchen Drubpay Dorje, Khedrub Tendzin Tsondru,
Phabongkhapa Trinlay Gyatso e Trijang Dorjechang Losang Yeshe,
Peço a vós, por favor, concedei-me vossas bênçãos
Para que eu extirpe o encrave do agarramento ao em-si em meu continuum mental,
Treine em amor, compaixão e bodhichitta
E realize, rapidamente, o Mahamudra que é a União do Não--Mais-Aprender.

Ó Venerável Kelsang Gyatso Rinpoche,
Que, por tua compaixão e com tua grande habilidade,
Explicas, para discípulos afortunados,
As instruções de teu Guru e da linhagem profunda,
Peço a ti, por favor, concede-me tuas bênçãos
Para que eu extirpe o encrave do agarramento ao em-si em meu continuum mental,
Treine em amor, compaixão e bodhichitta
E realize, rapidamente, o Mahamudra que é a União do Não--Mais-Aprender.

Por favor, concedei-me vossas bênçãos
Para que eu veja o Venerável Guru como um Buda,
Supere o apego pelas moradas do samsara
E, tendo assumido o fardo de libertar todos os migrantes,
Realize os caminhos comum e incomum
E alcance, rapidamente, a União do Mahamudra.

Que este meu corpo e teu corpo, Ó Pai,
Esta minha fala e tua fala, Ó Pai,
Esta minha mente e tua mente, Ó Pai,
Tornem-se, por meio de tuas bênçãos, inseparavelmente uma.

Pedido especial

Recite três vezes:

Meu precioso Guru Vajradhara, a essência de todos os Budas, rogo a ti, por favor, abençoa meu continuum mental e pacifica todos os obstáculos externos e internos, para que eu progrida no treino do caminho profundo das meditações do Mahamudra e alcance, rapidamente, o Mahamudra que é a união de êxtase e vacuidade.

Receber bênçãos

Todos os demais seres sagrados dissolvem-se em meu Guru-raiz, Vajradhara, que está no centro. Por amor a mim, meu Guru-raiz dissolve-se na forma de luz azul e, entrando pela coroa da minha cabeça, mistura-se de modo inseparável com minha mente, no aspecto de uma letra BAM, em meu coração.

Neste ponto, empenhamo-nos no treino propriamente dito da meditação Mahamudra. Podemos fazer as meditações comuns do Mahamudra Vajrayana (como explicadas no comentário Clara-Luz de Êxtase*), ou as meditações incomuns do Mahamudra Vajrayana (como explicadas no comentário* Solos e Caminhos Tântricos*). Através disso, podemos realizar o Mahamudra que é a união de êxtase e vacuidade, o Mahamudra que é a união das duas verdades, e o Mahamudra que é a União resultante do Não-Mais-Aprender.*

Dedicatória

Por essa virtude, que eu veja o Venerável Guru como um Buda,
Supere o apego pelas moradas do samsara
E, tendo assumido o fardo de libertar todos os migrantes,
Realize os caminhos comum e incomum
E alcance, rapidamente, a União do Mahamudra.

Em resumo, que eu nunca esteja separado de ti, Venerável Guru Dakini,
Mas fique sempre sob teus cuidados,
E, por concluir rapidamente os solos e caminhos,
Que eu alcance o magnífico estado Dakini.

Preces pela Tradição Virtuosa

Para que a tradição de Je Tsongkhapa,
O Rei do Dharma, floresça,
Que todos os obstáculos sejam pacificados
E todas as condições favoráveis sejam abundantes.

Pelas duas coleções, minhas e dos outros,
Reunidas ao longo dos três tempos,
Que a doutrina do Conquistador Losang Dragpa
Floresça para sempre.

Prece *Migtsema* de nove versos

Tsongkhapa, ornamento-coroa dos eruditos da Terra das Neves,
Tu és Buda Shakyamuni e Vajradhara, a fonte de todas as conquistas,
Avalokiteshvara, o tesouro de inobservável compaixão,
Manjushri, a suprema sabedoria imaculada,
E Vajrapani, o destruidor das hostes de maras.
Ó Venerável Guru Buda, síntese das Três Joias,
Com meu corpo, fala e mente, respeitosamente faço pedidos:
Peço, concede tuas bênçãos para amadurecer e libertar a mim
    e aos outros,
E confere-nos as aquisições comuns e a suprema.   (3x)

Cólofon: Esta sadhana foi compilada por Venerável Geshe Kelsang Gyatso Rinpoche e traduzida sob sua compassiva orientação.

A estrofe de pedidos a Venerável Geshe Kelsang Gyatso Rinpoche foi escrita pelo glorioso Protetor do Dharma, Duldzin Dorje Shugden, a pedido dos fiéis e devotados discípulos de Geshe Kelsang, e incluída nesta sadhana a pedido deles.

Grande Libertação do Pai

PRECES PRELIMINARES À MEDITAÇÃO MAHAMUDRA EM ASSOCIAÇÃO COM A PRÁTICA DE HERUKA

Grande Libertação do Pai

Visualizar os objetos de refúgio

No espaço a minha frente, está Guru Heruka Pai e Mãe, rodeado pela assembleia de Gurus-linhagem, Yidams, Budas, Bodhisattvas, Heróis, Dakinis e Protetores do Dharma.

Buscar refúgio e gerar a bodhichitta aspirativa

Eternamente, vou buscar refúgio
Em Buda, Dharma e Sangha.
Para o bem de todos os seres vivos,
Vou me tornar Heruka   (3x)

Gerar a bodhichitta de compromisso

Para conduzir todos os seres sencientes-mães ao estado de felicidade última,
Vou alcançar o mais rapidamente possível, ainda nesta vida,
O estado de União de Buda Heruka;
Com esse propósito, vou praticar as etapas do caminho de Heruka.   (3x)

Receber bênçãos

Guru Heruka Pai e Mãe, juntamente com todos os demais objetos de refúgio, dissolvem-se em mim, e eu recebo suas bênçãos.

GERAR A SI PRÓPRIO COMO HERUKA

Trazer a morte para o caminho do Corpo-Verdade

Todos os mundos e seus seres convertem-se em luz e dissolvem-se em mim.
Eu também me converto em luz e dissolvo-me na vacuidade.
Eu sou o efetivo Corpo-Verdade Buda Heruka.

Trazer o estado intermediário para o caminho do Corpo-de--Deleite

Em meu lugar, sobre um lótus e um assento de sol,
Minha mente aparece como uma luz azul com a dimensão de um cúbito[1].
Eu sou o efetivo Corpo-de-Deleite Buda Heruka.

Trazer o renascimento para o caminho do Corpo-Emanação

Tudo isso se transforma por completo,
E eu surjo como o Corpo-Emanação Buda Heruka,
Juntamente com minha Terra Pura.

GURU-IOGA

Abençoar o ambiente e as substâncias de oferenda

Raios de luz, da letra HUM em meu coração,
Purificam todos os mundos e seus seres.
Tudo se torna imaculadamente puro,
Totalmente preenchido por um vasto conjunto de oferendas
Da natureza de excelsa sabedoria, e concedem êxtase incontaminado.

Visualização

No espaço a minha frente está Buda Vajradhara vivo, que é inseparável do meu Guru-raiz, rodeado por todos os Gurus da Linhagem Mahamudra, Yidams, Budas, Bodhisattvas, Dakas, Dakinis e Protetores do Dharma.

---

[1] Cúbito é uma unidade de medida de comprimento equivalente a 46 cm (N. do T.).

Prece dos sete membros

Com meu corpo, fala e mente, humildemente me prostro
E faço oferendas, efetivas e imaginadas.
Confesso meus erros em todos os tempos
E regozijo-me nas virtudes de todos.
Peço, permanece até o cessar do samsara
E gira a Roda do Dharma para nós.
Dedico todas as virtudes à grande iluminação.

Oferecer o mandala

OM VAJRA BHUMI AH HUM
Grande e poderoso solo dourado,
OM VAJRA REKHE AH HUM
Na fronteira, a cerca férrea rodeia o círculo exterior.
No centro, Monte Meru, o rei das montanhas,
Em torno do qual há quatro continentes:
A leste, Purvavideha, ao sul, Jambudipa,
A oeste, Aparagodaniya, ao norte, Uttarakuru.
Cada um tem dois subcontinentes:
Deha e Videha, Tsamara e Abatsamara,
Satha e Uttaramantrina, Kurava e Kaurava.
A montanha de joias, a árvore-que-concede-desejos,
A vaca-que-concede-desejos e a colheita não semeada.
A preciosa roda, a preciosa joia,
A preciosa rainha, o precioso ministro,
O precioso elefante, o precioso supremo cavalo,
O precioso general e o grande vaso-tesouro.
A deusa da beleza, a deusa das grinaldas,
A deusa da música, a deusa da dança,
A deusa das flores, a deusa do incenso,
A deusa da luz e a deusa do perfume.
O sol e a lua, o precioso guarda-sol,
O estandarte da vitória em cada direção.
No centro, os tesouros tanto de deuses quanto de homens,

Uma coleção de excelências que nada exclui.
Ofereço isso a vós, meus bondosos Guru-raiz e Gurus-linhagem,
A todos vós, sagrados e gloriosos Gurus;
Por favor, aceitai com compaixão pelos seres migrantes
E, uma vez aceito, por favor, concedei-nos vossas bênçãos.

Ó Tesouro de Compaixão, meu Refúgio e Protetor,
Ofereço a ti a montanha, continentes, objetos preciosos, vaso-
-tesouro, sol e lua,
Os quais surgiram dos meus agregados, fontes e elementos,
Como aspectos da excelsa sabedoria de êxtase espontâneo
e vacuidade.

Ofereço, sem nenhum sentimento de perda,
Os objetos que fazem surgir meu apego, ódio e confusão,
Meus amigos, inimigos e estranhos, nossos corpos e prazeres;
Peço, aceita-os e abençoa-me, livrando-me diretamente dos três
venenos.

IDAM GURU RATNA MANDALAKAM NIRYATAYAMI

Preces de pedidos aos Gurus da Linhagem Mahamudra

Ó Conquistador Vajradhara, Manjushri,
Je Tsongkhapa Losang Dragpa, Togden Jampel Gyatso,
Baso Chokyi Gyaltsen, Mahasiddha Dharmavajra,
Ensapa Losang Dondrub e Khedrub Sangye Yeshe,
Peço a vós, por favor, concedei-me vossas bênçãos
Para que eu extirpe o encrave do agarramento ao em-si em meu
continuum mental,
Treine em amor, compaixão e bodhichitta
E realize, rapidamente, o Mahamudra que é a União do Não-
-Mais-Aprender.

Ó Venerável Losang Chogyen, Mahasiddha Gendun Gyaltsen,
Drungpa Tsondru Gyaltsen, Konchog Gyaltsen,
Panchen Losang Yeshe, Losang Trinlay,
Drubwang Losang Namgyal e Kachen Yeshe Gyaltsen,

Peço a vós, por favor, concedei-me vossas bênçãos
Para que eu extirpe o encrave do agarramento ao em-si em meu continuum mental,
Treine em amor, compaixão e bodhichitta
E realize, rapidamente, o Mahamudra que é a União do Não--Mais-Aprender.

Ó Phurchog Ngawang Jampa, Panchen Palden Yeshe,
Khedrub Ngawang Dorje, Ngulchu Dharmabhadra,
Yangchen Drubpay Dorje, Khedrub Tendzin Tsondru,
Phabongkhapa Trinlay Gyatso e Trijang Dorjechang Losang Yeshe,
Peço a vós, por favor, concedei-me vossas bênçãos
Para que eu extirpe o encrave do agarramento ao em-si em meu continuum mental,
Treine em amor, compaixão e bodhichitta
E realize, rapidamente, o Mahamudra que é a União do Não--Mais-Aprender.

Ó Venerável Kelsang Gyatso Rinpoche,
Que, por tua compaixão e com tua grande habilidade,
Explicas, para discípulos afortunados,
As instruções de teu Guru e da linhagem profunda,
Peço a ti, por favor, concede-me tuas bênçãos
Para que eu extirpe o encrave do agarramento ao em-si em meu continuum mental,
Treine em amor, compaixão e bodhichitta
E realize, rapidamente, o Mahamudra que é a União do Não--Mais-Aprender.

Por favor, concedei-me vossas bênçãos
Para que eu veja o Venerável Guru como um Buda,
Supere o apego pelas moradas do samsara
E, tendo assumido o fardo de libertar todos os migrantes,
Realize os caminhos comum e incomum
E alcance, rapidamente, a União do Mahamudra.

Que este meu corpo e teu corpo, Ó Pai,
Esta minha fala e tua fala, Ó Pai,
Esta minha mente e tua mente, Ó Pai,
Tornem-se, por meio de tuas bênçãos, inseparavelmente uma.

Pedido especial

Recite três vezes:

Meu precioso Guru Vajradhara, a essência de todos os Budas, rogo a ti, por favor, abençoa meu continuum mental e pacifica todos os obstáculos externos e internos, para que eu progrida no treino do caminho profundo das meditações do Mahamudra e alcance, rapidamente, o Mahamudra que é a união de êxtase e vacuidade.

Receber bênçãos

Todos os demais seres sagrados dissolvem-se em meu Guru-raiz, Vajradhara, que está no centro. Por amor a mim, meu Guru-raiz dissolve-se na forma de luz azul e, entrando pela coroa da minha cabeça, mistura-se de modo inseparável com minha mente, no aspecto de uma letra HUM, em meu coração.

Neste ponto, empenhamo-nos no treino propriamente dito da meditação Mahamudra. Podemos fazer as meditações comuns do Mahamudra Vajrayana (como explicadas no comentário Clara-Luz de Êxtase*), ou as meditações incomuns do Mahamudra Vajrayana (como explicadas no comentário* Solos e Caminhos Tântricos*). Através disso, podemos realizar o Mahamudra que é a união de êxtase e vacuidade, o Mahamudra que é a união das duas verdades, e o Mahamudra que é a União resultante do Não-Mais-Aprender.*

Dedicatória

Por essa virtude, que eu veja o Venerável Guru como um Buda,
Supere o apego pelas moradas do samsara
E, tendo assumido o fardo de libertar todos os migrantes,
Realize os caminhos comum e incomum
E alcance, rapidamente, a União do Mahamudra.

Em resumo, que eu nunca esteja separado de ti, Venerável Guru Heruka,
Mas fique sempre sob teus cuidados,
E, por concluir rapidamente os solos e caminhos,
Que eu alcance o estado de União de Buda Heruka.

Preces pela Tradição Virtuosa

Para que a tradição de Je Tsongkhapa,
O Rei do Dharma, floresça,
Que todos os obstáculos sejam pacificados
E todas as condições favoráveis sejam abundantes.

Pelas duas coleções, minhas e dos outros,
Reunidas ao longo dos três tempos,
Que a doutrina do Conquistador Losang Dragpa
Floresça para sempre.

Prece *Migtsema* de nove versos

Tsongkhapa, ornamento-coroa dos eruditos da Terra das Neves,
Tu és Buda Shakyamuni e Vajradhara, a fonte de todas as conquistas,
Avalokiteshvara, o tesouro de inobservável compaixão,
Manjushri, a suprema sabedoria imaculada,
E Vajrapani, o destruidor das hostes de maras.
Ó Venerável Guru Buda, síntese das Três Joias,
Com meu corpo, fala e mente, respeitosamente faço pedidos:
Peço, concede tuas bênçãos para amadurecer e libertar a mim
    e aos outros,
E confere-nos as aquisições comuns e a suprema.   (3x)

Cólofon: Esta sadhana foi compilada por Venerável Geshe Kelsang Gyatso Rinpoche e traduzida sob sua compassiva orientação.

A estrofe de pedidos a Venerável Geshe Kelsang Gyatso Rinpoche foi escrita pelo glorioso Protetor do Dharma, Duldzin Dorje Shugden, a pedido dos fiéis e devotados discípulos de Geshe Kelsang, e incluída nesta sadhana a pedido deles.

Uma Explicação da Prática

A EXPLICAÇÃO A seguir está fundamentada na sadhana *Grande Libertação da Mãe*, mas a sadhana *Grande Libertação do Pai* também pode ser compreendida do mesmo modo. Começamos com as práticas preliminares, buscando refúgio e gerando bodhichitta. No espaço a nossa frente, visualizamos os objetos principais de refúgio: Guru Chakrasambara Pai e Mãe rodeados pela assembleia de Gurus, raiz e linhagem, Yidams e Três Joias. Buscamos então refúgio no Guru e em Buda, Dharma e Sangha, enquanto recitamos a prece que está na sadhana e nos concentramos no seu significado. Essa prática faz com que a nossa meditação subsequente nos canais, gotas e ventos seja um caminho budista.

Após buscar refúgio, geramos bodhichitta, enquanto recitamos a prece apropriada que está na sadhana. Isto faz com que a nossa meditação seja um Caminho Mahayana, que é o caminho principal à plena iluminação. Especificamente, quando recitarmos:

Com esse propósito, vou praticar as etapas do caminho de Vajrayogini

geramos a bodhichitta tântrica especial, e isso faz com que nossa meditação seja um Caminho Vajrayana, que é o caminho rápido à plena iluminação. Não devemos negligenciar as práticas de buscar refúgio e gerar bodhichitta só porque estamos, agora, a praticar o Tantra. Pelo contrário, as meditações básicas do Lamrim e do Lojong tornam-se agora ainda mais importantes para os praticantes tântricos.

De acordo com a tradição de Je Tsongkhapa, quanto mais praticarmos o Tantra Ioga Supremo, mais apreciaremos e praticaremos o Lamrim e o Lojong. Uma explicação mais extensa das práticas de refúgio e bodhichitta pode ser encontrada no livro *Novo Guia à Terra Dakini*. Após buscar refúgio e gerar bodhichitta, dissolvemos os objetos de refúgio em nós e recebemos suas bênçãos, enquanto recitamos as palavras da sadhana:

Os objetos de refúgio a minha frente se convertem em raios de luz branca, vermelha e azul escura. Eles se dissolvem em mim e recebo suas bênçãos de corpo, fala e mente.

Aqui, a explicação é um pouco diferente da que é dada no livro *Novo Guia à Terra Dakini*. Para os propósitos desta prática, imaginamos que todos os demais objetos de refúgio dissolvem-se no objeto principal de refúgio, Guru Chakrasambara Pai e Mãe, que estão no centro. Chakrasambara, ou Heruka, é uma manifestação do grande êxtase de todos os Budas, ao passo que Vajrayogini, ou Vajravarahi, é uma manifestação da sabedoria de todos os Budas. Heruka é o *método*, e Vajrayogini é a *sabedoria*. Visto que o grande êxtase e a sabedoria de um Buda são *uma única* natureza, Pai-Mãe Heruka e Vajrayogini são também *uma única* natureza – eles não são pessoas distintas uma da outra, como um homem e sua esposa! Portanto, quando realizamos Heruka, realizamos também Vajrayogini, e quando realizamos Vajrayogini, realizamos Heruka. Nunca devemos pensar nestes dois seres sagrados como pessoas diferentes.

O propósito destas práticas preliminares é o de preparar as linhas gerais básicas para a nossa meditação subsequente no estágio de conclusão, do mesmo modo que um pintor de *thangkas* prepara, primeiro, um esboço preliminar da thangka e, depois, completa o desenho, preenchendo-o em detalhes. Nesta etapa, estamos preparando um esboço de uma experiência de êxtase e vacuidade em nossa mente. Como foi mencionado no comentário, precisamos primeiro treinar nesses dois (êxtase e vacuidade) separadamente e depois, treinar na união de êxtase e vacuidade. Para começar, treinamos o êxtase, e, por essa razão, nosso objeto principal de concentração deve ser Heruka, o qual reconhecemos como uma manifestação do grande êxtase de todos os Budas. Após todos os seres sagrados terem se dissolvido em Heruka, imaginamos que Heruka – cuja natureza é o grande êxtase de todos os Budas – converte-se em luz, entra por nossa coroa, desce pelo canal central e dissolve-se em nosso vento e mente indestrutíveis, dentro do canal central em nosso coração. Imaginamos que nossa mente se torna inseparável de Guru Heruka. Porque Guru Heruka dissolveu-se na união do nosso vento e mente indestrutíveis, nossa mente torna-se agora a natureza de grande êxtase. Imaginamos muito fortemente que nossa mente *própria* transformou-se no grande êxtase espontâneo de todos os Budas, e meditamos nessa experiência de êxtase por algum tempo. No início, se necessário, podemos induzir uma sensação de êxtase por meio de trazer à mente a experiência do êxtase sexual. A princípio, nossa experiência de êxtase não será muito forte, mas, se desenvolvermos familiaridade com essa meditação, desenvolveremos gradualmente uma sensação especial de êxtase. Devemos manter essa experiência e conservar nossa própria mente sutil estritamente focada nessa sensação. Enquanto uma parte da nossa mente permanece estritamente focada nessa sensação de êxtase, outra parte deve permanecer ciente de que sua natureza é a mente de Guru Heruka.

Essa prática do estágio de geração é um método para amadurecer o êxtase do estágio de conclusão. Ele nos ajuda a receber poderosas bênçãos, pois todos os seres sagrados dissolvem-se em Guru Heruka, e Guru Heruka dissolve-se então em nossa mente *própria*. Se recebermos todas as bênçãos de Buda através do nosso Guru, nosso desenvolvimento espiritual – e, em particular, nossa prática de Sutra e de Tantra – irão progredir muito facilmente. Experienciaremos pouquíssimos obstáculos, e nossa boa intenção, fé e visão pura irão aprimorar naturalmente, mês após mês, ano após ano. Com bênçãos, nossa mente irá se tornar cada vez mais feliz e confiante; mas, sem bênçãos, nossa mente é como uma semente seca, da qual nada de bom irá crescer. Sem bênçãos, experienciaremos muitos obstáculos, e acharemos difícil desenvolver e manter qualquer estado mental positivo. Portanto, a prática de receber as bênçãos de todos os Budas em nossa mente é de extrema importância.

Após meditar na experiência de êxtase por algum tempo, damos início à prática de nos gerarmos como Vajrayogini, através de trazer a morte para o caminho do Corpo-Verdade. Recitamos:

Todos os mundos e seus seres convertem-se em luz e dissolvem-se em mim.

Sem esquecer a experiência de êxtase gerada anteriormente, imaginamos que todos os mundos e os seres que neles habitam convertem-se em luz e dissolvem-se em nós. Devemos tomar uma decisão muito forte de que nada mais resta, exceto nós próprios, e interrompemos completamente a aparência das outras coisas. Então, pensamos:

Eu também me converto em luz e dissolvo-me na vacuidade.

Reconhecemos intensamente agora que tudo se tornou *um* com a vacuidade; relembramos que todos os fenômenos são vazios de existência verdadeira e concentramo-nos nesse conhecimento. Estamos agora treinando a vacuidade. Neste ponto, devemos evocar qualquer compreensão que tenhamos da vacuidade e fundir completamente a nossa mente com o significado da vacuidade. Devemos chegar a uma conclusão clara de que tudo é, finalmente, *uma única natureza* na vacuidade e, então, não perceber nada além que vacuidade. Depois, devemos meditar de modo estritamente focado nessa vacuidade.

Tendo treinado em êxtase e vacuidade separadamente, precisamos agora treinar a união de êxtase e vacuidade. Quando recitarmos:

Eu sou o efetivo Corpo-Verdade Buda Vajrayogini

devemos pensar que nossa mente de êxtase fundiu-se com a vacuidade e que elas se tornaram *uma única* natureza. Desenvolvemos fortemente esse reconhecimento e o mantemos com concentração. Isso é treinar a união de êxtase e vacuidade. Visto que este treino pertence ao estágio de geração, temos de imaginar que nossa mente de êxtase torna-se *uma* com a vacuidade, fundindo-se inseparavelmente com a vacuidade como água misturando-se com água. Mantemos essa união de êxtase e vacuidade sem nos esquecermos, e meditamos nela de modo estritamente focado.

Usamos então essa união de êxtase e vacuidade como a base para designar, ou imputar, *eu*. Quando a união de êxtase e vacuidade torna-se permanente e imutável, essa união torna-se o Dharmakaya, ou Corpo-Verdade, de um Buda. Portanto, acreditamos fortemente agora que nossa mente de êxtase encontra-se fundida com a vacuidade em uma união *permanente* e *imutável*, e tomamos essa união permanente como nossa base para designar *eu*. Desse modo, desenvolvemos orgulho divino, pensando "eu sou o Corpo-Verdade". Agora, nossa base para designar *eu* é o nosso corpo *próprio* [o corpo que verdadeiramente nos pertence], que é o nosso corpo muito sutil, e a nossa mente *própria*, que é a nossa mente muito sutil. Este é um método especial para fazer com que o nosso corpo e mente muito sutis se manifestem. Se essa meditação funcionar bem, posteriormente acharemos muito fácil praticar a meditação do estágio de conclusão e realizar o Mahamudra que é a união propriamente dita de êxtase e vacuidade.

Essa meditação é uma coleção de sabedoria e uma causa da aquisição do Corpo-Verdade de um Buda. Devemos tentar nos familiarizar muito com essa prática antes de morrermos. Se conseguirmos fazer essa prática enquanto estivermos morrendo, com absoluta certeza renasceremos na Terra Dakini de Vajrayogini. Teremos, então, purificado a morte comum. Se conseguirmos transformar a clara-luz da morte nessa sensação de união de êxtase e vacuidade, considerando-a como o Corpo-Verdade, então, como Khedrub Rinpoche disse, essa prática torna-se uma prática suprema de transferência de consciência. Os praticantes de *trazer a morte para o caminho do Corpo-Verdade* não precisam praticar nenhuma outra instrução de transferência de consciência distinta desta – esta meditação, por si só, é suficiente.

A próxima etapa é praticar o *trazer o estado intermediário para o caminho do Corpo-de-Deleite* e, depois, *trazer o renascimento para o caminho do Corpo-Emanação*. Explicações detalhadas dessas práticas e da prática anterior de *trazer a morte para o caminho do Corpo-Verdade* podem ser encontradas no livro *Novo Guia à Terra Dakini*. Nesta etapa, imaginamos que nos geramos como Vajrayogini, com o corpo, fala, mente e prazeres de Vajrayogini; o ambiente como a Terra Dakini, com o palácio fonte-fenômenos; e todos os seres como Heróis e Heroínas na Terra Pura. Estas são as linhas gerais básicas para as nossas meditações subsequentes do estágio de conclusão. Quando alcançarmos o corpo-ilusório puro, tudo isso virá a se tornar realidade.

No começo, quando estamos meditando em nós próprios como Vajrayogini na Terra Pura, não precisamos visualizar tudo muito claramente. É suficiente ter uma ideia aproximada sobre como tudo se parece. Devemos pensar:

Eu nasci agora na Terra Pura de Vajrayogini. Eu próprio sou Vajrayogini, e ao meu redor estão as trinta e seis Dakinis e os demais Dakas e Dakinis. O ambiente puro inteiro, todos os outros seres e eu próprio como Vajrayogini somos, todos, recém-surgidos.

Meditamos nisso como se fosse um sonho. Devemos tentar interromper todas as distrações e manter fortemente essa ideia de maneira aproximada, até obtermos uma imagem genérica. Tentamos, simplesmente, alcançar uma aparência da nossa própria Terra Pura, prazeres puros, corpo puro, fala pura e mente pura de Vajrayogini, eles todos recém-surgidos.

Prosseguimos então com a prática de Guru-Ioga. O propósito dessa prática é receber bênçãos e acumular mérito. Aqui, o principal Campo para Acumular Mérito é Guru Vajradhara, rodeado pelos Gurus-linhagem do Mahamudra Vajrayana e demais seres sagrados. Oferecemos a prática dos sete membros e o mandala. A oferenda principal é a oferenda do mandala. Quando oferecemos o mandala, estamos a oferecer o universo inteiro transformado num mundo puro, num objeto puro de oferenda. Devemos tentar familiarizar nossa mente com isso. Mais informações sobre essa prática podem ser encontradas no livro *Novo Guia à Terra Dakini*.

Por fim, fazemos pedidos aos Gurus-linhagem e, depois, um pedido especial:

> **Meu precioso Guru Vajradhara, a essência de todos os Budas, rogo a ti, por favor, abençoa meu continuum mental e pacifica todos os obstáculos externos e internos, para que eu progrida no treino do caminho profundo das meditações do Mahamudra e alcance, rapidamente, o Mahamudra que é a união de êxtase e vacuidade.**

Imaginamos que todos os seres sagrados e Gurus-linhagem dissolvem-se em Guru Vajradhara. Guru Vajradhara converte-se na forma de uma luz azul, entra pela coroa da nossa cabeça, desce pelo canal central e funde-se com nossa mente muito sutil, dentro da gota indestrutível, no canal central no nosso coração. Imaginamos que nosso corpo, fala e mente muito sutis *próprios* tornam-se inseparáveis do corpo, fala e mente de Guru Vajradhara, e que essa união aparece no aspecto de uma letra BAM, que é branca com um sombreado vermelho. Meditamos brevemente nessa experiência.

Prosseguimos agora para a meditação propriamente dita do estágio de conclusão, como explicada no comentário principal. Ao fim da meditação, concluímos nossa sessão, recitando as preces dedicatórias sinceramente.

Glossário

Absorção da cessação Uma sabedoria incontaminada, concentrada de modo estritamente focado na vacuidade, na dependência da efetiva absorção do topo do samsara. Consultar *Oceano de Néctar*.

Agarramento ao em-si Mente conceitual que sustenta qualquer fenômeno como sendo inerentemente existente. A mente de agarramento ao em-si dá surgimento a todas as demais delusões, como a raiva e o apego. É a causa-raiz de todo sofrimento e insatisfação. Consultar *Novo Coração de Sabedoria*, *Budismo Moderno* e *Oceano de Néctar*.

Agregado(s) contaminado(s) Qualquer um dos agregados forma, sensação, discriminação, fatores de composição e consciência de um ser samsárico. Consultar *Caminho Alegre da Boa Fortuna* e *Novo Coração de Sabedoria*.

Akshobya A manifestação do agregado consciência de todos os Budas. Akshobya tem um corpo azul.

Amitabha A manifestação do agregado discriminação de todos os Budas. Amitabha tem um corpo vermelho. Consultar *Oito Passos para a Felicidade*.

Amitayus Buda que aumenta nosso tempo de vida, mérito e sabedoria. Ele é o aspecto Corpo-de-Deleite de Buda Amitabha.

Amoghasiddhi A manifestação do agregado fatores de composição de todos os Budas. Amoghasiddhi tem um corpo verde.

Apego Fator mental deludido que observa um objeto contaminado, considera-o como causa de felicidade e deseja-o. Consultar *Caminho Alegre da Boa Fortuna* e *Como Entender a Mente*.

Aquisição subsequente Período entre as sessões de meditação. Consultar *Caminho Alegre da Boa Fortuna* e *Novo Manual de Meditação*.

Atisha (982–1054) Famoso erudito budista indiano e mestre de meditação. Ele foi abade do grande monastério budista de Vikramashila durante o período em que o Budismo Mahayana florescia na Índia. Foi convidado, posteriormente, a ir ao Tibete com o objetivo de reintroduzir o puro Budismo naquele país. Ele é o autor do primeiro texto sobre as etapas do caminho, *Luz para o Caminho*. Sua tradição ficou conhecida posteriormente como "a Tradição Kadampa". Consultar *Caminho Alegre da Boa Fortuna* e *Budismo Moderno*.

Avalokiteshvara A corporificação da compaixão de todos os Budas. No tempo de Buda Shakyamuni, Avalokiteshvara manifestou-se como um discípulo Bodhisattva. Em tibetano, ele é chamado "Chenrezig". Consultar *Viver Significativamente, Morrer com Alegria*.

Base de designação, base de imputação Todos os fenômenos são designados, ou imputados, sobre suas partes. Por essa razão, qualquer uma das partes individuais ou a coleção completa das partes de qualquer fenômeno é a sua base de designação, ou base de imputação. Um fenômeno é designado pela mente na dependência da base de designação do fenômeno que aparece à mente. Consultar *Novo Coração de Sabedoria* e *Oceano de Néctar*.

Bênção Transformação da nossa mente de um estado negativo para um estado positivo, de um estado infeliz para um estado feliz, de um estado de fraqueza para um estado de vigor, pela inspiração de seres sagrados, como nosso Guia Espiritual, Budas e Bodhisattvas.

Buda Shakyamuni O quarto Buda dentre mil Budas fundadores que irão aparecer neste mundo durante este Éon Afortunado. Os três primeiros Budas foram Krakuchchhanda, Kanakamuni e Kashyapa. O quinto Buda será Maitreya. Consultar *Introdução ao Budismo*.

Budismo Kadampa Escola budista mahayana fundada pelo grande mestre budista indiano Atisha (982–1054). Ver também Kadampa e Tradição Kadampa. Consultar *Budismo Moderno*.

Campo para Acumular Mérito Em geral, refere-se às Três Joias. Assim como sementes exteriores crescem num campo de cultivo, as sementes virtuosas interiores, produzidas pelas ações virtuosas, crescem na dependência da Joia Buda, da Joia Dharma e da Joia Sangha. Também conhecido como "Campo de Acumular Mérito".

Carma Termo sânscrito que significa "ação". Por força de intenção, fazemos ações com nosso corpo, fala e mente, e todas essas ações produzem efeitos. O efeito das ações virtuosas é felicidade, e o efeito das ações negativas é sofrimento. Consultar *Caminho Alegre da Boa Fortuna* e *Budismo Moderno*.

Chandrakirti (por volta do século VII) Grande erudito budista indiano e mestre de meditação que escreveu, dentre muitos outros livros, o famoso *Guia ao Caminho do Meio*, no qual elucida claramente a visão da escola Madhyamika-Prasangika de acordo com os ensinamentos de Buda dados nos *Sutras Perfeição de Sabedoria*. Consultar *Oceano de Néctar*.

Chittamatra Escola inferior dentre as duas escolas de princípios filosóficos Mahayana. "Chittamatra" significa "apenas a mente". De acordo com essa escola, todos os fenômenos são da mesma natureza que a mente que os apreende. A escola Chittamatra também afirma que fenômenos dependentes são verdadeiramente existentes mas não existem de modo exterior à mente. Um Chittamatrin é um proponente de princípios filosóficos Chittamatra. Consultar *Contemplações Significativas* e *Oceano de Néctar*.

Clarividência Habilidade que surge de concentração especial. Existem cinco tipos principais de clarividência: a clarividência do olho divino (a habilidade de ver formas sutis e distantes), a clarividência do ouvido divino (a habilidade de escutar sons sutis e distantes), a clarividência de poderes miraculosos (a habilidade de emanar diversas formas por meio da mente), a clarividência de conhecer vidas anteriores, e a clarividência de conhecer a mente dos outros. Alguns seres, como os seres-do-bardo e alguns seres humanos e espíritos, têm clarividência contaminada, desenvolvida devido ao carma, mas esse tipo de clarividência não é verdadeira clarividência.

Coisa funcional Fenômeno que é produzido e que se desintegra dentro do mesmo instante, ou momento. *Fenômeno impermanente*, *coisa* e *produto* são sinônimos de coisa funcional.

Coleção de mérito Ação virtuosa motivada por bodhichitta e que é a causa principal para se obter o Corpo-Forma de um Buda. Exemplos: fazer oferendas e prostrações aos seres sagrados com a motivação de bodhichitta; e praticar as perfeições de dar, disciplina moral e paciência.

Coleção de sabedoria Ação mental virtuosa motivada por bodhichitta e que é a causa principal para se obter o Corpo-Verdade de um Buda. Exemplos: ouvir com atenção, contemplar e meditar sobre a vacuidade com a motivação de bodhichitta.

Concentração Fator mental que faz sua mente primária permanecer estritamente focada em seu objeto. Consultar *Caminho Alegre da Boa Fortuna* e *Clara-Luz de Êxtase*.

Conhecedor válido Conhecedor que é não enganoso com respeito ao seu objeto conectado. Existem dois tipos de conhecedor válido: conhecedores válidos subsequentes e conhecedores válidos diretos. Consultar *Novo Coração de Sabedoria* e *Como Entender a Mente*.

Conquistador Solitário Um dos dois tipos de praticante hinayana. Também conhecido como "Realizador Solitário". Ver também Ouvinte.

Corpo-Deidade Corpo-divino. Quando um praticante obtém um corpo-ilusório, ele (ou ela) alcança o corpo-divino propriamente dito, efetivo (ou seja, o corpo-Deidade), mas não o corpo *da* Deidade. O corpo *da* Deidade é, necessariamente, o corpo de um ser iluminado tântrico. Ver também corpo-Divino.

Corpo-divino Um corpo sutil que surge do vento-montaria da clara--luz-exemplo última ou pela clara-luz-significativa. Ver também corpo-Deidade.

Damaru Pequeno tambor de mão utilizado em rituais tântricos. Tocar o damaru simboliza a reunião das Dakinis exteriores em nosso corpo e a manifestação da Dakini interior (a mente de clara-luz) em nossa mente pelo arder do fogo interior. O damaru é também utilizado como uma oferenda de música aos Budas.

Delusão Fator mental que surge de atenção imprópria e que atua tornando a mente perturbada e descontrolada. Existem três delusões principais: ignorância, apego desejoso e raiva. Delas surgem todas as demais delusões, como inveja, orgulho e dúvida deludida. Ver também delusões inatas e delusões intelectualmente formadas. Consultar *Caminho Alegre da Boa Fortuna* e *Como Entender a Mente*.

Delusões inatas Delusões que não são o produto de especulação intelectual, mas que surgem naturalmente. Consultar *Como Entender a Mente*.

Delusões intelectualmente formadas Delusões que surgem como resultado de confiarmos em raciocínios incorretos ou em princípios ou doutrinas equivocadas. Consultar *Como Entender a Mente*.

Designação, mera (imputação, mera) De acordo com a escola Madhyamika-Prasangika, todos os fenômenos são meramente designados, ou imputados, por concepção na dependência de suas bases de designação, ou bases de imputação. Por essa razão, eles são meras imputações e não existem do seu próprio lado de modo algum. Consultar *Novo Coração de Sabedoria* e *Oceano de Néctar*.

Dharma Os ensinamentos de Buda e as realizações interiores obtidas na dependência da prática desses ensinamentos. "Dharma" significa "proteção". Por praticar os ensinamentos de Buda, nos protegemos de sofrimentos e problemas.

Dharmakirti (por volta do século VI–VII) Grande iogue e erudito budista indiano, que escreveu *Comentário à Cognição Válida*, um comentário ao *Compêndio da Cognição Válida*, escrito por seu Guia Espiritual Dignaga. Consultar *Como Entender a Mente*.

Doze elos dependente-relacionados Ignorância dependente-relacionada, ações de composição dependente-relacionadas, consciência dependente-relacionada, nome e forma dependente-relacionados, seis fontes dependente-relacionadas, contato dependente-relacionado, sensação dependente-relacionada, anseio dependente-relacionado, avidez dependente-relacionada, existência dependente-relacionada, nascimento dependente-relacionado, e envelhecimento e morte dependente-relacionados. Esses doze elos são causas e efeitos que mantêm os seres comuns presos ao samsara. Consultar *Caminho Alegre da Boa Fortuna* e *Novo Coração de Sabedoria*.

Duas verdades A verdade convencional e a verdade última. Consultar *Contemplações Significativas* e *Oceano de Néctar*.

Estado intermediário "Bardo" em tibetano. O estado entre a morte e o renascimento. O estado intermediário começa no momento em que a consciência deixa o corpo, e ele cessa no momento em que a consciência ingressa no corpo da próxima vida. Consultar *Caminho Alegre da Boa Fortuna* e *Viver Significativamente, Morrer com Alegria*.

Faculdade sensorial Um poder, ou faculdade, interior localizado bem no centro do órgão sensorial e que atua diretamente para gerar a percepção sensorial. Existem cinco faculdades sensoriais, uma para cada tipo de percepção sensorial: a percepção visual, e assim por diante. Consultar *Como Entender a Mente*.

Famílias Búdicas Existem Cinco Famílias Búdicas principais: as famílias Vairochana, Ratnasambhava, Amitabha, Amoghasiddhi e Akshobya. As Cinco Famílias são os cinco agregados purificados (forma, sensação, discriminação, fatores de composição e consciência, respectivamente) e as cinco excelsas sabedorias (excelsa sabedoria semelhante-a-um-espelho, excelsa sabedoria da igualdade, excelsa sabedoria da análise individual, excelsa sabedoria de realizar atividades e excelsa sabedoria do Dharmadhatu, respectivamente). Consultar *Grande Tesouro de Mérito*.

Fé Mente naturalmente virtuosa que atua principalmente para se opor à percepção de falhas em seu objeto observado. Existem três tipos de fé: fé de acreditar, fé de admirar e fé de almejar. Consultar *Caminho Alegre da Boa Fortuna*, *Budismo Moderno* e *Transforme sua Vida*.

Guia ao Caminho do Meio Texto budista mahayana clássico escrito pelo grande iogue e erudito budista indiano Chandrakirti e que proporciona uma ampla explicação da visão Madhyamika-Prasangika sobre a vacuidade como foi ensinada nos *Sutras Perfeição de Sabedoria*. Para um comentário completo sobre esse texto, consultar *Oceano de Néctar*.

Guia Espiritual "*Guru*" em sânscrito e "*Lama*" em tibetano. O professor que nos guia ao longo do caminho espiritual. Consultar *Caminho Alegre da Boa Fortuna* e *Grande Tesouro de Mérito*.

Guia Espiritual Vajrayana Guia Espiritual tântrico plenamente qualificado. Consultar *Grande Tesouro de Mérito*.

Guia do Estilo de Vida do Bodhisattva Texto budista mahayana clássico escrito pelo grande iogue e erudito budista indiano Shantideva, que apresenta todas as práticas de um Bodhisattva, desde as primeiras etapas de gerar a bodhichitta até a conclusão da prática das seis perfeições. Para ler a tradução dessa obra, consultar *Guia do Estilo de Vida do Bodhisattva*. Para um comentário completo a esse texto, ler *Contemplações Significativas*.

Guru-Ioga Maneira especial de confiar em nosso Guia Espiritual, com o propósito de receber suas bênçãos. Consultar *Caminho Alegre da Boa Fortuna*, *Grande Tesouro de Mérito* e *Joia-Coração*.

Gurus-linhagem *Continuum*, ou série, de Guias Espirituais por meio dos quais uma instrução específica tem sido transmitida.

Ignorância Fator mental que está confuso sobre a natureza última dos fenômenos. Ver também agarramento ao em-si. Consultar *Como Entender a Mente*.

Imputação, mera Ver designação, mera.

Ingressante na Corrente Um tipo de Ouvinte. Consultar *Oceano de Néctar*.

Iniciação (*"empowerment"* em inglês, que em uma tradução literal significa "empoderamento", "autorização", "permissão") A iniciação é um poder potencial especial para se obter qualquer um dos quatros corpos de um Buda. Um praticante tântrico recebe, de seu Guru ou de outros seres sagrados, uma iniciação por meio de um ritual tântrico. Uma iniciação é a porta de ingresso ao Vajrayana. Consultar *Mahamudra Tantra*.

Inveja Fator mental deludido que sente desprazer quando observa os prazeres, boas qualidades ou boa sorte dos outros. Consultar *Como Entender a Mente*.

Ioga Termo utilizado para várias práticas espirituais que requerem a manutenção de uma visão especial, como as práticas de Guru-Ioga e os iogas de comer, dormir, sonhar e acordar. "Ioga" refere-se também a "união", como a união do tranquilo-permanecer com a visão superior. Consultar *Novo Guia à Terra Dakini*.

Je Tsongkhapa (1357–1419) Je Tsongkhapa foi uma emanação do Buda da Sabedoria Manjushri. Sua aparição no século XIV como um monge e detentor da linhagem da visão pura e de feitos puros, no Tibete, foi profetizada por Buda. Je Tsongkhapa difundiu um Budadharma muito puro por todo o Tibete, mostrando como combinar as práticas de Sutra e de Tantra e como praticar o puro Dharma durante tempos degenerados. Sua tradição ficou conhecida posteriormente como "Gelug" ou "Tradição Ganden". Consultar *Joia-Coração* e *Grande Tesouro de Mérito*.

Kadampa Palavra tibetana na qual "Ka" significa "palavra" e refere-se a todos os ensinamentos de Buda; "dam" refere-se às instruções de Lamrim especiais de Atisha, conhecidas como "as etapas do caminho à iluminação"; e "pa" refere-se ao seguidor do Budismo Kadampa, que integra em sua prática de Lamrim todos os ensinamentos de Buda que ele conhece. Ver também Budismo Kadampa e Tradição Kadampa.

Khatanga Objeto ritual que simboliza as 62 Deidades de Heruka. Consultar *Novo Guia à Terra Dakini*.

Khedrubje (1385–1438) Um dos principais discípulos de Je Tsongkhapa. Após o falecimento de Je Tsongkhapa, Khedrubje trabalhou muito para promover a tradição iniciada por seu mestre. Consultar *Grande Tesouro de Mérito*.

Lamrim Termo tibetano que significa literalmente "etapas do caminho". O Lamrim é uma organização especial de todos os ensinamentos de Buda, que é fácil de compreender e de ser colocado em prática. Ele revela todas as etapas do caminho à iluminação. Para um comentário completo ao Lamrim, consultar *Caminho Alegre da Boa Fortuna*.

Letra Uma vocalização que é uma base para a escrita de nomes e frases. Consultar *Como Entender a Mente*.

Letra-semente Letra sagrada a partir da qual uma Deidade é gerada. Cada Deidade possui uma letra-semente específica. Por exemplo, a letra-semente de Manjushri é DHI, a letra-semente de Tara é TAM, a letra-semente de Vajrayogini é BAM, e a letra semente de Heruka é HUM. Para obtermos realizações tântricas, precisamos reconhecer que as Deidades e suas letras-sementes são de mesma natureza.

Linhagem *Continuum* (*line*, em inglês) de instruções transmitido de Guia Espiritual para discípulo, em que cada Guia Espiritual da linhagem obteve uma experiência pessoal da instrução antes de passá-la para os outros.

Lojong Termo tibetano que significa literalmente "treino da mente" em tibetano. Uma linhagem especial de instruções que veio de Buda Shakyamuni, que a transmitiu a Manjushri e Shantideva e passada para Atisha e os geshes kadampas. Essa linhagem especial enfatiza gerar a bodhichitta por meio das práticas de *equalizar eu com outros* e de *trocar eu por outros*, em associação com a prática de tomar e dar. Consultar *Compaixão Universal* e *Oito Passos para a Felicidade*.

Madhyamika Termo sânscrito que literalmente significa "Caminho do Meio". É a mais elevada das duas escolas de princípios filosóficos mahayana. A visão Madhyamika foi ensinada por Buda nos *Sutras Perfeição de Sabedoria* durante a segunda girada da Roda do Dharma e foi elucidada, posteriormente, por Nagarjuna e seus seguidores. Existem duas divisões dessa escola: Madhyamika-Svatantrika e Madhyamika-Prasangika. A escola Madhyamika-Prasangika é a visão última e conclusiva de Buda. Consultar *Contemplações Significativas* e *Oceano de Néctar*.

Mahasiddha Termo sânscrito que significa "Grandemente Realizado". O termo Mahasiddha é utilizado para se referir a iogues ou ioguines com elevadas aquisições.

Maitreya A corporificação da bondade amorosa de todos os Budas. No tempo de Buda Shakyamuni, Maitreya manifestou-se como um discípulo Bodhisattva. No futuro, ele irá se manifestar como o quinto Buda fundador.

Mandala de corpo A transformação, em uma Deidade, de qualquer parte do corpo, seja de alguém autogerado como uma Deidade, seja de uma Deidade gerada-em-frente. Consultar *Novo Guia à Terra Dakini*, *Grande Tesouro de Mérito* e *Essência do Vajrayana*.

Manjushri A corporificação da sabedoria de todos os Budas. No tempo de Buda Shakyamuni, Manjushri manifestou-se como um discípulo Bodhisattva. Consultar *Grande Tesouro de Mérito* e *Joia-Coração*.

Meditação analítica O processo mental de investigar um objeto virtuoso, isto é, analisar sua natureza, atuação (ou função), características e outros aspectos. Consultar *Caminho Alegre da Boa Fortuna* e *Novo Manual de Meditação*.

Mente Aquilo que é clareza e que conhece. A mente é clareza porque ela sempre carece de forma e porque possui o poder efetivo para perceber objetos. A mente conhece porque sua função é conhecer ou perceber objetos. Consultar *Clara-Luz de Êxtase* e *Como Entender a Mente*.

Mente conceitual Pensamento que apreende seu objeto por meio de uma imagem genérica, ou mental. Consultar *Como Entender a Mente*.

Mera designação Ver designação, mera.

Mera imputação Ver designação, mera.

Mérito Boa fortuna criada por ações virtuosas. O mérito é um poder potencial para aumentar nossas boas qualidades e produzir felicidade.

Nagarjuna Grande erudito budista indiano e mestre de meditação que reviveu o Mahayana no primeiro século por trazer à luz os ensinamentos dos *Sutras Perfeição de Sabedoria*. Consultar *Oceano de Néctar* e *Novo Coração de Sabedoria*.

Natureza búdica A mente-raiz de um ser senciente e sua natureza última. Natureza búdica, semente búdica e linhagem búdica são sinônimos. Todos os seres vivos possuem a natureza búdica e, portanto, têm o potencial para alcançar a Budeidade. Consultar *Mahamudra-Tantra*.

Natureza convencional Ver natureza última.

Natureza última Todos os fenômenos têm duas naturezas: a natureza convencional e a natureza última. No caso de uma mesa, por exemplo, a mesa ela própria e seu formato, cor e assim por diante são, todos, a natureza convencional da mesa. A natureza última da mesa é a ausência de existência inerente da mesa. A natureza convencional de um fenômeno é uma verdade convencional, e sua natureza última é uma verdade última. Consultar *Novo Coração de Sabedoria*, *Budismo Moderno* e *Oceano de Néctar*.

Nova Tradição Kadampa-União Budista Kadampa Internacional (NKT–IKBU) União dos Centros Budistas Kadampas, uma associação internacional de centros de estudo e meditação, que seguem a pura tradição do Budismo Mahayana originada dos meditadores e eruditos budistas Atisha e Je Tsongkhapa. Essa pura tradição mahayana foi introduzida no Ocidente pelo professor budista Venerável Geshe Kelsang Gyatso.

Nove permanências mentais Nove níveis de concentração que conduzem ao tranquilo-permanecer: posicionamento da mente; contínuo-posicionamento; reposicionamento; estreito posicionamento; controle; pacificação; completa pacificação; estritamente focado; posicionamento em equilíbrio. Consultar *Caminho Alegre da Boa Fortuna* e *Clara-Luz de Êxtase*.

Objeto aparecedor Em geral, um objeto que aparece à mente. No contexto da meditação do estágio de geração, o objeto aparecedor é o mandala e as Deidades. Consultar *Como Entender a Mente*.

Objeto concebido O objeto apreendido de uma mente conceitual. Esse objeto não precisa ser um objeto existente. Por exemplo, o objeto concebido da visão da coleção transitória é um *eu* inerentemente existente, porém isso não existe. Consultar *Como Entender a Mente*.

Objeto imputado, objeto designado Um objeto imputado, ou designado, sobre sua base de imputação. Consultar *Novo Coração de Sabedoria* e *Oceano de Nectar*.

Objeto observado Qualquer objeto sobre o qual a mente esteja focada. Consultar *Como Entender a Mente*.

Oferenda ao Guia Espiritual *"Lama Chopa"* em tibetano. Um Guru--Ioga especial de Je Tsongkhapa, no qual nosso Guia Espiritual é visualizado no aspecto de Lama Losang Tubwang Dorjechang. A instrução para essa prática foi revelada por Buda Manjushri na *Escritura Emanação Kadam* e colocada por escrito pelo primeiro Panchen Lama (1569-1662). *Oferenda ao Guia Espiritual* é uma prática preliminar ao Mahamudra Vajrayana. Para uma tradução e comentário completo a essa prática, consultar *Grande Tesouro de Mérito*.

Oferenda tsog Oferenda feita por uma Assembleia de Heróis e Heroínas. Consultar *Novo Guia à Terra Dakini* e *Grande Tesouro de Mérito*.

Orgulho deludido Fator mental deludido que, por considerar e exagerar nossas próprias boas qualidades ou posses, sente-se arrogante. Consultar *Caminho Alegre da Boa Fortuna* e *Como Entender a Mente*.

Ouvinte Um dos dois tipos de praticantes hinayana. Ouvintes e Conquistadores Solitários são, ambos, hinayanistas; porém, diferem em sua motivação, comportamento, mérito e sabedoria. Em relação a todas essas características, os Conquistadores Solitários são superiores aos Ouvintes. Consultar *Oceano de Néctar*.

Percebedor direto ióguico Um percebedor direto que realiza diretamente um objeto sutil, na dependência de sua condição dominante incomum – a concentração que é a união do tranquilo-permanecer com a visão superior. Consultar *Como Entender a Mente*.

Percepção errônea Conhecedor que está equivocado com relação a seu objeto conectado. Consultar *Como Entender a Mente*.

Percepção mental Todas as mentes estão incluídas nas cinco percepções sensoriais e na percepção mental. A definição de percepção mental é: uma percepção que é desenvolvida na dependência de sua condição dominante incomum – uma faculdade mental. Existem dois tipos de percepção mental: percepção mental conceitual e percepção mental não conceitual. *Percepção mental conceitual* e *mente conceitual* são sinônimos. Consultar *Como Entender a Mente*.

Percepção sensorial Todas as mentes estão incluídas nas percepções sensoriais e na percepção mental. A definição de percepção sensorial é: uma percepção que é desenvolvida na dependência de sua condição dominante incomum – uma faculdade sensorial que possui forma. Existem cinco tipos de percepção sensorial: percepção visual, percepção auditiva, percepção olfativa, percepção gustativa e percepção tátil. Consultar *Como Entender a Mente*.

Postura de sete pontos de Vairochana Postura especial para meditação, na qual partes do nosso corpo adotam uma posição específica: (1) sentar-se sobre uma almofada confortável, com as pernas cruzadas em postura vajra (na qual os pés de cada perna estão colocados na coxa da perna oposta); (2) costas eretas; (3) a cabeça levemente inclinada para a frente; (4) os olhos permanecem ligeiramente abertos, fitando para baixo o nariz; (5) os ombros alinhados, nivelados; (6) a boca gentilmente fechada; e, (7) a mão direita colocada sobre a esquerda, com as palmas voltadas para cima, quatro dedos abaixo do umbigo, com os dois polegares tocando-se logo acima do umbigo.

Pratimoksha Palavra sânscrita que significa "libertação individual". Consultar *O Voto Bodhisattva*.

Purificação Em geral, qualquer prática que conduza à obtenção de um corpo puro, uma fala pura ou uma mente pura. Mais especificamente, uma prática para purificar carma negativo por meio dos quatro poderes oponentes. Consultar *Caminho Alegre da Boa Fortuna* e *O Voto Bodhisattva*.

Quatro Mães Lochana, Mamaki, Benzarahi e Tara. Elas são as consortes de Vairochana, Ratnasambhava, Amitabha e Amoghasiddhi, respectivamente.

Raiva Fator mental deludido que observa seu objeto contaminado, exagera suas más qualidades, considera-o indesejável ou desagradável e deseja prejudicá-lo. Consultar *Como Entender a Mente* e *Como Solucionar Nossos Problemas Humanos*.

Ratnasambhava A manifestação do agregado sensação de todos os Budas. Ratnasambhava tem um corpo amarelo.

Reino do desejo Os ambientes dos seres-do-inferno, fantasmas famintos, animais, seres humanos, semideuses e dos deuses que desfrutam dos cinco objetos de desejo.

Reino do inferno O reino mais inferior dos seis reinos do samsara. Consultar *Caminho Alegre da Boa Fortuna*.

Reino da sem-forma O ambiente dos deuses que não possuem forma. Consultar *Oceano de Néctar*.

Sabedoria Mente inteligente virtuosa que faz sua mente primária compreender ou realizar seu objeto por inteiro. A sabedoria é um caminho espiritual que atua, ou funciona, para libertar nossa mente das delusões ou das marcas das delusões. Um exemplo de sabedoria é a visão correta da vacuidade. Consultar *Novo Coração de Sabedoria* e *Como Entender a Mente*.

Samsara O samsara pode ser compreendido de duas maneiras: como renascimento ininterrupto, sem liberdade ou controle, ou como os agregados de um ser que tomou tal renascimento. O samsara, algumas vezes conhecido como "existência cíclica", é caracterizado por sofrimento e insatisfação. Existem seis reinos no samsara. Os reinos do samsara, listados em ordem ascendente de acordo com o tipo de carma que causa o renascimento neles, são: o reino dos seres-do-inferno, o reino dos fantasmas famintos, o reino dos animais, o reino dos seres humanos, o reino dos semideuses e o reino dos deuses. Os três primeiros reinos são reinos inferiores, ou migrações infelizes; e os demais três reinos são reinos superiores, ou migrações felizes. Embora o reino dos deuses seja o mais elevado reino no samsara, devido ao carma que causou o renascimento nele, é dito que o reino humano é o reino mais afortunado, pois proporciona as melhores condições para se alcançar a libertação e a iluminação. Consultar *Caminho Alegre da Boa Fortuna*.

Saraha Professor de Nagarjuna e um dos primeiros Mahasiddhas. Consultar *Essência do Vajrayana*.

Ser-de-compromisso Um Buda visualizado ou nós mesmos visualizados como um Buda. Um ser-de-compromisso é assim denominado porque, em geral, é um compromisso de todos os budistas visualizar ou lembrar-se de Buda e, em particular, é um compromisso de todos os que receberam uma iniciação do Tantra Ioga Supremo gerarem-se, a si próprios, como uma Deidade.

Ser-de-sabedoria Um Buda real, propriamente dito, especialmente convidado a se unificar com um ser-de-compromisso visualizado.

Ser superior "*Arya*" em sânscrito. Ser que possui uma realização direta da vacuidade. Existem Hinayanas superiores e Mahayanas superiores.

Shantideva (687–763) Grande erudito budista indiano e mestre de meditação. Escreveu *Guia do Estilo de Vida do Bodhisattva*. Consultar *Guia do Estilo de Vida do Bodhisattva* e *Contemplações Significativas*.

Som expressivo Um objeto de audição que torna compreendido seu objeto expresso. Consultar *Como Entender a Mente*.

Sutra Ensinamentos de Buda abertos para a prática de todos, sem necessidade de uma iniciação. Os ensinamentos de Sutra incluem os ensinamentos de Buda das Três Giradas da Roda do Dharma.

Sutra Coração Ver Sutra Essência da Sabedoria.

Sutra Essência da Sabedoria Um dos diversos *Sutras Perfeição de Sabedoria* ensinados por Buda. Embora seja muito menor do que os demais *Sutras Perfeição de Sabedoria*, o *Sutra Essência da Sabedoria* contém explícita ou implicitamente todo o seu significado. É também conhecido como *Sutra Coração*. Para a leitura de sua tradução e comentário completo, consultar *Novo Coração de Sabedoria*.

Terra Pura Ambiente puro onde não há verdadeiros sofrimentos. Existem muitas Terras Puras. Por exemplo: Tushita é a Terra Pura de Buda Maitreya; Sukhavati é a Terra Pura de Buda Amitabha; e a Terra Dakini, ou Keajra, é a Terra Pura de Buda Vajrayogini e Buda Heruka. Consultar *Viver Significativamente, Morrer com Alegria*.

Tradição Kadampa A pura tradição do Budismo estabelecido por Atisha. Os seguidores dessa tradição, até a época de Je Tsongkhapa, são conhecidos como "Antigos Kadampas", e os seguidores após a época de Je Tsongkhapa são conhecidos como "Novos Kadampas". Ver também Budismo Kadampa e Kadampa.

Tranquilo-permanecer Concentração que possui o êxtase especial da maleabilidade física e mental, obtida na dependência da conclusão das nove permanências mentais. Consultar *Caminho Alegre da Boa Fortuna*, *Clara-Luz de Êxtase* e *Contemplações Significativas*.

Tummo Palavra tibetana para "fogo interior". É um calor interior localizado no centro da roda-canal do umbigo. Consultar *Clara--Luz de Êxtase*.

Vairochana A manifestação do agregado forma de todos os Budas. Vairochana tem um corpo branco.

Vajradhara O fundador do Vajrayana. Vajradhara é o mesmo continuum mental que Buda Shakyamuni, mostrando porém um aspecto diferente. Buda Shakyamuni aparece no aspecto de um Corpo-Emanação, ao passo que Vajradhara aparece no aspecto de um Corpo-de-Deleite. Consultar *Grande Tesouro de Mérito*.

Visão errônea Uma percepção errônea intelectualmente formada que nega a existência de um objeto que é necessário compreender para se alcançar a libertação ou a iluminação – por exemplo, negar a existência de seres iluminados, do carma ou a existência de renascimentos. Consultar *Caminho Alegre da Boa Fortuna*.

Visão superior Sabedoria especial que vê ou percebe seu objeto claramente e que é mantida pelo tranquilo-permanecer e pela maleabilidade especial induzida por investigação. Consultar *Caminho Alegre da Boa Fortuna*.

Bibliografia

VENERÁVEL GESHE KELSANG GYATSO RINPOCHE é um mestre de meditação e erudito altamente respeitado da tradição do Budismo Mahayana fundada por Je Tsongkhapa. Desde sua chegada ao Ocidente, em 1977, Venerável Geshe Kelsang Gyatso Rinpoche tem trabalhado incansavelmente para estabelecer o puro Budadharma no mundo inteiro. Durante esse tempo, deu extensos ensinamentos sobre as principais escrituras mahayana. Esses ensinamentos proporcionam uma exposição completa das práticas essenciais de Sutra e de Tantra do Budismo Mahayana.

Consulte o *website* da Tharpa Brasil para conferir os títulos disponíveis em língua portuguesa.

Livros

Budismo Moderno. O caminho da compaixão e sabedoria. (3ª edição, 2015)
Caminho Alegre da Boa Fortuna. O completo caminho budista à iluminação. (4ª edição, 2010)
Clara-Luz de Êxtase. Um manual de meditação tântrica.
Como Solucionar Nossos Problemas Humanos. As Quatro Nobres Verdades. (4ª edição, 2012)
Compaixão Universal. Soluções inspiradoras para tempos difíceis. (3ª edição, 2007)
Contemplações Significativas. Como se tornar um amigo do mundo. (2009)

Como Entender a Mente. A natureza e o poder da mente. (edição revista pelo autor, 2014. Edição anterior, com o título *Entender a Mente*, 2002)
Essência do Vajrayana. A prática do Tantra Ioga Supremo do mandala de corpo de Heruka.
Grande Tesouro de Mérito. Como confiar num Guia Espiritual. (2013)
Guia do Estilo de Vida do Bodhisattva. Como desfrutar uma vida de grande significado e altruísmo. Uma tradução da famosa obra-prima em versos de Shantideva. (2ª edição, 2009)
Introdução ao Budismo. Uma explicação do estilo de vida budista. (6ª edição, 2012)
As Instruções Orais do Mahamudra. A verdadeira essência dos ensinamentos, de Sutra e de Tantra, de Buda (2016)
Joia-Coração. As práticas essenciais do Budismo Kadampa. (2004)
Mahamudra-Tantra. O supremo néctar da Joia-Coração. (2ª edição, 2014)
Novo Coração de Sabedoria. Uma explicação do Sutra Coração. (edição revista pelo autor, 2013. Edição anterior, com o título *Coração de Sabedoria*, 2005)
Novo Guia à Terra Dakini. A prática do Tantra Ioga Supremo de Buda Vajrayogini. (edição revista pelo autor, 2015. Edição anterior, com o título *Guia à Terra Dakini*, 2001)
Novo Manual de Meditação. Meditações para tornar nossa vida feliz e significativa. (2ª edição, 2009)
Oceano de Néctar. A verdadeira natureza de todas as coisas.
Oito Passos para a Felicidade. O caminho budista da bondade amorosa. (edição revista pelo autor, 2013. Edição anterior, com mesmo título, 2007)
Solos e Caminhos Tântricos. Como ingressar, progredir e concluir o Caminho Vajrayana. (2016)
Transforme sua Vida. Uma jornada de êxtase. (2ª edição, 2014)
Viver Significativamente, Morrer com Alegria. A prática profunda da transferência de consciência. (2007)

O Voto Bodhisattva. Um guia prático para ajudar os outros. (2ª edição, 2005)

Sadhanas

Venerável Geshe Kelsang Gyatso Rinpoche também supervisionou a tradução de uma coleção essencial de sadhanas, ou livretos de orações. Consulte o *website* da Tharpa Brasil para conferir os títulos disponíveis em língua portuguesa.

Caminho de Compaixão para quem Morreu. Sadhana de Powa para o benefício dos que morreram.
Caminho de Êxtase. A sadhana condensada de autogeração de Vajrayogini
Caminho Rápido ao Grande Êxtase. A sadhana extensa de autogeração de Vajrayogini.
Caminho à Terra Pura. Sadhana para o treino em Powa – a transferência de consciência.
Cerimônia de Powa. Transferência de consciência de quem morreu.
Cerimônia de Refúgio Mahayana e Cerimônia do Voto Bodhisattva.
A Confissão Bodhisattva das Quedas Morais. A prática de purificação do Sutra Mahayana dos Três Montes Superiores.
Essência da Boa Fortuna. Preces das seis práticas preparatórias para a meditação sobre as Etapas do Caminho à iluminação.
Essência do Vajrayana. Sadhana de autogeração do mandala de corpo de Heruka, de acordo com o sistema de Mahasiddha Ghantapa.
Essência do Vajrayana Condensado. Sadhana de autogeração do mandala de corpo de Heruka.
O Estilo de Vida Kadampa. As práticas essenciais do Lamrim Kadam.
Festa de Grande Êxtase. Sadhana de autoiniciação de Vajrayogini.
Gota de Néctar Essencial. Uma prática especial de jejum e de purificação em associação com Avalokiteshvara de Onze Faces.
Grande Libertação do Pai. Preces preliminares para a meditação no Mahamudra em associação com a prática de Heruka.

Grande Libertação da Mãe. Preces preliminares para a meditação no Mahamudra em associação com a prática de Vajrayogini.
A Grande Mãe. Um método para superar impedimentos e obstáculos pela recitação do *Sutra Essência da Sabedoria* (o *Sutra Coração*).
O Ioga de Avalokiteshvara de Mil Braços. Sadhana de autogeração.
O Ioga de Buda Amitayus. Um método especial para aumentar tempo de vida, sabedoria e mérito.
O Ioga de Buda Heruka. A sadhana essencial de autogeração do mandala de corpo de Heruka & Ioga Condensado em Seis Sessões.
O Ioga de Buda Maitreya. Sadhana de autogeração.
O Ioga de Buda Vajrapani. Sadhana de autogeração.
Ioga da Dakini. A sadhana mediana de autogeração de Vajrayogini.
O Ioga da Grande Mãe Prajnaparamita. Sadhana de autogeração.
O Ioga Incomum da Inconceptibilidade. A instrução especial sobre como alcançar a Terra Pura de Keajra com este corpo humano.
O Ioga da Mãe Iluminada Arya Tara. Sadhana de autogeração.
O Ioga de Tara Branca, Buda de Longa Vida.
Joia-Coração. O Guru-Ioga de Je Tsongkhapa associado à sadhana condensada de seu Protetor do Dharma.
Joia-que-Satisfaz-os-Desejos. O Guru-Ioga de Je Tsongkhapa associado à sadhana de seu Protetor do Dharma.
Libertação da Dor. Preces e pedidos às 21 Taras.
Manual para a Prática Diária dos Votos Bodhisattva e Tântricos.
Meditação e Recitação de Vajrasattva Solitário.
Melodioso Tambor Vitorioso em Todas as Direções. O ritual extenso de cumprimento e de renovação de compromissos com o Protetor do Dharma, o grande rei Dorje Shugden, juntamente com Mahakala, Kalarupa, Kalindewi e outros Protetores do Dharma.
Oferenda ao Guia Espiritual (Lama Chöpa). Uma maneira especial de confiar no Guia Espiritual.
Paraíso de Keajra. O comentário essencial à prática do *Ioga Incomum da Inconceptibilidade.*

Prece do Buda da Medicina. Um método para beneficiar os outros.
Preces para Meditação. Preces preparatórias breves para meditação.
Preces pela Paz Mundial.
Preces Sinceras. Preces para o rito funeral em cremações ou enterros.
Sadhana de Avalokiteshvara. Preces e pedidos ao Buda da Compaixão.
Sadhana do Buda da Medicina. Um método para obter as aquisições do Buda da Medicina.
O Tantra-Raiz de Heruka e Vajrayogini. Capítulos Um e Cinquenta e Um do Tantra-Raiz Condensado de Heruka.
O Texto-Raiz: As Oito Estrofes do Treino da Mente.
Tesouro de Sabedoria. A sadhana do Venerável Manjushri.
União do Não-Mais-Aprender. Sadhana de autoiniciação do mandala de corpo de Heruka.
Vida Pura. A prática de tomar e manter os Oito Preceitos Mahayana.
Os Votos e Compromissos do Budismo Kadampa.

Os livros e sadhanas de Venerável Geshe Kelsang Gyatso Rinpoche podem ser adquiridos nos Centros Budistas Kadampa e Centros de Meditação Kadampa e suas filiais. Você também pode adquiri-los diretamente pelo *site* da Editora Tharpa Brasil.

Editora Tharpa Brasil
Rua Artur de Azevedo 1360
Pinheiros
05404-003 - São Paulo, SP
Fone: 11 3476-2328
Web: www.tharpa.com.br
E-mail: contato.br@tharpa.com

Programas de Estudo do Budismo Kadampa

O Budismo Kadampa é uma escola do Budismo Mahayana fundada pelo grande mestre budista indiano Atisha (982–1054). Seus seguidores são conhecidos como "Kadampas": "Ka" significa "palavra" e refere-se aos ensinamentos de Buda, e "dam" refere-se às instruções especiais de Lamrim ensinadas por Atisha, conhecidas como "as Etapas do Caminho à iluminação". Integrando o conhecimento dos ensinamentos de Buda com a prática de Lamrim, e incorporando isso em suas vidas diárias, os budistas kadampas são incentivados a usar os ensinamentos de Buda como métodos práticos para transformar atividades diárias em caminho à iluminação. Os grandes professores kadampas são famosos não apenas por serem grandes eruditos, mas também por serem praticantes espirituais de imensa pureza e sinceridade.

A linhagem desses ensinamentos, tanto sua transmissão oral como suas bênçãos, foi passada de mestre a discípulo e se espalhou por grande parte da Ásia e, agora, por diversos países do mundo ocidental. Os ensinamentos de Buda, conhecidos como "Dharma", são comparados a uma roda que gira, passando de um país a outro segundo as condições e tendências cármicas de seus habitantes. As formas externas de se apresentar o Budismo podem mudar de acordo com as diferentes culturas e sociedades, mas sua autenticidade essencial é assegurada pela continuidade de uma linhagem ininterrupta de praticantes realizados.

O Budismo Kadampa foi introduzido no Ocidente em 1977 pelo renomado mestre budista Venerável Geshe Kelsang Gyatso Rinpoche. Desde então, ele vem trabalhando incansavelmente para expandir o Budismo Kadampa por todo o mundo, dando extensos ensinamentos, escrevendo textos profundos sobre o Budismo Kadampa e fundando a Nova Tradição Kadampa-União Budista Kadampa Internacional (NKT-IKBU), que hoje congrega mais de mil Centros Budistas e grupos kadampa em todo o mundo. Esses centros oferecem programas de estudo sobre a psicologia e a filosofia budistas, instruções para meditar e retiros para todos os níveis de praticantes. A programação enfatiza a importância de incorporarmos os ensinamentos de Buda na vida diária, de modo que possamos solucionar nossos problemas humanos e propagar paz e felicidade duradouras neste mundo.

O Budismo Kadampa da NKT-IKBU é uma tradição budista totalmente independente e sem filiações políticas. É uma associação de centros budistas e de praticantes que se inspiram no exemplo e nos ensinamentos dos mestres kadampas do passado, conforme a apresentação feita por Venerável Geshe Kelsang Gyatso Rinpoche.

Existem três razões pelas quais precisamos estudar e praticar os ensinamentos de Buda: para desenvolver nossa sabedoria, cultivar um bom coração e manter a paz mental. Se não nos empenharmos em desenvolver nossa sabedoria, sempre permaneceremos ignorantes da verdade última – a verdadeira natureza da realidade. Embora almejemos felicidade, nossa ignorância nos faz cometer ações não virtuosas, a principal causa do nosso sofrimento. Se não cultivarmos um bom coração, nossa motivação egoísta destruirá a harmonia e tudo o que há de bom nos nossos relacionamentos com os outros. Não teremos paz nem chance de obter felicidade pura. Sem paz interior, a paz exterior é impossível. Se não mantivermos um estado mental apaziguado, não conseguiremos ser felizes, mesmo que estejamos desfrutando de condições ideais. Por outro lado, quando nossa mente está em paz, somos felizes ainda que as condições exteriores sejam ruins. Portanto, o desenvolvimento dessas qualidades é da maior importância para nossa felicidade diária.

Venerável Geshe Kelsang Gyatso Rinpoche, ou "Geshe-la", como é carinhosamente chamado por seus discípulos, organizou três programas espirituais especiais para o estudo sistemático e a prática do Budismo Kadampa. Esses programas são especialmente adequados para a vida moderna – o Programa Geral (PG), o Programa Fundamental (PF) e o Programa de Formação de Professores (PFP).

PROGRAMA GERAL

O Programa Geral (PG) oferece uma introdução básica aos ensinamentos, à meditação e à prática budistas, e é ideal para iniciantes. Também inclui alguns ensinamentos e práticas mais avançadas de Sutra e de Tantra.

PROGRAMA FUNDAMENTAL

O Programa Fundamental (PF) oferece uma oportunidade de aprofundar nossa compreensão e experiência do Budismo por meio do estudo sistemático de seis textos:

1. *Caminho Alegre da Boa Fortuna* – um comentário às instruções de Lamrim, as Etapas do Caminho à iluminação, de Atisha.
2. *Compaixão Universal* – um comentário ao *Treino da Mente em Sete Pontos*, do Bodhisattva Chekhawa.
3. *Oito Passos para a Felicidade* – um comentário às *Oito Estrofes do Treino da Mente*, do Bodhisattva Langri Tangpa.
4. *Novo Coração de Sabedoria* – um comentário ao *Sutra Coração*.
5. *Contemplações Significativas* – um comentário ao *Guia do Estilo de Vida do Bodhisattva*, escrito pelo Venerável Shantideva.

6. *Como Entender a Mente* – uma explicação detalhada da mente, com base nos trabalhos dos eruditos budistas Dharmakirti e Dignaga.

Os benefícios de estudar e praticar esses textos são:

(1) *Caminho Alegre da Boa Fortuna* – obtemos a habilidade de colocar em prática todos os ensinamentos de Buda: de Sutra e de Tantra. Podemos facilmente fazer progressos e concluir as etapas do caminho à felicidade suprema da iluminação. Do ponto de vista prático, o Lamrim é o corpo principal dos ensinamentos de Buda, e todos os demais ensinamentos são como seus membros.

(2) e (3) *Compaixão Universal* e *Oito Passos para a Felicidade* – obtemos a habilidade de incorporar os ensinamentos de Buda em nossa vida diária e de solucionar todos os nossos problemas humanos.

(4) *Novo Coração de Sabedoria* – obtemos a realização da natureza última da realidade. Por meio dessa realização, podemos eliminar a ignorância do agarramento ao em-si, que é a raiz de todos os nossos sofrimentos.

(5) *Contemplações Significativas* – transformamos nossas atividades diárias no estilo de vida de um Bodhisattva, tornando significativo cada momento de nossa vida humana.

(6) *Como Entender a Mente* – compreendemos a relação entre nossa mente e seus objetos exteriores. Se entendermos que os objetos dependem da mente subjetiva, poderemos mudar a maneira como esses objetos nos aparecem, por meio de mudar nossa própria mente. Aos poucos, vamos adquirir a habilidade de controlar nossa mente e de solucionar todos os nossos problemas.

PROGRAMA DE FORMAÇÃO DE PROFESSORES

O Programa de Formação de Professores (PFP) foi concebido para as pessoas que desejam treinar para se tornarem autênticos professores de Dharma. Além de concluir o estudo de quatorze textos de Sutra e de Tantra (e que incluem os seis textos acima citados), o estudante deve observar alguns compromissos que dizem respeito ao seu comportamento e estilo de vida e concluir um determinado número de retiros de meditação.

Um Programa Especial de Formação de Professores é também mantido pelo KMC London, e pode ser realizado presencialmente ou por correspondência. Esse programa especial de estudo e meditação consiste de seis cursos desenvolvidos ao longo de três anos, fundamentados nos seguintes livros de Venerável Geshe Kelsang Gyatso Rinpoche: *Como Entender a Mente*; *Budismo Moderno*; *Novo Coração de Sabedoria*; *Solos e Caminhos Tântricos*; *Guia do Estilo de Vida do Bodhisattva*, de Shantideva, e seu comentário – *Contemplações Significativas*); e *Oceano de Néctar*.

Todos os Centros Budistas Kadampa são abertos ao público. Anualmente, celebramos festivais nos EUA e Europa, incluindo dois festivais na Inglaterra, nos quais pessoas do mundo inteiro reúnem-se para receber ensinamentos e iniciações especiais e desfrutar de férias espirituais. Por favor, sinta-se à vontade para nos visitar a qualquer momento!

Para mais informações sobre o Budismo Kadampa
e para conhecer o Centro Budista mais próximo de você,
por favor, entre em contato com:

Centro de Meditação
Kadampa Brasil
www.budismokadampa.org.br

Centro de Meditação
Kadampa Mahabodhi
www.meditadoresurbanos.org.br

Centro de Meditação
Kadampa Rio de Janeiro
www.meditario.org.br

Centro de Meditação
Kadampa Campinas
www.budismocampinas.org.br

Escritórios da Editora Tharpa no Mundo

Atualmente, os livros da Editora Tharpa são publicados em inglês (americano e britânico), chinês, francês, alemão, italiano, japonês, português e espanhol. Os livros na maioria desses idiomas estão disponíveis em qualquer um dos escritórios da Editora Tharpa listados abaixo.

Inglaterra (UK Office)
Tharpa Publications UK
Conishead Priory
ULVERSTON
Cumbria, LA12 9QQ, UK
Tel: +44 (0)1229-588599
Web: www.tharpa.com/uk
E-mail: info.uk@tharpa.com

Estados Unidos (US Office)
Tharpa Publications US
47 Sweeney Road
GLEN SPEY, NY 12737, USA
Tel: +1 845-856-5102
Toll-free: +1 888-741-3475
Fax: +1 845-856-2110
Web: www.tharpa.com/us
E-mail: info.us@tharpa.com

África do Sul
26 Menston Rd., Dawncliffe,
Westville, 3629, KZN
REP. OF SOUTH AFRICA
Tel : +27 (0)72 551 3429
Fax: +27 (0)86 513 3476
Web: www.tharpa.com/za
E-mail: info.za@tharpa.com

Alemanha
Tharpa-Verlag Deutschland
Mehringdamm 33, Aufgang 2,
10961 BERLIN, GERMANY
Tel: +49 (030) 430 55 666
Web: www.tharpa.com/de
E-mail: info.de@tharpa.com

Ásia (Asia Office)
Tharpa Asia
1st Floor Causeway Tower,
16-22 Causeway Road
Causeway Bay,
HONG KONG
Tel: +(852) 2507 2237
Web: www.tharpa.com/hk-en
E-mail: info.asia@tharpa.com

Austrália
Tharpa Publications Australia
25 McCarthy Road
MONBULK VIC 3793
AUSTRALIA
Tel: +61 (0)3 9752-0377
Web: www.tharpa.com/au
E-mail: info.au@tharpa.com

Brasil
Editora Tharpa Brasil
Rua Artur de Azevedo 1360
Pinheiros
05404-003
São Paulo, SP, BRASIL
Tel: +55 (11) 3476-2328
Web: www.tharpa.com.br
E-mail: contato.br@tharpa.com

Canadá
Tharpa Publications Canada
631 Crawford Street
TORONTO ON M6G 3K1,
CANADA
Tel: (+1) 416-762-8710
Toll-free: (+1) 866-523-2672
Fax: (+1) 416-762-2267
Web (Eng): www.tharpa.com/ca
Web (Fr): www.tharpa.com/ca-fr
E-mail: info.ca@tharpa.com

Espanha
Editorial Tharpa España
Calle Manuela Malasaña 26
local dcha, 28004 MADRID
ESPAÑA
Tel.: +34 917 55 75 35
Web: www.tharpa.com/es
E-mail: info.es@tharpa.com

França
Editions Tharpa
Château de Segrais
72220 SAINT-MARS-D'OUTILLÉ,
FRANCE
Tél/Fax : +33 (0)2 43 87 71 02
Web: www.tharpa.com/fr/
E-mail: info.fr@tharpa.com

Japão
Tharpa Japan
KMC Tokio
Web: www.kadampa.jp
E-mail: info@kadampa.jp

México
Enrique Rébsamen Nº 406,
Col. Narvate, entre Xola y
  Diagonal de San Antonio,
MÉXICO D.F., C.P. 03020,
MÉXICO
Tel: +01 (55) 56 39 61 86
Tel/Fax: +01 (55) 56 39 61 80
Web: www.tharpa.com/mx/
Email: tharpa@kadampa.org.mx

Portugal
Publicações Tharpa Portugal
Rua Moinho do Gato, 5
Várzea de Sintra
2710-661 SINTRA
PORTUGAL
Tel: +351 219 231 064
Web: www.tharpa.pt
E-mail: info.pt@tharpa.com

Suiça
Tharpa Verlag
Mirabellenstrasse 1
CH-8048 ZURICH
Schweiz
Tel: +41 44 401 02 20
Fax: +41 44 461 36 88
Web: www.tharpa.com/ch/
E-mail: info.ch@tharpa.com

Índice Remissivo
a letra "g" indica entrada para o glossário

A

Absorção da cessação g, 121
Absorções das duas concentrações 184
Ações. *Ver também* carma 217
  abandonar ações inadequadas 250
  não virtuosas 9, 73, 216-217, 220
  virtuosas 9, 75, 216-217, 220
Ações não virtuosas 312
Agarramento ao em-si g, 30, 59, 110, 153
  antídoto 31, 116
  vento-montaria 122, 159-160
Agregados, cinco 155
Agregados contaminados g, 15, 31, 105, 110
AH-curto, letra 131
Akanishta 48, 128, 214
Akshobya g, 47, 61, 164
  compromissos da Família Akshobya 62-65, 255
  manifestações de 155

Amitabha g, 47, 61, 165
  compromissos da Família Amitabha 67-68, 256
  manifestações de 155
Amitayus g, 47
Amoghasiddhi g, 61, 165
  compromissos da Família Amoghasiddhi 68, 256
  manifestações de 155
Amor 67, 70
Analogias
  ator 149
  espaço vazio dentro de dois copos e vacuidade 29
  gota indestrutível e casa 144
  leite de uma leoa das neves e ser um recipiente adequado 14
  mágico 104
  mente verdadeira e morador de uma casa 144
  monge e tigre 149
  pintor de thangkas 139, 280
  tartaruga 36

Antifé 69
Aparência. *Ver também* oníricas, aparências; dos ventos entrarem, permacerem e dissolverem-se, sinas equivocada 252
Aparência dual 5, 57, 121, 125, 199, 200
Aparência equivocada 110
Aparências 117-118, 153, 154
Aparências comuns 14-17, 36, 57, 94, 105, 107, 155
   do corpo 119
   superar 33, 64, 103, 148
Aparências convencionais 43, 100
Aparências puras 175
Apego g, 11-12, 20, 88
   caminho do apego 79
   principal objeto a ser abandonado por Hinayanistas 11
   transformado 11, 17, 122
"Apenas a mente" 154
Apreciar os outros, amor 247, 250
Aquisição, aquisições 247
Aquisição subsequente g, 111, 120, 159, 180
Aquisições comuns
   controladoras 38, 44, 177, 211, 213
   crescentes 38, 44, 177, 211
   iradas 38, 44, 177, 211, 213
   oito grandes aquisições 45, 211
   pacificadoras 38, 44, 177, 211

Aquisições incomuns 44, 45
   aquisição incomum suprema 45
Ascetismo 71
Aspectos *das* Deidades, aspectos *de* Deidades 119, 148, 155-156
Atisha g, 68, 73, 295, 311
Atividade sexual 121, 123, 129
   transformada em caminho 21, 22
Autoapreço 248
Autogeração 44
Autogeração como Avalokiteshvara 29-33, 37
Autogeração como Manjushri 35
Autogeração do Tantra Ioga Supremo 55, 64
Autogeração como Vajrayogini 85-86, 102-109, 127, 139, 282-284
Avalokiteshvara g, 29-35, 47
   autogeração 37
   mantra 31

B

BAM, letra 91-92, 95, 96-97, 138, 140, 144, 145, 172
Base de designação, base de imputação g, 31
Base de imputação. *Ver* base de designação
Baso Chokyi Gyaltsen 131
Bênçãos g, 65, 87, 151, 177, 211, 281, 311
Bhairawa 109

Bodhichitta. *Ver também* bodhichittas, vermelha(s) e branca(s) 10–11, 80, 128, 136, 151, 247, 264
   desistir da bodhichitta, queda moral raiz 70
   espontânea 99
   do Sutra 19, 55
   do Tantra Ioga Supremo 54–55
   tântrica 19
   última 129
Bodhichittas, branca(s) e vermelha(s) 80, 96, 145, 208
Bodhisattva 121–122, 214
   Bodhisattva superior 252
   [do caminho] do Sutra 5, 55, 201
   décimo solo 6, 201–202, 205
   solos 11, 46, 56–59
   superior 11, 203
   votos bodhisattva 247
Bodhisattva superior 11, 203
Budadharma. *Ver também* Dharma 305
Buda. *Ver também* corpos de um Buda 154
   boas qualidades 216–224
   corpo, fala e mente 44
   intenção última 123
   tântrico 12
Buda Shakyamuni g, 9, 11, 12, 48, 202
   ensinamentos 311, 312
Budas, Mil 6
Budismo Kadampa g, 311–312

C

Caminho. *Ver também* cinco caminhos
   do apego 79
   comum 1
   espiritual, definição 9
   exterior 7, 219
   Hinayana 9–10, 220
   incomum 1
   interior 1, 7–9, 219
   Mahayana 9–10, 46, 220
   sinônimos (no contexto de caminhos supramundanos) 9
   Vajrayana 1
      sinônimos 1
Caminho da Acumulação 251
Caminho Alegre da Boa Fortuna 2, 62, 108
Caminho à iluminação 250, 251
Caminho ininterrupto 58
Caminho da Meditação 252
Caminho do Não-Mais-Aprender 252
Caminho da Preparação 251
Caminho da Visão 251
Campo para Acumular Mérito g
Canais, gotas e ventos 80, 135–138, 140–145
Canal central. *Ver também* ioga do canal central 129, 135–136, 140–141
   do coração 131–133, 135, 141
   dez portas 130
Canal direito 136
Canal esquerdo 136

Canção da Rainha da Primavera 122
Carma g, 9
contaminado 14, 15
Causa e efeito. *Ver também* carma 152, 216
Chandrakirti g, 88, 116
Chittamatra g, 71, 118, 155
Cinco caminhos. *Ver também* cinco caminhos do Tantra Ioga Supremo 10, 46, 220
Cinco Caminhos do Tantra Ioga Supremo 54–56
  da Acumulação 54–55
  da Meditação 56, 57, 206
  do Não-Mais-Aprender 56, 209
  da Preparação 56
  da Visão 56, 57–59, 59, 125, 203, 205
Cinco certezas 213
Cinco Etapas do Estágio de Conclusão 118
Cinco etapas do estágio de conclusão. *Ver também* clara-luz; corpo-isolado; fala-isolada; mente-isolada; união 56, 118
Cinco Famílias Búdicas
  compromissos 248, 253, 255–256
Cinco Preceitos 73
Cinquenta Estrofes sobre o Guia Espiritual 78
Clara aparência 64, 81, 103, 107–108, 110–111
  em aspectos específicos 108
  em aspectos gerais 107–108

Clara-luz. *Ver também* mente de clara-luz 55, 56, 118, 199–205
Clara-luz-exemplo 200–201
  da mente-isolada 93
  definição 200
  classes 200
Clara-luz-exemplo última da mente-isolada 93, 118, 143, 190, 193, 200, 205
  contaminada 204
  no momento da morte 93
Clara-Luz de Êxtase 57, 117, 131, 147, 184, 193
  tradição comum 133
Clara-luz de êxtase 125
Clara-luz da morte 94, 117, 160–161, 179, 187, 197
Clara-luz do sono 94, 208
Clara-luz-significativa 18, 56, 111, 118, 190, 199–205, 206, 207
  causa substancial do Corpo--Verdade de um Buda 5
  classes 203–204
  definição 199
  etimologias 200
  indispensável 202
  pacificação externa 204
  pacificação interna 204
  primeiro solo 57
  quando alcançada 204
  união de êxtase e vacuidade 125, 127
Clara-luz-última da mente--isolada 185–187
Clarividência e poderes miraculosos g, 175, 178

ÍNDICE REMISSIVO

Coisa funcional g, 152
Coleção de mérito g, 18, 148, 179
Coleção de sabedoria g, 18, 91, 148, 179, 283
Compromisso(s). *Ver também* selo da mente de compromisso
    49, 61-81, 99
    em comum das Cinco Famílias Búdicas 68-81
    específicos de cada uma das Cinco Famílias Búdicas 61-68, 255-256
Compromissos incomuns do Tantra-Mãe 78-80
Compromissos secundários 73-75
compromissos de abandono 73
compromissos adicionais de abandono 75
compromissos de confiança 75
Concentração g, 220
    pura 101, 110
Concentração de conceder libertação 43, 46
    função principal 43
    o que alcançamos com essa concentração 44
Concentração da permanência no fogo 39-40, 43
    propósito 39-40
    o que alcançamos com essa concentração 44
Concentração da permanência no som 40-43
    o que alcançamos com essa concentração 44
Concentração da recitação dos quatro membros 28-39
Concentração semelhante-a--um-vajra 58, 208
Concentrações, quatro 28-44
Concentrações com recitação 39
Concentrações sem recitação 39
Concepções comuns 14-17, 36, 105, 155, 207
    do corpo 119
    não são necessariamente delusões 15
    superar 33, 64, 103, 104, 148
Conhecedor válido g, 101
Conquistador Solitário g, 220
    iluminação 10, 54
Consoantes e vogais sânscritas 169
Contemplações Significativas 108, 151
Corpo 119
    denso 126, 127, 128, 190, 194, 195, 196
    impuro 128-129, 129
    maltratar o corpo, queda moral raiz 71
    muito sutil 126, 127, 195-196
    sutil 194, 195
Corpo-Deidade g
    mentalmente gerado 85, 86, 101
    propriamente dito, efetivo 85, 101, 102
Corpo-de-Deleite 88-89, 94-95, 96, 195, 203, 209, 215
    causa substancial 203

definições 213–214, 214
mentalmente gerado 101
três tipos 214
Corpo-Divino. *Ver também* ioga do corpo-divino g, 83, 87, 102, 189, 190
  denso 93, 95
Corpo-Emanação 88–89, 95, 97, 213–215
  definição 214
  dois tipos 215
  mentalmente gerado 101
  propriamente dito, efetivo 101
Corpo-Forma 5, 46, 128, 129, 148
  causa do Corpo-Forma 18, 44, 251
  causa substancial 5, 129, 160, 179, 203
Corpo-ilusório. *Ver também* corpo-ilusório, impuro; corpo-ilusório, puro 55, 56, 111, 118, 189–199
  base do 102, 127
  causa do corpo-divino denso 93, 95
  causa substancial 160, 178, 189
  causa substancial do Corpo--Forma de um Buda 5
  definição 189
  etimologia 189, 193
  da quarta etapa 209
Corpo-ilusório impuro 94, 118, 203–205
  causa substancial 128, 190
  definição 190
  dois tipos 194
  quando é alcançado 193
  quinze características 190–193
Corpo-ilusório puro 94, 118, 127, 203, 284
  causa contribuinte 129, 207
  causa substancial 190, 207
  definição 190
  momento em que é alcançado 57, 126, 194
Corpo-isolado do estágio de conclusão 133, 119–156
  classes 120
  definição 119
  durante o intervalo entre as meditações 148–154
  durante meditação 120–147, 155
  do esforço vital 138
  quatro vazios 180
  realização propriamente dita 145
Corpo-isolado do estágio de geração 119
Corpo-onírico. *Ver* corpo--sonho
Corpo residente-contínuo. *Ver também* corpo, muito sutil 85, 126, 129
  é o vento muito sutil 138
Corpo-sonho, corpo-onírico 95, 190, 194, 195
Corpo-vajra 46, 128, 129, 134, 169, 193
  corpo-ilusório puro 126, 127
Corpo-Verdade 46, 89, 148, 215
  causa do Corpo-Verdade 5, 18, 43, 251, 283

causa substancial 5, 128, 203
Corpo-Verdade-Natureza 215
Corpo-Verdade-Sabedoria 215
  definição 215
  êxtase e vacuidade indivisíveis 155, 283
  mentalmente gerado 100
  propriamente dito, efetivo 100
Corpos de um Buda. *Ver também* Corpo-de-Deleite; Corpo-Emanação; Corpo-Verdade 43–44, 88, 179, 213, 216

D

Damaru g, 77
Dar (generosidade) 65–67
Deidade. *Ver também* Deidades, seis 36, 112
  Deidade-pessoal 27, 64, 87, 196
  e mantra são inseparáveis 37
  quatro tipos 28
Deidade da forma 32
  propósito de meditar 33
Deidade das letras 31
  propósito de meditar 33
Deidade do mudra 32–33
  propósito de meditar 33
Deidade dos sinais 33
  propósito de meditar 33
Deidade do som 31
  propósito de meditar 33
Deidade da vacuidade 29–30
  propósito de meditar 33
Deidades, seis 29–35, 39, 43
  o que alcançamos com essa meditação 44

Delusões g, 15, 17
  inatas g, 46, 125, 205
  intelectualmente formadas g, 46, 125, 205
Desejo 217
Designação, mera g, 111
Destemor 67, 221
Deusas 21–22, 155–156
Dez forças 9, 216–221
Dezenove compromissos das Cinco Famílias Búdicas 255–256
Dezoito qualidades não compartilhadas 222
Dharma g, 59
  dar Dharma 65, 250
Dharma Kadam. *Ver também* Budismo, Kadampa; Kadampa; Lamrim Kadam 311–312
Dharmakaya. *Ver também* Corpo-Verdade 251
Dharmakirti g, 88
Dharmavajra 131, 133, 194
Disciplina moral 62
  do Tantra Ioga Supremo 148
Distrações 36, 38, 116
Doze elos dependente relacionados g, 9
Duas verdades g, 153
  no Tantra Ioga Supremo 111, 209

E

EH, letras 96
Elementos 146–147, 155, 164–165, 218

do corpo 92
exteriores 178
seis 122
Entrada, permanência e dissolução dos ventos. *Ver* ventos (entrada, permanência, dissolução)
Escopo intermediário 68
Escrituras 171
Esforço vital 134, 197
  do corpo-isolado 138-147
  da fala-isolada 144
  na gota de luz 172
  quatro tipos 134
Estado intermediário. *Ver também* trazer o estado intermediário para o caminho g, 160-161, 179
  corpo do estado intermediário 94, 190, 195
  ser do estado intermediário 97, 197
Estágio de conclusão 59, 61, 71, 97, 99, 115
  cinco etapas 56, 118
  classes 118
  definição 115
  das duas verdades 111, 209
  etimologia 115
  ioga não fabricado 117
  resultados finais 211
  seis etapas 118
  dos três isolamentos 209
Estágio de geração. *Ver também* meditação do estágio de geração denso; meditação do estágio de geração sutil;
três trazeres 18, 55, 59, 61, 71, 81, 97, 83-113, 99, 211
  avaliar o êxito de ter completado o estágio de geração 112
  benefícios 87, 211
  classes 102
  confusão sobre o estágio de geração 86
  definição 83
  quatro atributos 85, 100
  quatro níveis de praticantes 112
  realizações 55
  três características 111
Etapas do Caminho. *Ver* Lamrim
Eu. *Ver também* orgulho divino 30-31, 31, 32, 110
Excelsa percepção 9
  definição 10
  sinônimos (no contexto de caminhos supramundanos) 9
Êxtase. *Ver também* grande êxtase espontâneo; união do êxtase e vacuidade 121-125, 154, 262
  cinco tipos 156
  dos dois estágios 119
  duas características 121-122, 129
  fenômenos como manifestações da nossa mente de êxtase 154
  não conceitual 40, 43
  tipos 121
  e vacuidade 153-154, 155

F

Faculdades sensoriais g, 167
Fala. *Ver também* fala, muito sutil 170
   raiz da fala 157, 171, 177
   e ventos 170
Fala-isolada 55, 56, 118, 157–178
   definição 157
   do esforço vital 144
   quatro vazios 159, 177, 180
   realizações propriamente ditas 177
Fala muito sutil 126, 138
Fala residente-contínua. *Ver também* fala, muito sutil 126
Fala-vajra 47, 169
Família de Deidades do Tantra Ação 46–47
Família de Deidades do Tantra Performance 48
Família Lótus 46
   Deidades 47
   mudra-compromisso 32
Família Tathagata 46, 47
   Deidades 46–47
Família Vajra 46
   Deidades 47
Família(s) Búdica(s). *Ver tambem* compromissos g, 6, 46–47, 49
   cinco. *Ver também* Akshobya, compromissos; Amitabha, compromissos; Amoghasiddhi, compromissos; Ratnasambhava, compromissos; Vairochana, compromissos 61, 63, 64
Fé g, 152
   destruir a fé dos outros, queda moral raiz 72
Felicidade
   causas da 312
Fluido seminal 80
Fonte-fenômenos 86, 96–97, 284
Fonte-forma 86
Forma que é uma fonte-fenômenos 86, 101

G

Ghantapa 79, 133
Gota indestrutível 127, 131–133, 137–138, 143, 144, 162, 181
Gotas. *Ver também* gota indestrutível 71, 80, 123, 135, 137
   fluir das gotas 123, 125, 147
Grande escopo 68
Grande Exposição das Etapas do Mantra Secreto 20, 25, 48
Grande êxtase espontâneo 113, 125, 208
   e vacuidade 12, 116–117, 177, 181
Grande Libertação da Mãe 140, 259–267
   explicação 279–285
Grande Libertação do Pai 140, 145, 269–276
Grande Mãe Perfeição de Sabedoria 63

Guia ao Caminho do Meio g, 116, 152
Guia Espiritual g, 68, 69, 75, 133
Guia Espiritual Vajrayana g, 14, 27, 49, 65, 122
Guia do Estilo de Vida do Bodhisattva g, 128, 151
Guru-Ioga g, 284
  Guru-Ioga em seis sessões 256-257
Gurus-linhagem g
Gyalwa Ensapa 133, 194

H

Heruka 96, 97, 140, 145, 168, 170, 280-281
  definitivo 117, 118
  interpretativo 117
Hevajra 99
Hinayana 6, 9, 11, 203
  caminhos 10, 220
  solos 10
  Veículo dos Conquistadores Solitários 67
  Veículo dos Ouvintes 67
HUM, letra 145

I

Ignorância g, 17
Iluminação 4-5, 19, 88, 187, 211, 220
  caminho rápido à 93, 122
  de um Conquistador Solitário 54, 220, 221
  de um Ouvinte 54, 220, 221
  o que a iluminação é 19
  no Tantra Ioga Supremo 54
  três tipos 221
Imaginação correta 83, 110
Imortal, imortalidade 126, 127, 134, 181, 187
Imputação, mera. *Ver* designação, mera
Inferno 9, 88
Ingressante na Corrente g, 99
Iniciação g, 6, 71
  secreta 80
  do Tantra Ação 27
  do Tantra Ioga 49
  do Tantra Ioga Supremo 49, 54, 99
  do Tantra Performance 49
Introdução ao Budismo 197
Inveja g, 17
Ioga g, 83
Ioga do canal central 129, 135, 140-141
  duas características 141
Ioga do corpo-divino 83
  quatro atributos 85, 100
Ioga criativo 83
Ioga da gota 129, 135, 143
  duas características 143
Ioga não fabricado 117
Ioga do segundo estágio 117
Ioga em Seis Sessões 61, 256-257
Ioga com sinais 19, 44, 45, 46, 49, 51
Ioga sem sinais 19, 44, 45, 46, 49, 51
Ioga do vento 129, 135, 144-145, 160, 162, 175
  três características 145

Iogas, três 44
Irmãos e irmãs vajra 70, 75

J

Je Tsongkhapa g, 1, 13, 86, 97, 123, 153, 247
  ensinamentos puros 59
  Guru-linhagem 131, 133

K

Kachen Yeshe Gyaltsen 48
Kadampa g
  Budismo 311–312
  significado 311
Kagyu 131
Kalarati 109
Khatanga g, 77
Khedrubje g, 48, 283

L

Lama Chopa. *Ver Oferenda ao Guia Espiritual*
Lamrim g, 1, 67–68, 81, 279, 280, 311
  texto-raiz 1
Leão-das-neves
  analogia do leite e do recipiente adequado 14
Letra g, 169–170
Letra-semente g, 37, 89, 144–145
Libertação. *Ver também* nirvana 122, 126
  grande libertação 43
  não há libertação e iluminação no Sutra 123
Linhagem g

Linhagem do Mahamudra Vajrayana incomum 131, 133
Lojong g, 279, 280
Longdol Lama 94, 135
Luz Clara das Cinco Etapas 211
Luz de Feitos Condensados 118
Luz para o Caminho à Iluminação 41

M

Má conduta sexual 22
Madhyamika g
Madhyamika-Prasangika 31, 71, 118
  eruditos Prasangika do Caminho do Sutra 155
  Prasangika tântricos 155
  Tantra 202
Mahamudra Vajrayana 117, 137, 138
  da inigualável Tradição Virtuosa 131
Mahasiddha g
Mahayana. *Ver também* Paramitayana; Vajrayana 9, 54
  caminhos 10, 46, 220
  solos 10
Mahayanista superior 59
Mairichi 46–47
Maitreya g, 6
Maleabilidade 41, 121
  do estágio de conclusão 125
Mandala 102, 107–108, 109
  de Heruka 63
  mandala de corpo g, 33, 102, 109, 138

de Munivairochana 48
Manifestações de êxtase e vacui-
	dade 119, 120, 148-155
Manifestações da vacuidade
	148-155
Manjushri g, 13, 35, 46, 131
Mantra Secreto 1, 4, 12, 63, 79
	benefícios 20
	boas qualidades 13-20
	exclusivo do Budismo 14
	sinônimos 1
Mantra. *Ver também* mantra
	tri-OM; OM AH HUM;
	OM AH RA PA TSA NA
	DHI; OM MAIRICHI MAM
	SÖHA; OM MANI PEME
	HUM; OM PEMA UBHA-
	WAYE SÖHA; recitação de
	mantra 37, 168-171
	e Deidade são inseparáveis 37
	mantra último 170
	proteção mental 14-17, 170
	quatro tipos 170
	raiz do mantra 171
Mantra tri-OM 96, 168
Marpa 197
Meditação analítica g, 43, 105,
	107
Meditação do estágio de geração
	denso 103-108
	objeto 109
	realização completa 109
Meditação do estágio de geração
	sutil 109
	objeto supremo 109
	realização completa 109
Mente g

Mente-base 36-37, 39, 41
	o que alcançamos com essa
	meditação 44
Mente de um Buda 179
Mente de clara-luz. *Ver também*
	clara-luz; clara-luz da
	morte; clara-luz do
	sono; clara-luz-exemplo;
	clara-luz-significativa;
	mente muito sutil; mente-
	-isolada 6, 93, 127, 168,
	182, 183
	aparências duais 199
	definição 182
	fac-símile 177
	propriamente dita 177
	quarta aparência 147
	quarto (4º) vazio 159, 181
	realiza a vacuidade 6, 117
Mente conceitual g
	níveis 183
Mente densa 116, 183, 199, 201,
	202
	aparências à mente densa
	117
	e a realização da vacuidade 5
	três níveis 183
Mente indestrutível 126
Mente-isolada. *Ver também*
	mente-isolada da clara-
	-luz-exemplo última 55,
	56, 72, 118, 178-187
clara-luz-exemplo 93
	classes 180-184
	definição 178
	mera realização 184
	método exterior 184, 205

método interior 184, 205
no momento que é alcançada 179
quatro vazios 180
realização última 184, 185, 187
sabedoria da mente-isolada 179
última 181
Mente muito sutil 116, 126, 138, 183, 193
mente residente-contínua 138
Mente residente-contínua. *Ver também* mente muito sutil 126, 138
Mente sutil, mentes sutis. *Ver também* mente de clara--luz; quatro vazios 115, 180, 182, 183
  aparência branca 5, 92, 146, 147, 181, 182, 204
  definição 181
  aparência branca da ordem reversa 182
  contaminada 5, 199
  quase-conquista negra 5, 93, 146, 147, 180, 181–184, 199, 204, 206
  definição 182
  quase-conquista negra da ordem reversa 182, 191, 206
  ventos-montaria 168
  vermelho crescente 5, 92, 146, 147, 181, 182, 204
  definição 182
  vermelho crescente da ordem reversa 182
Mente-vajra 169
Mera aparência à mente, aspecto da mente, manifestação da mente 154
Mera designação. *Ver* designação, mera
Mera imputação. *Ver* designação, mera
Mérito g, 151, 179, 211, 213
  coleção de mérito
  causa do Corpo-Forma 251
  é destruído pela raiva 251
Método exterior 80
  da mente-isolada 184, 205
Método interior 80
  da mente-isolada 184, 205
Milarepa 118, 131, 134
Morte. *Ver também* processo da morte; sinais de dissolução 115, 118, 127, 196
  clara-luz 93, 117, 179, 187, 197
  momento da morte 160
  morte comum 91, 180, 187
Motivação 99, 100, 136
Mudra-ação 57, 72, 79, 80, 129, 184, 187, 208
  qualificações do 76, 79
Mudra-sabedoria 80, 208
Munivairochana 48

N

Nagarjuna g, 59, 87, 116, 128, 194
Não-permanência. *Ver* nirvana da não-permanência

Natureza búdica g, 126
Natureza convencional 153
Natureza última g, 29, 153
　da forma 148-151
Nirvana. *Ver também* libertação 123
Nirvana da não-permanência 43
Nirvana sem remanescente 219
Nós do canal 136-137, 177
　no coração 159, 162, 176, 177, 181, 184
Nova Tradição Kadampa g, 13, 312
Nove permanências mentais g, 108
Novo Coração de Sabedoria 151
Novo Guia à Terra Dakini 68, 79, 280, 284, 285
Novo Manual de Meditação 2

O

Objeto
　aparecedor g, 85
　concebido g, 85
　gerado mentalmente 87
　incorreto 88
　observado g, 85
　real 87
Objeto designado, objeto imputado g, 31
Objetos de desejo 21, 23, 208
Objetos rituais 77
Obstruções
　à libertação 14, 15, 57, 206
　à onisciência 5, 14, 46, 57-58, 202, 203, 206, 208
Oceano de Néctar 151
Oferenda ao Guia Espiritual g, 131, 139
Oferenda tsog g, 72, 77
Oferendas. *Ver também* oferenda tsog 68, 79
　oferenda interior 169
　oferenda kusali tsog 65
　oferenda de mandala 285
Oitenta concepções indicativas 184
Oitenta e Quatro Mahasiddhas 59
OM AH HUM 169, 172-176, 178, 185
OM AH RA PA TSA NA DHI 35
OM MAIRICHI MAM SÖHA 47
OM MANI PEME HUM 31, 37, 39, 40
OM PEMA UBHAWAYE SÖHA 33
Orgulho deludido g
Orgulho divino 36, 37, 64, 81, 103, 103-107, 105-107, 111, 213, 283
　base 105
　do Corpo-Verdade 89, 94
　supera concepções comuns 15, 64, 103
Ornamento de Claras Realizações 175
Outra-base 35, 39
　o que alcançamos com essa meditação 44
　significado 35

Ouvinte g, 220
iluminação 10, 54

P

Palavras definitivas 193
Paramitayana (Veículo da Perfeição) 6, 10, 11, 67, 201
Paz mental 312
Penetrar
   o corpo de outros 129
   nosso próprio corpo 129, 131-133
Percebedor direto ióguico g, 87, 201
Percepção auditiva 167
Percepção errônea g, 101
Percepção gustativa 167
Percepção mental g, 168, 182, 183
Percepção olfativa 167
Percepção sensorial g, 167, 183
Percepção tátil 167
Percepção visual 167
Pobreza, ajudar os pobres 250
Poderes 218-219
Portas, nove 36
Postura de sete pontos de Vairochana g
Prática diária 250
Praticante de Yamantaka 110
Práticas do método 18, 46, 51
   método e sabedoria indivisíveis 18
Práticas preliminares 139, 279
   comum 140
   incomum 131, 139

Práticas de sabedoria 46, 51
   indivisível com as práticas do método 18, 280
Prazer sensorial, ou sensual 20
   transformado em caminho 21-23
Prazeres
   no contexto da união de realização 208
Prazeres puros 112, 192
Prece das Etapas do Caminho 1, 2-4
Prece Libertadora 243
Processo de absorção 184
   da destruição subsequente 184
   de manter o corpo totalmente 184
Processo da morte 92, 160-161, 180, 187
   sinais exteriores 146
   sinais interiores 91, 92, 100, 127, 146-147, 182
Professores/Geshes Kadampa 311
Proteção mental 14-17, 170
Pureza natural 215
Purificação g, 87, 112, 151

Q

Quatorze quedas morais raiz 69-72
Quatro aspectos dos Preciosos 168
Quatro classes de Tantra. *Ver também* Tantra Ação,

Tantra Ioga; Tantra Ioga Supremo; Tantra Performance 20-23
Quatro completas purezas 17
Quatro conhecedores específicos corretos 222
Quatro destemores 221
Quatro Mães g, 155
Quatro selos do Tantra Ioga 51
Quatro vazios. *Ver também* mentes sutil 159, 180-184
   do corpo-isolado 180
   fac-símiles 180
   da fala-isolada 159, 177, 180
   da mente isolada 180
   da morte 180
   níveis 180
   do sono 182
Quedas morais densas dos votos do Mantra Secreto 75-78

R

Raiva g, 17, 69, 183
   destrói mérito 251
Ratnasambhava g, 61, 165
   compromissos da Família Ratnasambhava 65-67, 255
   manifestações de 155
Recitação de mantra. *Ver também* mantra; recitação vajra 37-38
   densa 37-38, 44
   mental 163, 169
   som-base 37, 39, 45
   sutil 37-38, 44
   tipos 37, 162-163

   última 162
   verbal 162, 169
Recitação vajra 138, 162-178, 197
   afrouxar os nós 159, 162, 176
   benefícios 177
   classes de recitação vajra 163
   definição 162
   etimologia 163
   meditação 162, 171-178
   purifica os ventos 168
   recitação de mantra 162-163
   recitação do vento 163
   no vento que-permeia 185
Recitação do vento 163
Refúgio 62, 279
Reino do desejo g, 20, 214
Reino do inferno g
Reino da sem-forma g, 30
Renascimento 160
Respiração-vaso 37, 197
Retiro-aproximador 27
Rinchen Sangpo 68
Roda-canal 136-137
   do coração 131, 133
Roda do Dharma 296, 311
Rupakaya. *Ver também* Corpo--Forma 251

S

Sabedoria g, 10, 211, 213
   coleção de sabedoria causa do Corpo-Verdade 251
   onisciente 252
Sabedoria Fundamental 116

Samsara g, 30, 122, 160
  raiz do samsara 14
Saraha g, 21
Sarvavid 49
Seis etapas do estágio de conclusão 118
  resumo 207
Seis Iogas de Naropa 131
Seis perfeições 247, 250–252
  como nossa prática diária 250
  é um compromisso dos votos bodhisattva 247
  concentração 251
  dar 250
  disciplina moral 250
  esforço 251
  paciência 251
  sabedoria 251
Self
  abençoado 193
  denso 196
  sutil 193, 196
Self abençoado 193
Self-base 28, 39
  o que alcançamos com essa meditação 44
Selo da mente de compromisso 51
  por que é assim chamado 51
Ser-de-compromisso g, 35
Ser-de-sabedoria g, 35, 105, 113
Ser superior g, 5, 205
  meditação na vacuidade 151
  do Tantra Ioga Supremo 56
Sete preeminentes qualidades de abraço 209, 214, 224

Shantideva g, 128, 129
Sinais de dissolução 92, 100, 127, 146–147, 177, 182
Sino 63, 72
  simbolismo 63–64
Solo
  quatorze solos do Tantra Ioga Supremo 59
  sinônimos (no contexto de caminhos supramundanos) 9
  Solo Bodhisattva 56–59
Solo do compromisso imaginado 59
Solo espiritual. *Ver também* treze solos do Tantra Ioga Supremo
  definição 10
  quatorze solos do Tantra Ioga Supremo 59
  solo Bodhisattva 46, 56–59
Solos do Caminho do Sutra 57
  décimo 6, 201–202, 205
Som-base 37–38
  o que alcançamos com essa meditação 44
Som expressivo g, 170
Sonho 118, 154
Sono 115, 182
  clara-luz do sono 94, 208
Substâncias-compromisso 72
Suicídio 71
Sutra g, 4–7, 67, 123
  fundamento para o Tantra 7, 70, 123
  meditação na vacuidade 116

não há libertação e iluminação no Sutra 123
Sutra Coração g, 148
Sutra Essência da Sabedoria g, 148, 153
Sutras Perfeição de Sabedoria 68, 247
Sutra das Quatro Nobres Verdades 68

T

Tantra 1, 4-7, 19-20
  meditação na vacuidade 116
  puro 12-13
  sinônimos 1
Tantra Ação 25-48, 85
  caminhos 46
  concentrações do 28-44
  Tantras-raiz do 25
Tantra Ambhidana 133
Tantra Guhyasamaja 53, 134
Tantra de Heruka 53
Tantra de Hevajra 53, 131
Tantra Ioga 22, 49-51
  quatro selos 51
  Tantras do Tantra Ioga 49
Tantra Ioga Supremo 22, 53-81
  essência 23
  votos tântricos 253-257
Tantra-Mãe 53
  compromissos 78-80
  função 53
Tantra-Pai 53
  função 53
Tantra Pequeno Sambara 160
Tantra Performance 21, 48-49, 85
  escrituras 48

Tantra Rosário de Vajra 160
Tantra de Vajrayogini 17
Tantra de Yamantaka 53
Tara Branca 47
Tara Verde 47
Tarma Dode 197
Terra Pura. *Ver também* Terra Dakini g, 87, 112, 121-122, 175
  de Akanishta 48, 128, 214
  Terra Dakini 105, 283-284
  exterior 108, 192
Tibete 86
Togden Jampel Gyatso 131, 133
Tradição Kadampa g
Tranquilo-permanecer g, 37, 251
  do estágio de geração 108
  objeto do 40, 41
  do Sutra 125
Transferência de consciência 197, 283
Trazer o estado intermediário para o caminho 89, 94-95, 284
  definição 89
  funções 94
Trazer a morte para o caminho 89, 91-94, 153, 282
  definição 89
  funções 91
  possui quatro atributos 100
Trazer o renascimento para o caminho 89, 95-97, 284
  definição 89
Três Principais Aspectos do Caminho, Os 152

Três tipos de prazer 202, 208, 213, 214
Três trazeres. *Ver também* trazer o estado intermediário para o caminho; trazer a morte para o caminho; trazer o renascimento para o caminho 88
  estágio de conclusão 97, 99, 113
  estágio de geração 97, 99
  propósito 97
Treze solos do Tantra Ioga Supremo 56–59
  primeiro 57–58, 59
  segundo 57
Tummo g, 123, 135

U

União 56, 118, 205–206
  classes de união 206
  definição 205
União de abandono. *Ver também* união comum 57, 206
União da clara-luz-significativa e do corpo-ilusório puro 19, 57, 206, 209
União comum. *Ver também* união de abandono 57, 206
União com um (ou uma) consorte 76, 79
União de êxtase e vacuidade 18, 51, 117, 121, 128, 129, 281, 282–283
  clara-luz-significativa 125, 127
  essência do Tantra Ioga Supremo 23, 63
União-do-Não-Mais-Aprender 54–55, 58, 128, 133, 206, 209
União-que-precisa-aprender 55, 206, 209, 213
União principal. *Ver também* união de realização 57
União de realização. *Ver também* união principal 57, 206, 208, 209
União de Sutra e Tantra 13
União de vento e mantra 163

V

Vaca-que-satisfaz-os-desejos 135
Vacuidade. *Ver também* êxtase; grande êxtase espontâneo e vacuidade; natureza última 29, 79, 93, 94, 116–117, 121, 148–156, 199, 218, 280, 282
  compreensão intelectual 116
  essencial para o Tantra 71, 151
  objeto 116
  realização direta da 251
  de todos os fenômenos 251
  visão correta 43, 80
Vacúolo 137, 143
Vairochana g, 46, 61, 165
  compromissos da Família Vairochana 62, 255
  manifestações de 155
  postura de sete pontos 172

Vajra 63, 72
  sginificado da palavra 18
  simbolismo 63, 64
Vajradhara g, 14, 53, 131, 256, 284–285
Vajrapani 47, 48
Vajrayana 1, 6, 10, 12, 18
  sinônimos 1
Vajrayogini 17, 85–86, 96, 97, 138–140, 145, 168, 171, 280
  autogeração 102–103, 105–109, 127, 139, 282–284
  emanações 72
  mandala de corpo 109
Vazios 159, 180
Veículo. *Ver também* Hinayana; Mahayana; Vajrayana 54
  espiritual, definição 10
  espiritual, sinônimos (no contexto de caminhos supramundanos) 9
  tântrico 19–20
Veículo do Apego 12
Veículo Efeito 17
Veículo Mantra 14–17
Veículo do Mantra Secreto 6, 12
Veículo Método 18–19
Veículo Secreto 13–14
Veículo do Sutra 67
Veículo do Apego. *Ver* apego, veículo do apego
Vento Akshobya 164
Vento indestrutível 126
Vento e mente indestrutíveis 126, 138, 144, 162, 172

Vento muito sutil 85, 162, 193
  causa substancial do corpo-ilusório e do Corpo-Forma 160
  corpo residente-contínuo 129, 138, 195
  raiz da fala 157, 171, 177
Vento-raiz 164–165, 175
  ascendente movedor 157, 165
  descendente de esvaziamento 123, 125, 165, 176–177
  que-permanece-por-igual 165
  que-permeia 165, 185
  de sustentação vital 164, 165, 168, 172–173, 176–177
Vento-sabedoria 162, 177
Ventos. *Ver também* sinais de dissolução; vento muito sutil; ventos-raiz; ventos secundários 36, 55, 92, 135, 138, 197
  definição 163
  densos 146
  exteriores 163, 178
  exteriores sutis 163
  impuros 159, 161
  interiores 36, 138, 163, 167, 170
  puros 161, 171, 175
  sutis 146
  tipos 138
Ventos (entrada, permanência, dissolução) 55, 93, 113, 115, 123, 134, 145–147, 168
Ventos secundários 167–168, 175
  vento movedor 175

Vinaya 13
  e Mantra Secreto 13
Visão errônea g
Visão pura 77
Visão superior g, 43, 251
Vogais e consoantes sânscritas 169
Voto Bodhisattva, O 252
Votos 68
  bodhisattva 7, 27, 69, 73, 78

Pratimoksha g, 69, 73, 78
  do Sutra 81
  do Tantra Ioga Supremo 61
  tântricos 51, 69, 73, 81
Votos bodhisattva 7, 27, 69, 73, 78
Votos Pratimoksha 69, 73, 78
Votos tântricos 7, 51, 69, 73, 81, 253–257